大型泵站电气设备安装与检修

主　编　李端明

副主编　李　娜　李尚红　阚永庚

中国水利水电出版社
www.waterpub.com.cn
·北京·

内 容 提 要

本书围绕大型泵站电气设备安装与检修进行阐述，对理论知识只作必要的叙述，提供有关的实际案例背景，理论联系实际，阐明应用理论解决实际问题的方法。本书包括泵站电气设备安装基础知识、电气设备安装基本要求以及变压器、GIS组合电器、电气屏柜、电力电缆、继电保护与监控系统等设备的安装与调试，同时对电气设备的常见故障进行分析，并提出处理方法。

本书可用于指导大型泵站电气设备的安装与检修工作，帮助基层工作者掌握泵站电气设备安装与检修工作的相关内容。

图书在版编目（CIP）数据

大型泵站电气设备安装与检修 / 李端明主编. -- 北京：中国水利水电出版社，2021.10
ISBN 978-7-5226-0154-0

Ⅰ. ①大… Ⅱ. ①李… Ⅲ. ①泵站－电气设备－设备安装②泵站－电气设备－检修 Ⅳ. ①TV675

中国版本图书馆CIP数据核字(2021)第210238号

书　名	**大型泵站电气设备安装与检修** DAXING BENGZHAN DIANQI SHEBEI ANZHUANG YU JIANXIU
作　者	主编　李端明　副主编　李　娜　李尚红　阚永庚
出版发行	中国水利水电出版社 （北京市海淀区玉渊潭南路1号D座　100038） 网址：www.waterpub.com.cn E-mail：sales@mwr.gov.cn 电话：（010）68545888（营销中心）
经　售	北京科水图书销售有限公司 电话：（010）68545874、63202643 全国各地新华书店和相关出版物销售网点
排　版	中国水利水电出版社微机排版中心
印　刷	北京市密东印刷有限公司
规　格	184mm×260mm　16开本　17.25印张　420千字
版　次	2021年10月第1版　2021年10月第1次印刷
印　数	0001—1500册
定　价	**120.00**元

编审委员会

主任委员 赵乐诗 刘仲民

副主任委员 许建中

委　　员 （按姓氏笔画为序）

汤正军 李 扬 李 娜 李尚红 李端明

周济人 阚永庚

主　　编 李端明（中国灌溉排水发展中心）

副 主 编 李 娜（中国灌溉排水发展中心）

李尚红（江苏省江都水利工程管理处）

阚永庚（江苏省江都水利工程管理处）

编写人员 （按姓氏笔画为序）

汤正军（江苏省江都水利工程管理处）

许建中（中国灌溉排水发展中心）

李 扬（江苏省江都水利工程管理处）

李 娜（中国灌溉排水发展中心）

李尚红（江苏省江都水利工程管理处）

李端明（中国灌溉排水发展中心）

周济人（扬州大学）

骆国强（江苏省太湖地区水利工程管理处）

龚诗雯（中国灌溉排水发展中心）

梁金栋（扬州大学）

阚永庚（江苏省江都水利工程管理处）

主　　审 徐跃增（浙江同济科技职业学院）

徐经忠（陕西省交口抽渭灌溉工程管理中心）

葛 强（扬州大学）

前　言

我国幅员辽阔、资源丰富，但水资源却极为短缺，人均拥有水资源量仅为世界人均水量的1/4，而且，由于受自然地理条件的影响，天然降水的时空分布很不平衡，有一半的国土处于缺水或严重缺水状态。新中国成立以来，为解决农业灌溉排水、城镇供排水和流域（区域）调（引）水等问题，兴建了大量的泵站工程，据最新的有关资料统计，全国各类泵站装机功率达到1.6亿kW，年耗电5300亿kW·h，约占全国总用电量的10%。其中，在水利行业，用于农业灌溉与排水的泵站达43.17万处，装机功率约2700万kW；用于跨流域（区域）调（引）水的泵站超过1800座，装机功率超过1300万kW；用于城镇供水与排水的泵站约8.5万座，装机功率4200万kW。水利泵站总装机功率达8200万kW，年耗电约3240亿kW·h，接近全国总用电量的6%。在我国西北高原地区、华北平原井灌区和南方丘陵地区，主要用水泵提取地表水或地下水进行农田灌溉；而另一部分地区，如南方和华北平原河网区，东北、华中圩垸低洼区，主要用泵站排除涝渍。在农田灌溉排水中，有大流量低扬程的排涝泵站，有高扬程的梯级灌溉泵站，有跨流域（区域）调（引）水泵站，还有开采地下水的井泵站以及解决边远地区人、畜饮水的供水泵站。泵站的建设和发展，特别是大中型泵站，已经成为我国灌溉排水网络的骨干和支柱工程，目前全国机电灌溉排水农田面积约6.40亿亩，有力地提高了各地抗御自然灾害的能力，对保证农业稳产高产，保障国家粮食安全，解决水资源不平衡问题，保障经济社会发展和人们日常生活等起到了关键性的作用。

为全面贯彻落实“节水优先、空间均衡、系统治理、两手发力”的治水思路，按照水利改革和高质量发展的要求，近年来，水利部和各级地方政府高度重视大中型灌排工程建设、改造与标准化规范化管理工作，在新建大中型灌排工程的同时，先后实施了全国大中型灌区续建配套与节水改造、全国大中型灌排泵站更新改造等项目，“十四五”乃至今后相当长一段时期，为进一步改善农业生产条件，保障国家粮食安全，促进乡村振兴，将实施大中型灌区（含灌排泵站）续建配套与现代化改造；为解决流域（区域）水资源不平衡问题，保障经济社会发展和人们生活等用水需求，正在或将建设一大批引调水、提水工程等，其中有大量的大中型泵站建设与改造任务。

随着新技术、新材料、新工艺、新设备的不断涌现与应用，泵站工程管理体制与运行机制的不断创新，对大中型泵站工程建设（改造）与运行管理的要求也越来越高。为支撑我国大中型泵站建设（改造）与运行管理工作，中国灌溉排水发展中心组织江苏省江都水利工程管理处、扬州大学、江苏省太湖地区水利工程管理处等单位，依据《泵站设备安装及验收规范》（SL 317—2015）等国家现行标准，编写了该书，旨在进一步提升我国大型泵站建设与运行管理水平，中小型泵站设备安装与检修可参考。

本书内容包括泵站电气设备安装基础知识、电气设备安装基本要求以及变压器、GIS组合电器、电气屏柜、电力电缆、继电保护装置与监控系统等设备的安装与调试，同时用大量篇幅对电气设备的运行故障进行了分析，并提出了处理方法。力求做到通俗易懂，深入浅出，便于自学。对理论问题只作必要的叙述，着力提供有关的实际案例背景，理论联系实际，阐明应用理论解决实际问题的方法。书中内容很多都是来源于实际安装与检修的经验，通过凝练，给读者提供解决实际问题的方法，有助于提高读者分析问题和解决问题的能力。

本书由李端明担任主编，李娜、李尚红、阚永庚担任副主编，参加编写的还有许建中、汤正军、周济人、梁金栋、李扬、骆国强、龚诗雯等，徐跃增、徐经忠、葛强担任主审。本书大部分编写人员曾参加了《泵站更新改造实用指南》、《泵站技术管理规程》(GB/T 30948—2014)、《泵站设备安装及验收规范》(SL 317—2015)、《泵站安全鉴定规程》(SL 316—2015)、《泵站计算机监控与信息系统技术导则》(SL 583—2012) 等书籍和标准的编写工作。因此，本书编写过程中严格执行国家有关最新标准和规范，充分体现了权威性，具有较高的指导价值。

随着现代科学技术突飞猛进的发展，极大地促进了学科之间的互相渗透、融合，同时也促进了泵站工程技术的不断创新，加之编者知识水平有限，书中疏漏、不妥或错误之处在所难免，敬请专家、读者批评指正。

编者

2021.9

目　录

第2篇　电气设备检修

第 1 篇
电气设备安装

第1章　电气设备安装基础知识

大型泵站常用电气设备包括电动机、变压器、GIS组合电器、高压开关柜、低压开关柜、励磁装置、直流系统、变频装置、无功补偿装置、电气主接线及二次接线、保护装置、计算机监控系统、视频监视系统等。

1.1 变　压　器

1.1.1　作用与分类

变压器是一种静止电器，它通过线圈间的电磁感应，将一种电压等级的交流电能转换成同频率的另一种电压等级的交流电能，它具有变压、变流、变换阻抗和隔离电路等作用。在大型泵站中通常用来降低电压，以满足水泵动力电动机使用电压的要求。

在大型泵站中，按变压器的不同容量、绕组数量、调压方式、冷却介质及方式分类，以满足不同泵站对变压器的需求。

1. 按容量分类

变压器按容量分为中小型变压器、大型变压器和特大型变压器。中小型变压器，电压为35kV以下，容量为10～6300kV·A；大型变压器，电压为63～110kV，容量为6300～63000kV·A；特大型变压器，电压在220kV以上，容量为31500～360000kV·A。

2. 按绕组数量分类

变压器按绕组数量分为双绕组变压器、三绕组变压器、自耦变压器。双绕组变压器，有高压绕组和低压绕组的变压器；三绕组变压器，有高压绕组、中压绕组和低压绕组的变压器；自耦变压器，它的特点在于一、二次绕组在同一条绕组上，绕组之间不仅有磁的联系，还有电的直接联系，它的低压线圈就是高压线圈的一部分。

3. 按调压方式分类

变压器按调压方式分为无载调压变压器和有载调压变压器。

4. 按冷却介质及方式分类

变压器按冷却介质及方式分为油浸自冷式变压器、油浸风冷式变压器、油浸强迫油循环风冷却式变压器、油浸强迫油循环水冷却式变压器、干式变压器。

1.1.2　结构与参数

大型泵站使用的变压器分为油浸式和干式两种。其中，主变压器由于容量较大，通常选用油浸式，其外观如图1.1所示。所用变压器容量较小，一般选用环氧树脂浇注的干式变压器。油浸式变压器的基本结构分为4个部分：铁芯、绕组、绝缘部分、油箱及附件等。

图 1.1　常用油浸式变压器外观图

变压器是根据电磁感应的原理工作的。铁芯是变压器的磁路部分，由铁芯柱和铁轭两部分组成。为了提高导磁性能和减少铁损，变压器铁芯用厚度通常为 0.3～0.5mm、表面涂有绝缘漆的热轧或冷轧硅钢片叠成。变压器的铁芯中，每片硅钢片为拼接片。在叠片时，采用叠接式，即将上下两层叠片的接缝错开，可缩小接缝间隙，以减小励磁电流。如图1.2 所示。

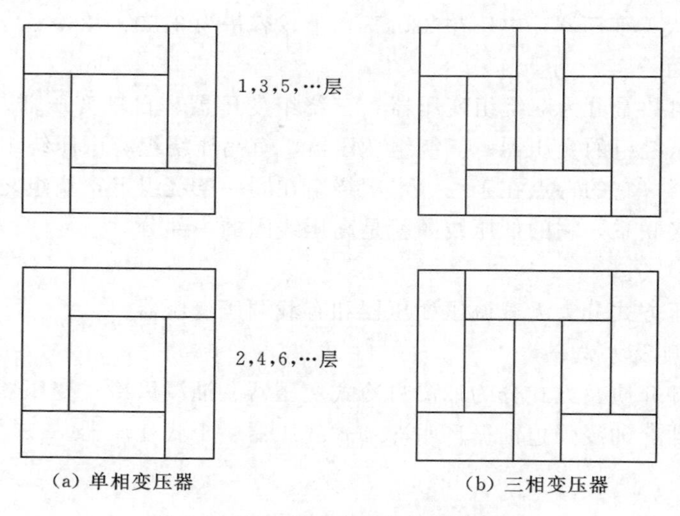

图 1.2　变压器铁芯硅钢片拼接形式

绕组是变压器的电路部分，一般用绝缘铜线或铝线（截面为矩形或圆形）绕制而成，为了便于绝缘，低压绕组靠近铁芯柱，高压绕组套在低压绕组外面，如图 1.3 所示为变压器绕组结构。与电源相连的绕组，称为一次绕组（或原绕组），这一侧称为一次侧（或原边）；与负载相连的绕组，称为二次绕组（或副绕组），这一侧称为二次侧（或副边）。如图 1.4 所示，E_1 侧为一次侧，E_2 侧为二次侧。

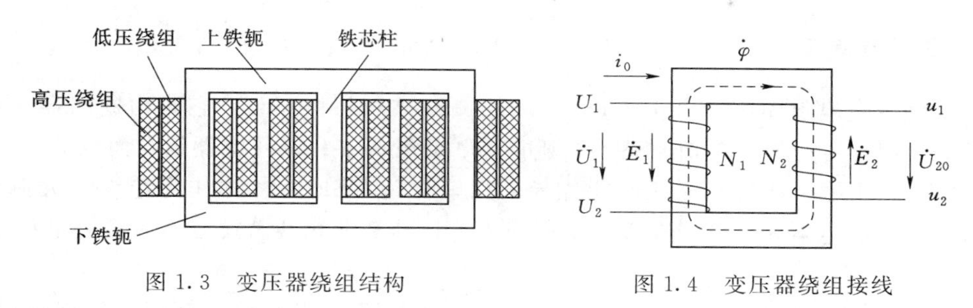

图 1.3 变压器绕组结构

图 1.4 变压器绕组接线

变压器的主要技术参数如下：

（1）额定容量 S_N：制造厂所规定的在额定条件下使用时输出能力的保证值，单位为 V·A 或 kV·A。对于三相变压器是指三相总容量的视在功率。

（2）额定电压 U_N：在处于主分接的带分接绕组的端子间或不带分接的绕组端子间，指定施加的电压或空载时感应出的电压，单位用 V 或 kV。

（3）额定电流 I_N：由变压器额定容量和额定电压计算出的流经绕组的线电流，单位用 A 或 kA。

对于三相变压器，其额定电流表示为线电流，$S_N=\sqrt{3}U_N I_N$；对于单相变压器，$S_N=U_N I_N$。

（4）频率 f：我国交流电源的频率为 50Hz。

（5）相数：单相变压器、三相变压器。

（6）变压器冷却方式：油浸自冷、油浸风冷、强迫油循环风冷、强迫油循环水冷、强迫导向油循环风冷、强迫导向油循环水冷。

（7）绝缘水平：变压器的绝缘水平也称绝缘强度，是与保护水平以及其他绝缘部分相配合的水平，即耐受电压值，由设备的最高电压 U_{max} 决定。

（8）接线组别：Yyn0、Dyn11、YNd11 等。

（9）短路阻抗：在额定频率和参考温度下，一对绕组中某一绕组端子之间的等效串联阻抗 $Z=R+jX(\Omega)$。确定此值时，另一绕组的端子短路，而其他绕组（如果有）开路。通俗地讲，双绕组变压器当二次绕组短接，一次绕组通过额定电流而施加的电压称阻抗电压，多以额定电压的百分数表示。

（10）空载损耗 P_0：变压器在额定电压下空载运行时的功率损耗，又称铁损，单位为 W 或 kW。

（11）负载损耗 P_d：变压器二次侧短路，在一次侧通入额定电流，此时变压器的功率损耗，又称铜损，单位为 W 或 kW。

（12）空载电流 I_0：变压器在额定电压下空载运行时，一次侧通过的电流，通常用占额定电流的百分比表示。

1.2 GIS 组合电器

1.2.1 作用与特点

气体绝缘金属封闭组合开关GIS（gas insulated substation），它是由断路器、母线、隔离开关、电压互感器、电流互感器、避雷器、套管等多种高压电器组合而成的高压配电装置。GIS采用绝缘性能和灭弧性能优异的六氟化硫（SF_6）气体作为绝缘和灭弧介质，并将所有的高压电器元件密封在接地金属筒中。110kV三相共筒式GIS设备外形如图1.5所示。

图1.5 110kV三相共筒式GIS设备外形图

GIS不仅在高压、超高压领域被广泛应用，而且在特高压领域也被使用。GIS设备加工精密、选材优良、工艺严格、技术先进，断路器的开断能力高，触头烧伤轻微，因此检修周期长、故障率低。与常规敞开式变电站相比，GIS组合电器结构紧凑、占地面积小、配置灵活、安装方便、设备运行安全可靠、维护工作量小，环境适应能力强，主要部件的维修周期不小于20年。另外，绝缘介质使用SF_6气体，其绝缘性能、灭弧性能都优于空气。

在断路器和GIS操作过程中，由于电弧、电晕、火花放电和局部放电、高温等因素的影响，SF_6气体会分解，它的分解物遇到水分后会变成腐蚀性电解质。尤其是有些高毒性分解物，如SF_4、S_2F_2、S_2F_{10}、SOF_2、HF和SO_2，它们会刺激皮肤、眼睛、黏膜，如果吸入量大，还会引起头晕和肺水肿，甚至致人死亡。因此，在使用中要特别注意做好防护措施，严格按操作规程进行操作。

1.2.2 结构和原理

1. 基本结构

GIS一般可分为单相单筒式和三相共筒式两种形式。220kV及以上电压等级通常采用单相单筒式结构，每一个间隔（GIS配电装置也是将一个具有完整的供电、送电或具有其他功能的一组元器件称为一个间隔）根据其功能由若干元件组成，同时GIS的金属外壳往往被分隔成若干个密封隔室，称为气隔（Ⅰ、Ⅱ、Ⅲ、Ⅳ）。气隔内充满SF_6气体，如图1.6所示。

这样组合的结构，具备三大优点：①如需扩大配电装置或拆换某一气隔时，整个配电装置无须排气，其他间隔可继续保持SF_6气压；②若发生SF_6气体泄漏，只有故障气隔受影响，而且泄漏很容易查出，因为每一个气隔都有压力表或温度补偿压力开关；③如果某一气隔内部出现故障，不会涉及相邻气隔设备。GIS外壳内以盘式绝缘子作为绝缘隔

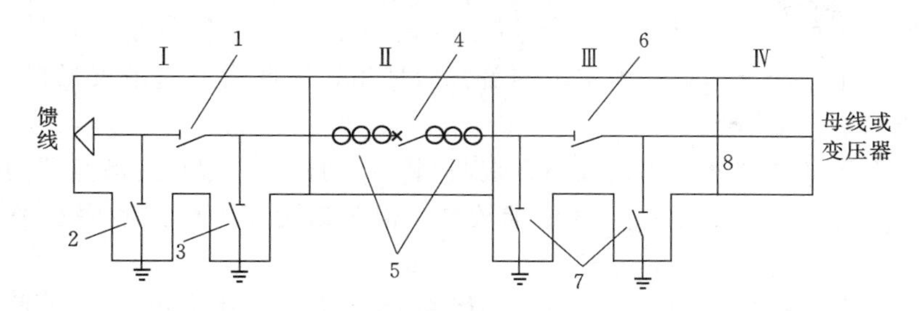

图 1.6 GIS间隔的气隔划分图

1—隔离开关；2—慢速接地开关；3—快速接地开关；4—断路器；5—电流互感器；6—隔离开关；7—快速接地开关；8—连通阀；Ⅰ、Ⅱ、Ⅲ、Ⅳ—气隔

板，与相邻气隔隔绝，在某些气隔内，盘式绝缘子装有连通阀，既可沟通相邻隔室，又可隔离两个气隔。隔室的划分视其配电装置的布置和建筑物而定。220kV 的 GIS 间隔的总体组成如图 1.7 所示。

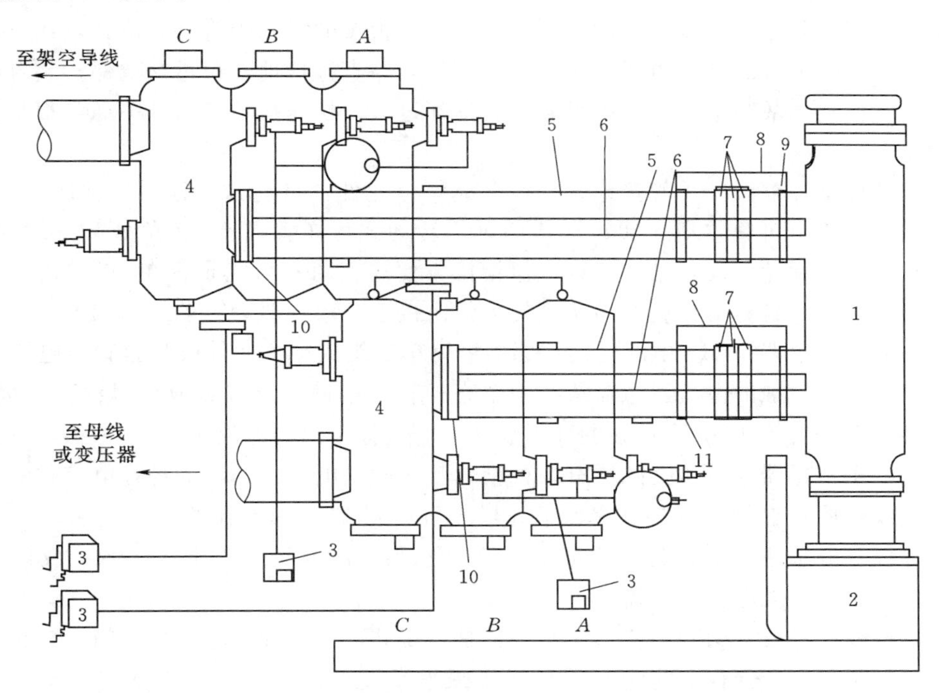

图 1.7 GIS间隔的总体组成图（以 220kV 为例）

1—断路器；2—断路器操作箱；3—隔离开关与接地开关操作机构；4—隔离开关与接地开关；5—金属外壳；6—导电杆；7—电流互感器；8—外壳短路线；9—外壳连接法兰；10—气隔分割处、盘式绝缘子；11—绝缘垫

(1) 断路器。断路器有单压式和双压式两种，目前广泛采用的是单压式断路器。单压式断路器结构简单，使用内部压力一般为 0.5～0.7Pa。它的行程，特别是预压缩行程较大，因而分闸时间和金属短接时间均较长。为缩短分闸时间，需加快操作机构的运行速度，加大操作功。

单压式断路器的断口可以垂直布置也可以水平布置。水平布置的特点是两侧出线孔需支持在其他元件上，检修时，灭弧室由端盖方向抽出，因此没有起吊灭弧室的高度要求，但侧向则要求有一定的宽度。

断口垂直布置的断路器，出线孔布置在两侧，操动机构一般作为断路器的支座，检修时灭弧室垂直向上吊出，配电室高度要求较高，但侧面距离一般比断面水平布置的断路器小。

(2) 隔离开关与接地（快速）开关。GIS隔离开关根据用途可分为以下不同的3种型式：

1) 隔离开关只切断主回路，使电气回路有一明显的断开点。

2) 接地隔离开关，将主回路通过接地开关直接接地，即将主回路直接接在母线的外壳。

这两种隔离开关不能切断主电流，只能切断电感电流和电容电流。

3) 快速接地隔离开关，它能合上接地短路电流，这是因为当GIS设备内部发生接地短路时，在母线管里会产生强烈的电弧，它可以在很短的时间内将外壳烧穿，或者发生母线管爆炸。为了能及时切断电弧电源，人为地使电路直接接地，通过继电保护装置将断路器跳闸，从而切断故障电流，保护设备不致损坏过大。快速接地隔离开关通常都是安装在进线侧。

一般情况下，隔离开关和接地开关组合成一个元件，接地开关很少单独成一个元件。隔离开关在结构上可分直动式和转动式两种，转动式可布置在90°转角处和直线回路中，由于动触头通过蜗轮传动，结构复杂，但检修方便。直动式只能布置在90°转角处，结构简单，检修方便，且分合速度容易达到较大值。接地开关一般为直动式结构。

(3) 电流互感器。GIS中的电流互感器可以单独组成一个元件或与套管、电缆头联合组成一个元件，单独的电流互感器放在一个直径较大的筒内（或者放在母线筒外面），电流互感器根据需要放4～6个单独的环形铁芯，可选择不同的电流比。

(4) 电压互感器。电压互感器有两种型式，一种是电磁式的，一种是电容式的。两种都可竖放或横放，它们直接接在母线管上，电压互感器作为单独的一个气室。220kV以下电压等级一般采用环氧浇注的电磁式电压互感器，220kV及以上、550kV及以下电压等级普遍采用电容式电压互感器。

(5) 母线。母线有两种结构形式，一种是三相共筒，一种是单相母线筒。三相共筒是三相母线封闭于一个筒内，导电杆采用条形或盆形支撑固定，它的优点是外壳涡流损失小，相应载流量大，但三相布置在一个筒内，不仅电动力大而且存在三相短路的可能性。220kV以下三相母线因直径过大难以分割气隔，回收SF_6气体工作量很大，所以一般采用三相共筒。

单相母线筒是每相母线封闭于一个筒内，它的主要优点是杜绝三相短路的可能，筒直径较同级电压的三相母线小，但存在着占地面积较大、加工量大和温度损耗大等特点。

(6) 避雷器。GIS避雷器有两种，一种为带磁吹火花的碳化硅非线型电阻串联而成的避雷器；另一种为没有火花间隙的氧化锌避雷器。后者有较高的通流容量和吸收能力。目前，广泛采用氧化锌避雷器，氧化锌避雷器与磁吹避雷器相比，具有残压低、尺寸及重量小、稳定的保护性和良好的伏秒特性等优点。

（7）连接管。各种用途的连接管，如 90°管、三通管、四通管、转角管、直线管、伸缩节等一般选择定型规格。

（8）过渡元件。SF_6 电缆头是 SF_6 全封闭组合电器和高压电缆出线的连接部分，为避免 SF_6 气体进入油中，目前采用加强过渡处的密封或采用中油压电缆。

（9）SF_6 充气套管。SF_6 充气套管是 SF_6 全封闭组合电器和高压电缆出线的连接部分，套管内充入 SF_6 气体。SF_6 气体套管通过导线直接与变压器连接，为了防止组合电器上的环流扩大到变压器上以及防止变压器的振动传至组合电器上，在 SF_6 气油套管上装有绝缘垫和伸缩节。

2. GIS 设备气隔布置原则

GIS 设备是全封闭的，所以应根据各个元件不同的作用，将内部分隔成不同的若干个气隔，如图 1.8 所示。其原则如下：

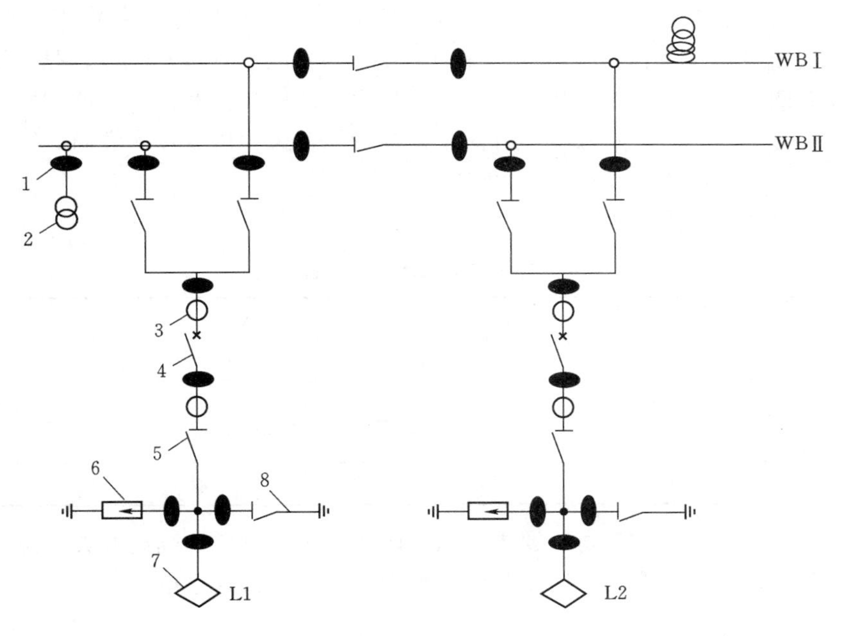

图 1.8 GIS 设备的气隔布置图

1—盆形绝缘子；2—电压互感器；3—电流互感器；4—断路器；5—隔离开关；6—避雷器；7—电缆头；8—接地隔离开关

（1）分隔成若干个 SF_6 气体压力不同的气隔。断路器在开断电流时，要求电弧迅速熄灭，因此要求 SF_6 气体的压力要高，而隔离开关切断的只是电容电流，所以母线管里的压力要低一些。例如断路器室的 SF_6 气体压力为 700kPa，而母线管里的 SF_6 气体压力为 540kPa。因此，不同的设备所需的 SF_6 气体压力不同，要分成不同的若干气隔。

（2）分隔成若干绝缘介质不同的气隔。如 GIS 设备必须与架空线路、电缆、主变压器相连接，而不同元件所用的绝缘介质不同。例如电缆终端的电缆头要用电缆油，与GIS连接的要用SF_6气体，因此，为把电缆油与SF_6气体分隔开来，需分隔成多个气隔。

(3) GIS设备检修。由于所有的元件都要与母线连接起来，母线管里充以SF_6气体。但当某一元件发生故障时，要将该元件的SF_6气体抽出来才能进行检修。若母线管里不分成若干气隔，一旦某一元件故障，连接在母线管里的所有元件都要停电，扩大了故障的检修范围。因此，必须将母线管中的不同性能的元件分隔成若干个气隔。当某一元件发生故障时，只停下故障元件，并将其气隔的SF_6气体抽出来，非故障元件正常运行。

1.3 高压开关柜

1.3.1 作用与分类

开关柜（又称成套开关或成套配电装置）是生产厂家根据电气一次主接线图的要求，将有关的高低压电器（包括控制电器、保护电器、测量电器）以及母线、载流导体、绝缘子等装配在封闭的或敞开的金属柜体内，作为电力系统中接受和分配电能的装置。根据电压的高低，可分为高压开关柜和低压开关柜。高低压开关柜因其可靠性高、安全性好、运行维护方便、结构紧凑等优点得到广泛应用。

开关柜中母线布置方式见表1.1。

表1.1　开关柜中母线布置方式

相别	漆色	母线安装相互位置		
		垂直	水平	引下线
A相	黄	上	远	左
B相	绿	中	中	中
C相	红	下	近	右

开关柜运行管理中的“五防”要求包括：防止带负荷分、合隔离开关；防止误分、误合断路器；防止带接地线合闸；防止带电挂接地线；防止误入带电间隔。

1. 开关柜主要特点

(1) 有一次、二次接线方案。这是开关柜具体的功能标志，包括电能汇集、分配、计量和保护功能电气线路。

(2) 开关柜具有一定的操作程序及机械或电气联锁机构。实践证明：无“五防”功能或“五防”功能不全是造成电力事故的主要原因。

(3) 具有接地的金属外壳。开关柜外壳有支承和防护作用，因此要求它应具有足够的机械强度和刚度，保证装置的稳固性，当柜内产生故障时，不会出现变形、折断等外部效应。同时也可以防止人体接近带电部分和触及运动部件，防止外界因素对内部设施的影响。

(4) 具有抑制内部故障的功能。内部故障是指开关柜内部电弧短路引起的故障，一旦发生内部故障要求把电弧故障限制在隔室以内。

图 1.9 6～10kV 高压开关柜外形图

高压开关柜是大型泵站中用于接受和分配电能，按一定的接线方案将高压一次、二次设备组合起来的一种成套配电装置。6～10kV 高压开关柜外形如图 1.9 所示。

高压开关柜种类较多，按断路器的安装方式可分为固定式和手车式两大类，手车式高压开关柜又根据手车的位置分落地式和中置式；按柜体结构型式可分为开启式与封闭式；按安全等级分为铠装式、间隔式和箱式；按柜内主绝缘介质分为空气绝缘柜和气体绝缘柜（充气柜）；按装置地点的不同，又分户外式与户内式（10kV 及以下的多采用户内式）；按使用环境可分为一般环境用高压开关柜和特殊环境用高压开关柜（后者包括矿用、化工用、高海拔地区用等）；按柜内主元件的种类分为通用型高压开关柜（以空气为主绝缘介质、主开关元件为断路器的成套金属封闭开关设备，即断路器柜）、F－C 回路开关柜［主开关元件采用高压限流熔断器（fuse）-高压接触器（contactor）组合电器］、环网柜（主开关元件采用负荷开关或负荷开关-熔断器组合电器，常用于环网供电系统，故通常称为环网柜）。

2. 高压开关柜内主要设备

高压开关柜内主要的开关设备为高压断路器和隔离开关。

（1）高压断路器（或称高压开关）是一种非常重要的高压电气设备。它不仅可以切断或接通高压电路中的空载电流和负荷电流，当电力系统发生故障时，还能通过继电保护装置的作用，利用高压断路器切断过负荷电流和短路电流，它具有强大的灭弧功能和足够的断流能力。高压断路器可分为压缩空气断路器、油断路器（多油断路器、少油断路器）、真空断路器、SF_6 断路器等。

（2）隔离开关主要用来将高压配电装置中需要停电的部分与带电部分可靠地隔离，以保证检修工作的安全。隔离开关的触头全部敞露在空气中，具有明显的断开点，由于隔离开关没有灭弧装置，不能用来分断负荷电流或短路电流，否则，在高电压作用下，断开点将产生强烈电弧，并很难自行熄灭，甚至可能造成飞弧（相对地或相间短路），烧损设备，危及人身安全。隔离开关根据极数可分为单极和三极，根据安装地点可分为户外型和户内型，大型泵站高压开关柜内一般使用三极户内型。

目前泵站工程中常用的高压开关柜型号很多，归纳起来主要有 JYN、HXGN、XGN、KYN 等。

3. 高压开关柜型号

（1）JYN 型高压开关柜。JYN 型高压开关柜全称为移开式户内交流金属封闭开关柜，由柜体和手车两部分组成。柜体由隔板分成若干个间隔，装设了防止误动作的联锁机构，确保安全和正确地操作。

（2）HXGN 型高压开关柜。HXGN 型高压开关柜全称为箱型固定式金属封闭环网柜。适用于环网供电或双电源辐射供电系统，也适用于箱式变电站中。

（3）XGN型高压开关柜。XGN型高压开关柜全称为箱型固定式金属封闭开关柜。适用于频繁操作的场所，实行控制保护实时监控和测量。柜体为全组装结构，有完善的“五防”功能。

（4）KYN型高压开关柜。KYN型高压开关柜全称为户内金属铠装移开式开关柜，由柜体和手车两部分组成。适用于变电站的受电、送电及大型电动机的启动等，实行控制保护实时监控和测量之用，具有完善的“五防”功能。

1.3.2　主要技术参数

高压开关柜的主要技术参数包括：

（1）额定电压：高压开关柜长时间工作时所适用的最佳电压，单位为kV。

（2）额定绝缘水平：用1min工频耐受电压（有效值）和雷电冲击耐受电压（峰值）表示，单位为kV。

（3）额定频率：正常工作状态下柜体电源的工作频率，单位为Hz。

（4）额定电流：柜内母线的最大工作电流，单位为A或kA。

（5）额定短路耐受电流：在规定的使用和性能条件下，在规定的短时间内，开关设备和控制设备在合闸位置能够承载的电流的有效值，单位为kA。

（6）额定峰值耐受电流：在规定的使用和性能条件下，开关设备和控制设备在合闸位置能够承载的额定短时耐受电流第一个大半波的电流峰值，单位为kA。

（7）防护等级：高压开关柜防护外界异常情况的能力，用IP表示。

常用的10kV高压开关柜技术参数和高压真空断路器技术参数分别见表1.2和表1.3。

表1.2　10kV高压开关柜技术参数

项目		单位	数据
额定电压		kV	12
额定绝缘水平	1min工频耐压（相间、对地/断口）	kV	42/48
	雷击冲击耐压（相间、对地/断口）	kV	75/85
额定频率		Hz	50
额定电流		A	630～3150
主母线额定电流		A	1250、1600、2000、2500、3150
分支母线额定电流		A	630、1250、1600、2000、2500、3150
额定短时耐受电流（4s）		kA	16、20、25、31.5、40、50
额定峰值耐受电流		kA	40、50、63、80、100、125
防护等级			外壳IP4X，断路器室门打开为IP2X
外形尺寸（宽×深×高）		mm	800（1000）×1300（1500）×2200
重量		kg	800～1200

表 1.3 10kV 高压真空断路器 VD4、VS1 技术参数

项目		单位	数据	
			VD4	VS1
额定电压		kV	12	
额定绝缘水平	1min 工频耐压	kV	42	
	雷击冲击耐压	kV	75	
额定频率		Hz	50	
额定电流		A	630、1250、1600、2500、3150	
额定对称短路开断电流（有效值）		kA	16、20、25、31.5、40、50	20、25、31.5、40
非对称短路开断电流（有效值）		kA	17.4、21.8、27.3、34.3、43.6、55.8	21.8、27.4、34.3、43.6
额定峰值耐受电流（峰值）		kA	40、50、63、80、100、125	50、63、80、100
额定短时耐受电流（有效值）（4s）		kA	16、20、25、31.5、40、50	20、25、31.5、40
瞬态恢复电压上升值		kA/ms	0.345　0.415	
瞬态恢复电压峰值		kV	20.6　30	
额定操作顺序			分 0.3s-合分-180s-合分	
机械操作寿命		次	30000	20000
合闸时间		ms	≤70	≤100
分闸时间		ms	≤45	≤50
燃弧时间		ms	≤15	≤15
开断时间		ms	<60	≤65
合闸线圈功率		V·A	245	368
分闸线圈功率		V·A	245	368
控制电压		V	交直流 110　交直流 220	

隔离开关的技术参数，除没有开断电流和开断容量外，其他均与断路器相同。

1.3.3 防护等级

防护等级是指设备外壳、隔板及其他部分防止人体接近带电部分和触及运动部件，以及防止外部物体侵入内部设备的保护程度，用字母 IP 表示，其划分标准见表 1.4。

表 1.4 防护等级的划分标准

IP 防护等级是用两个数字标记的，例如一个防护等级 IP45，其中 IP 是标记字母，4 是第一个标记数字，5 是第二个标记数字					
接触保护和外来保护等级第一个标记数字			防水保护等级第二个标记数字		
第一个标记数字	防护范围		第二个标记数字	防护范围	
	名称	说明		名称	说明
0	无防护		0	无防护	
1	防护直径 50mm 和更大外来物体	探测器球体直径为 50mm，不应完全进入	1	水滴防护	垂直落下的水滴不应引起损害

续表

接触保护和外来保护等级第一个标记数字			防水保护保护等级第二个标记数字		
第一个标记数字	防护范围		第二个标记数字	防护范围	
	名称	说明		名称	说明
2	防护直径12.5mm和更大外来物体	探测器球体直径为12.5mm，不应完全进入	2	箱体倾斜15°时，防护水滴	箱体向任何一侧倾斜至15°时，垂直落下的水滴不应引起损害
3	防护直径2.5mm和更大外来物体	探测器球体直径为2.5mm，不应完全进入	3	防护溅出的水	以60°角从垂直线两侧溅出的水不应引起损害
4	防护直径1.0mm和更大外来物体	探测器球体直径为1.0mm，不应完全进入	4	防护喷水	从每个方向对准箱体的喷水都不应该引起损害
5	防护灰尘	不可能完全阻止灰尘进入，但是灰尘的侵入量不应超过这样的数量，即对装置或者安全造成损害	5	防护射水	从每个方向对准箱体的射水都不应该引起损害
6	灰尘封闭	箱体内在20mb的低压时不应侵入灰尘	6	防护强射水	从每个方向对准箱体的强射水都不应该引起损害
			7	防护短时间浸入水中	箱体在标准压力下短时间浸入水中时，不应有能引起有害作用的水量浸入
			8	防护长时间浸入水中	箱体必须在由制造厂和用户协商定好的条件下长期浸入水中，不应有能引起有害作用的水量浸入。但这些条件必须比标记数字7所规定的复杂

1.4 低压开关柜

1.4.1 作用与分类

低压开关柜也称为低压配电柜，是大型泵站中用于接受和分配电能，由低压开关设备以及控制、测量、保护装置、电气联结（母线）、支持件等组成的开关柜。低压开关柜外形如图 1.10 所示。

低压开关柜按断路器安装方式可以分为移开式开关柜和固定式开关柜；按柜体结构的不同，可分为敞开式开关柜、金属封闭式开关柜和金属封闭铠装式开关柜。

低压断路器（自动空气开关）是低压开关柜中主要的电气设备，它不仅可以接通和分断正常负荷电流和过负荷电流，还可以接通和分断短路电流，在电路中除起控制作用外，还具有一定的保护功能。低压断路器的容量范围很大，最小为 4A，最大可达 5000A，广泛应用于低压配电系统各级馈出线、各种机械设备的电源控制和用电终端的控制和保护。如图 1.11 所示。

图 1.10 低压开关柜外形图

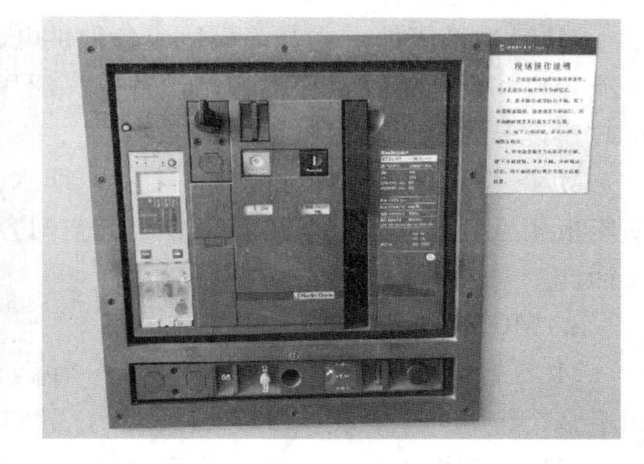

图 1.11 低压断路器

低压断路器根据结构和用途不同可分为框架式（DW 系列）和塑料外壳式（DZ 系列）两类。

1.4.2 常用型号及用途

下面简要介绍几种常用低压开关柜的特点。

1. GGD 型低压开关柜

GGD 型固定式交流低压配电柜适用于变电站、发电厂、厂矿企业等电力用户的交流 50Hz、额定工作电压 380V、额定工作电流 1000～3150A，作为动力、照明及发配电设备的电能转换、分配与控制之用。

GGD 柜具有分断能力高，动热稳定性好，电气方案灵活，组合方便，系列性、实用性强，结构新颖，防护等级高等特点。

2. GCK型低压开关柜

GCK型低压抽屉式开关柜适用于交流50Hz、额定工作电压小于等于660V、额定电流4000A及以下的控配电系统，作为动力、配电、电动机控制及照明等配电设备。

柜体分为母线室、功能单元室、电缆室等3个隔离的区间，能有效防止事故扩散和便于带电维修。功能单元室随着抽屉的移出，单元器件完全与导电的垂直母线脱离，可安全地进行电器设备的更换和维修。单元隔室采用金属板隔开，隔室中的活门随着抽屉的拉出能自动封闭，保证了人体不能触及带电的垂直母线，确保了安全。

3. GCS型低压开关柜

GCS型抽出式低压开关柜适用于三相交流频率为50Hz、额定工作电压为400V、额定电流为4000A及以下的发、供电系统中的作为动力、配电和电动机集中控制、电容补偿以及大型发电厂、石化系统等自动化程度高、要求与计算机接口的场所。

开关柜隔室分为功能单元室、母线室和电缆室，各室的作用相对独立；水平母线采用柜后平置式排列方式，以增强母线抗电动力的能力；电缆隔室的设计使电缆上、下进出均十分方便；抽屉面板具有分、合、试验、抽出等位置的明显标识，抽屉单元设有机械联锁装置，柜体的防护等级较高。

4. MNS型低压开关柜

MNS型低压抽出式开关柜适应各种供电、配电的需要，作为各种发电、输电、配电、电能转换和电能消耗设备的控制设备，广泛用于发电厂、变电站、工矿企业、大楼宾馆、市政建设等各种低压配电系统。

MNS型低压柜柜体分隔为3个室，即水平母线室、抽屉室、电缆室。室与室之间用功能板相互隔开，设计紧凑，以较小的空间容纳较多的功能单元。结构件通用性强、组装灵活。

5. MCS型低压开关柜

MCS智能型低压抽出式开关柜是一种融合了其他低压产品的优点而开发的产品，适用于多个行业的三相交流50Hz、60Hz，额定电压380V，额定电流4000A及以下的三相四（五）线制电力配电系统，特别适用于自动化程度高、要求与计算机接口的场所。

MCS柜使用空间大，可容纳更多的功能单元。装置可预留自动化接口，也可把智能模块安装在开关柜上，实现遥信、遥测、遥控等功能。MCS柜的抽屉有一套“断开”“试验”“工作”“移出”4个位置的定位装置，并有防误操作功能。

1.5 励磁装置

同步电动机以其运行稳定，功率因数可调节、效率高等优点广泛运用于大型泵站。为同步电动机提供可调励磁电流的装置统称为励磁装置。励磁装置包括：励磁电源、投励环节、调节和信号以及测量仪表等。励磁装置与电动机的励磁绕组和连接导线等称为励磁系统。

1.5.1 作用与分类

励磁系统是同步电动机的重要组成部分，对泵站和电动机本身的安全运行影响很大，因此必须满足电动机稳定运行的要求，同时还需要工作可靠、性能优越、接线简单、自动化程度高等。

在大型泵站中，同步电动机通常采用在额定电压下直接启动的方式。直接启动时，把同步电动机定子回路的断路器合上，和异步电动机直接启动相类似，克服负载等的主力矩，逐渐加速，当其转速达到亚同步转速（95%额定转速）时，在励磁线圈中通入励磁电流，从而将电动机牵入同步。

根据励磁电源的不同类型，励磁系统可以分为以下 3 种方式：

（1）直流励磁机方式：用具有整流子的直流发电机作为励磁电源，一般该励磁机与同步电机同轴，一起由原动机带动旋转，因而励磁功率独立于交流电网，不受电力系统非正常运行状况的影响。目前，这种励磁方式已逐步被淘汰。

（2）交流励磁机方式：用交流励磁机取代直流励磁机，经半导体可控整流后供给电动机励磁。其励磁功率同样独立于交流电网，因此也称他励半导体励磁系统。根据半导体整流器是静止的还是旋转的，该类励磁系统又可分为他励静止半导体励磁系统和他励旋转半导体励磁系统。

（3）静止励磁方式：用接于电路母线上的变压器作为交流励磁电源，经半导体整流后供给同步电机励磁。因该励磁方式在整个励磁系统中无旋转部件，常称为“全静止式励磁方式”。由于励磁功率取自交流电网本身，故又称为自励半导体励磁系统，它受电力系统中非正常运行状况的影响较大。目前，这种励磁方式在大型泵站中应用较为普遍。

1.5.2 常用励磁控制方式与特点

随着数字控制技术、计算机技术及微电子技术的飞速发展和日益成熟，同步电动机励磁控制采用数字式励磁调节器已成为发展趋势。与模拟式励磁调节器相比较，数字式励磁调节器具有如下优点：

（1）由于计算机具有的计算和逻辑判断功能，复杂的控制策略可以在励磁控制中得到实现。即除了实现模拟调节器的 PID 调节、PSS 附加控制和线性最优控制外，还可以实现模拟调节器难以实现的自校正调节、非线性控制、自适应控制及模糊控制等，从而丰富和增强了励磁控制功能，改善了同步电动机的运行工况。

（2）调节准确、精度高，在线修改参数方便。在数字式励磁调节器中，信号处理、调节控制规律都由软件来完成，不仅简化了控制装置，而且信号处理和控制精度高。另外，电压给定、放大倍数、时间常数等控制参数都由数字设定，比模拟元件构成的环节调整参数容易且准确，而且参数稳定性高，基本不存在因热效应、元件老化等带来的参数不稳定问题。

（3）利用计算机强有力的判断和逻辑运算能力及软件的灵活性，可以在励磁控制中实现完备的限制及保护功能、通用而灵活的系统功能、简单的操作以及智能化的维修和试验手段。

（4）可靠性高，无故障工作时间长。采用多通道互为备用，在软件中实现自诊断及自复位功能。另外，由于调节控制规律由软件实现，减少了硬件电路，因调节器故障维修而造成的停机时间大为减少。

（5）通信方便。可以通过通信总线、串行接口或常规模拟量的方式接入大型泵站的计算机监控系统，便于远方控制和实现水泵机组的计算机综合协调控制。

（6）便于产品更新换代。由于引入了微处理器，控制策略的改变和控制功能的增加基本不增加装置的复杂程度，通常只需要在软件上加以改进。

1.6　直　流　系　统

泵站直流系统是为电气设备的控制、保护、信号、自动装置、事故照明、应急电源及断路器分、合闸操作等提供直流电源的设备。由于蓄电池组具有电压稳定、持续性好、供电可靠等优点，目前大型泵站普遍采用蓄电池组作为直流电源。

1.6.1　系统结构与作用

大型泵站常用直流装置由高频开关电源模块、微机监控装置、直流绝缘监测装置或新型微机绝缘监测分路选线装置、闪光及信号报警装置、硅二极管调压装置、直流馈线柜、电池柜及蓄电池组成，如图1.12所示。系统的配置模式多种多样，应用灵活，设置遥控、遥测、遥信等接口，以满足泵站电气设备控制及综合自动化系统的要求。

图1.12　直流装置外形图

大型泵站直流装置结构简图如图1.13所示，直流屏内部元件以及蓄电池容量均根据泵站规模以及对现场的要求配置，主要元器件及作用如下：

（1）蓄电池。蓄电池是直流系统的备用电源，正常情况下，直流负载是由充电装置供电，蓄电池处于浮充电状态，以补充蓄电池的自放电，为备用状态。当直流充电装置失去交流电源或充电装置故障，那么直流负载的供电就由蓄电池供给，为投运状态。一般大型泵站蓄电池配置的容量为65～200A·h，以6.5～20A电流放电，理论上计算可以放10h，以足够的时间进行直流系统故障处理。

（2）充电装置。充电装置是供给泵站电气设备直流负载的主要电源。平时充电装置向直流负载供电的同时，以很小的电流向蓄电池进行浮充电，以补偿蓄电池的自放电，使蓄电池始终处于满充状态。充电装置每季度还向蓄电池进行一次静态放电，每月向蓄电池进行一次动态放电，以解决因蓄电池间自放电不同，出现部分落后电池，而进行一次过充电，延长蓄电池的寿命。

（3）直流母线。直流母线是汇集和分配直流电能的设备，充电装置将输出的直流电汇集到直流母线，再通过直流母线将电能分配到各个直流负载中去。

（4）绝缘监察装置。绝缘监察装置是监察直流系统正极和负极电源对地绝缘情况的一套装置。当直流正极或负极绝缘下降，某极对地电压达到设定的整定值时（一般整定为150V），绝缘监察装置发出预告信号，便于值班员检查处理。

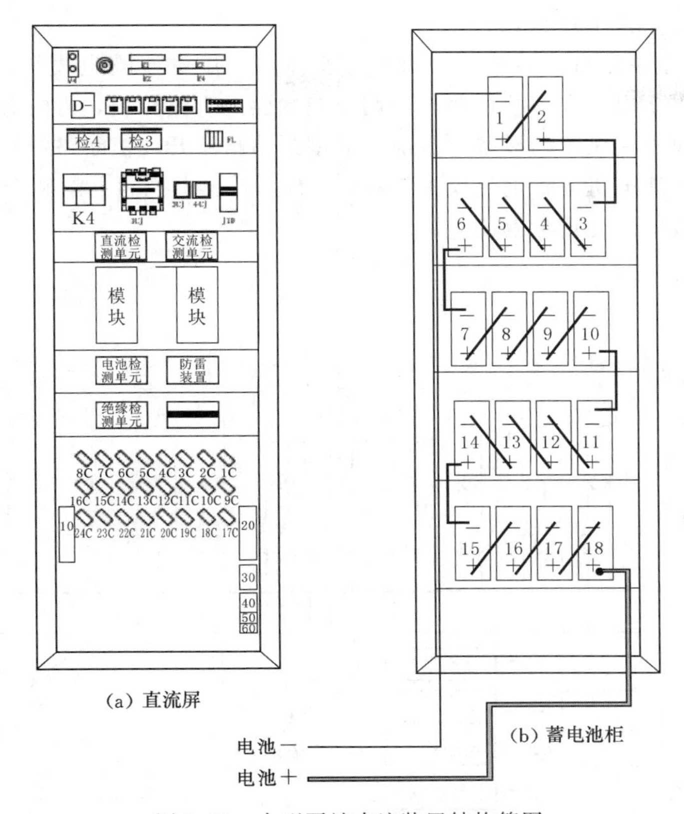

(a) 直流屏

(b) 蓄电池柜

图 1.13　大型泵站直流装置结构简图

(5) 电压监察装置。电压监察装置是监察直流母线电压的一套装置。当直流母线电压高于或低于设定的整定值时（一般整定为直流母线电压高于 250V、低于 170V），电压监察装置发出“直流电压过高”或“直流电压过低”预告信号，便于值班员及时调整直流母线电压。

(6) 闪光装置。闪光装置是反映断路器与控制开关所对应位置的一种信号装置。当断路器位置与控制开关不对应时，发出红灯或绿灯闪光，便于值班人员故障判断。

1.6.2　工作原理与技术参数

大型泵站直流系统由一路或两路交流电经过交流输入自动控制回路，输入到充电模块。充电模块给电池充电，同时通过调压装置输出到控制母线。电池输出到合闸母线，供给合闸等动力负荷使用，同时也输出到调压装置，供给控制母线负载使用。早期的大型泵站机组的合闸装置采用电磁式结构，合闸电流大，合闸回路中电压降也较大，因此合闸母线电压通常较高，随着弹簧储能合闸机构推广使用，合闸电流明显降低，目前多数使用弹簧储能合闸机构的大型泵站，直流系统合闸母线和控制母线均使用同一母线。

在正常工作情况下，由充电模块给电池充电。充电模块同时供直流电源给控制母线使用，由电池供给合闸母线使用。当交流电中断时，由电池向合闸及控制母线供电，同时发出声光报警。当合闸母线电压低于 220V 时，控制母线调压装置全部切除。待交流电恢复后，系统自动恢复正常工作状态。

图1.14为大型泵站直流系统图，市电经交流母线配送至充电模块，充电模块输出，经控制开关直接供蓄电池和事故照明，经调压装置供至直流母线，再由直流母线将直流电源配送至现场需要直流供电的设备。目前，大型泵站高压开关柜断路器基本上均采用弹簧储能合闸机构，储能电机运行电流仅为1.3A左右，系统中控制电源和合闸电源均由同一路直流供给，母线电压为控母电压。

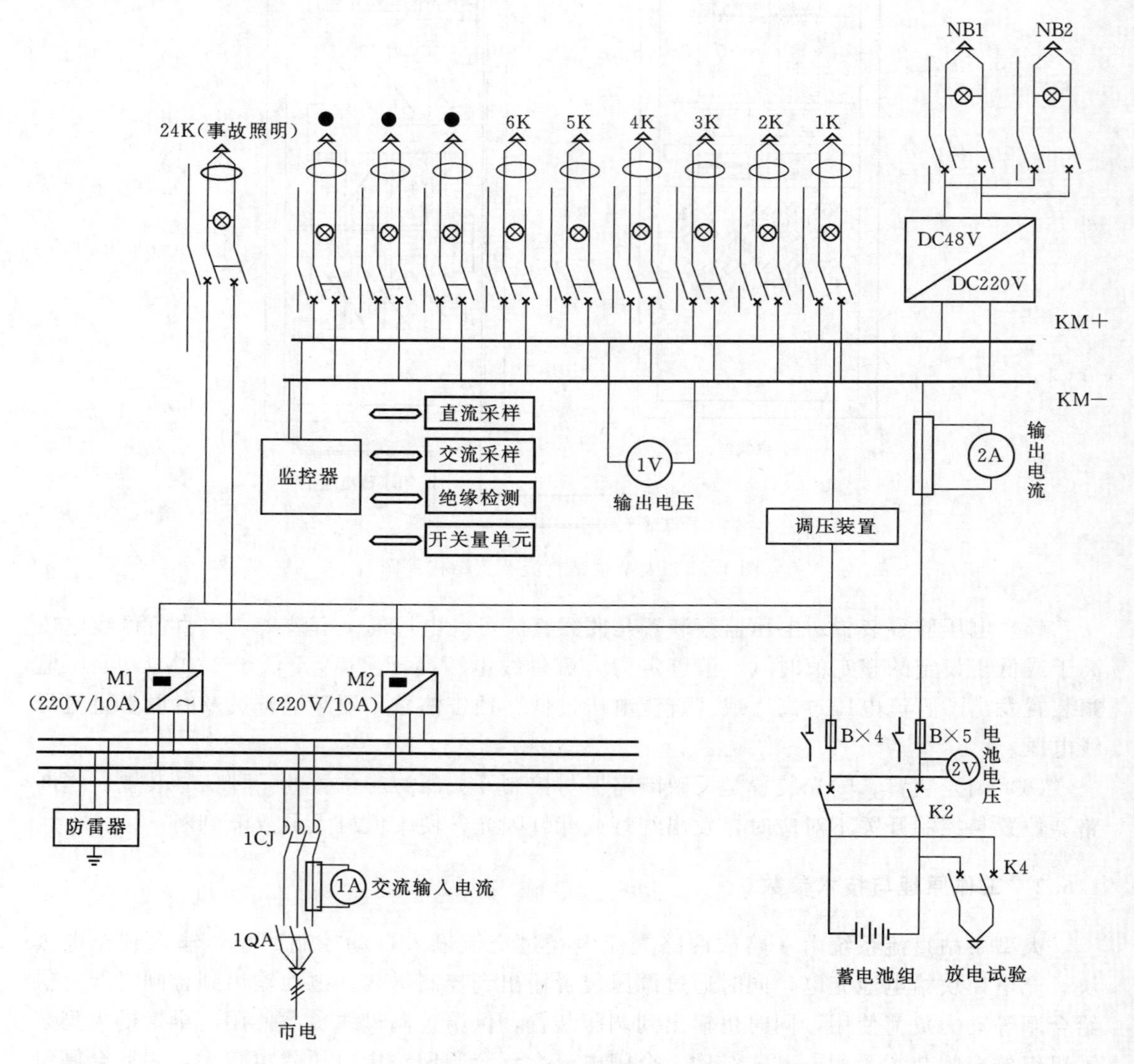

图1.14　直流系统图

直流系统技术参数和名词释义如下。

1. 直流系统标称电压

(1) 专供控制负荷的直流系统宜采用110V。

(2) 专供动力负荷的直流系统宜采用220V。

（3）控制负荷和动力负荷合并供电的直流系统宜采用220V。

（4）当采用弱电控制信号时，一般采用48V电源（通信电源）。

2. 直流系统名词释义

（1）直流母线：直流电源屏内的正、负极主母线。

（2）合闸母线：直流电源屏内供断路器电磁合闸机构等动力负荷的直流母线。

（3）直流馈线：直流馈线屏和直流分电屏的直流电源电缆。

（4）均衡充电：用于均衡单体电池容量的充电方式，一般充电电压较高，常用作快速恢复电池容量。

（5）浮充电：保持电池容量的一种充电方法，一般电压较低，常用来平衡电池自放电导致的容量损失，也可用来恢复电池容量。

（6）正常充电：蓄电池正常的充电过程，即由均充电转到浮充电的过程。

（7）定时均充：为了防止电池处于长期浮充电状态可能导致电池单体容量不平衡，而周期性地以较高的电压对电池进行均衡充电。

（8）限流均充：以不超过电池充电限流点的恒定电流对电池充电。

（9）恒压均充：以恒定的均充电压对电池充电。

1.7 变 频 装 置

变频装置是利用电力半导体器件的通断作用，将工频电源变换为另一频率的电能控制装置。水泵机组启动时通过变频装置把电压、频率固定不变的交流电变换成电压、频率可变的交流电，用来降低电动机启动时造成的冲击载荷，控制电动机速度，把启动时间拉长，把电流变平缓，达到安全平稳启动的目的，即电动机的变频起动。

水泵的变频调速是利用变频装置改变电动机转速后，与电动机连接的水泵转速也跟着改变，水泵性能曲线也同时改变，从而达到改善水泵性能、提高水泵效率的目的。

1.7.1 作用与原理

变频装置的核心元件是变频器。变频器主电路主要由整流电路、限流电路、滤波电路、制动电路、逆变电路和检测取样电路等组成。变频器的结构如图1.15所示。

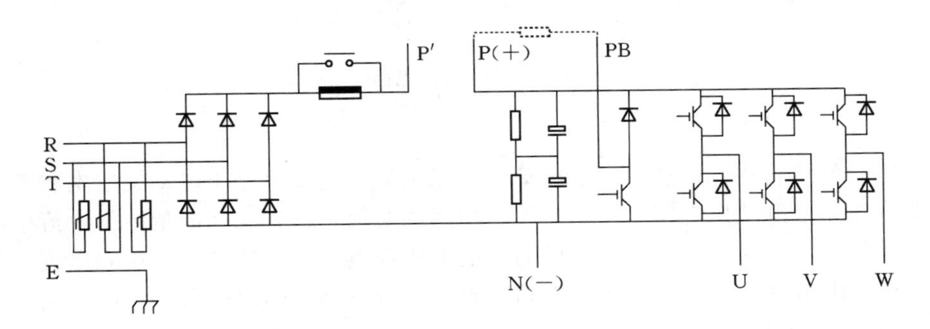

图1.15 变频器结构图

目前，通用型变频器绝大多数是交-直-交型变频器，尤以电压型变频器为通用，其主电路图如图 1.16 所示，它是变频器的核心电路，由整流电路（交-直变换）、直流滤波电路（能耗电路）及逆变电路（直-交变换）组成，另外还包括有限流电路、驱动电路、控制电路等组成部分。

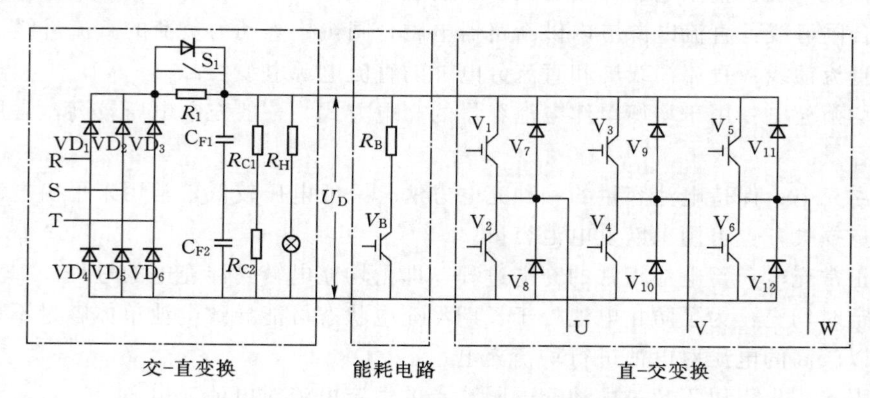

图 1.16　变频器基本电路

1. 整流电路

如图 1.17 所示，通用变频器的整流电路是由三相桥式整流桥组成。它的功能是将工频电源进行整流，经中间直流环节平波后为逆变电路和控制电路提供所需的直流电源。三相交流电源一般需经过吸收电容和压敏电阻网络引入整流桥的输入端。网络的作用，是吸收交流电网的高频谐波信号和浪涌过电压，从而避免由此而损坏变频器。当电源电压为三相 380V 时，整流器件的最大反向电压一般为 1200～1600V，最大整流电流为变频器额定电流的 2 倍。

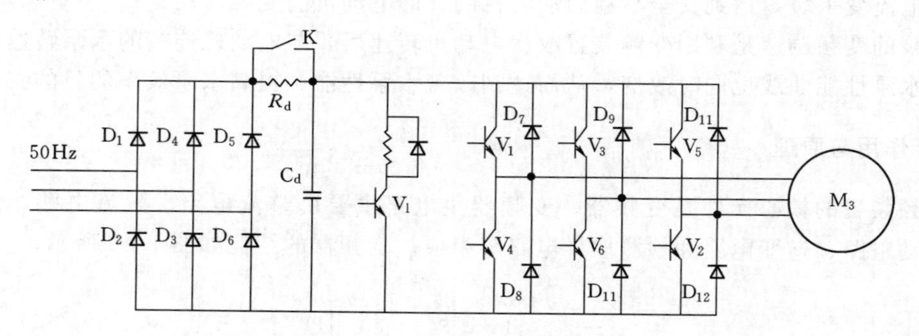

图 1.17　整流电路

2. 滤波电路

逆变器的负载属感性负载的异步电动机，无论异步电动机处于电动或发电状态，在直流滤波电路和异步电动机之间，总会有无功功率的交换，这种无功能量要靠直流中间电路的储能元件来缓冲。同时，三相整流桥输出的电压和电流属直流脉冲电压和电流。为了减小直流电压和电流的波动，直流滤波电路起到对整流电路的输出进行滤波的作用。

3. 逆变电路

逆变电路的作用是在控制电路的作用下，将直流电路输出的直流电源转换成频率和电压都可以任意调节的交流电源。逆变电路的输出就是变频器的输出，所以逆变电路是变频器的核心电路之一，起着非常重要的作用。

4. 驱动电路

驱动电路是将主控电路中 CPU 产生的 6 个 PWM 信号，经光电隔离和放大后，作为逆变电路的换流器件（逆变模块）提供驱动信号，如图 1.18 所示。

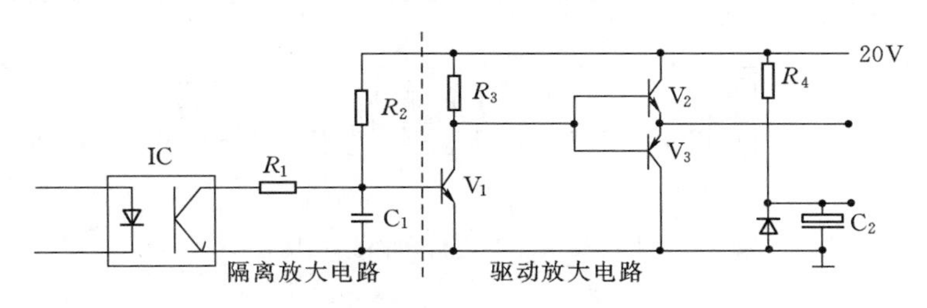

图 1.18 驱动电路

5. 保护电路

当变频器出现异常时，为了使变频器因异常造成的损失减少到最小，甚至减少到 0。每个品牌的变频器都很重视保护功能，都设法增加保护功能，提高保护功能的有效性。

图 1.19 所示的电路是较典型的电流检测保护电路。由电流取样、信号隔离放大、信号放大输出 3 部分组成。

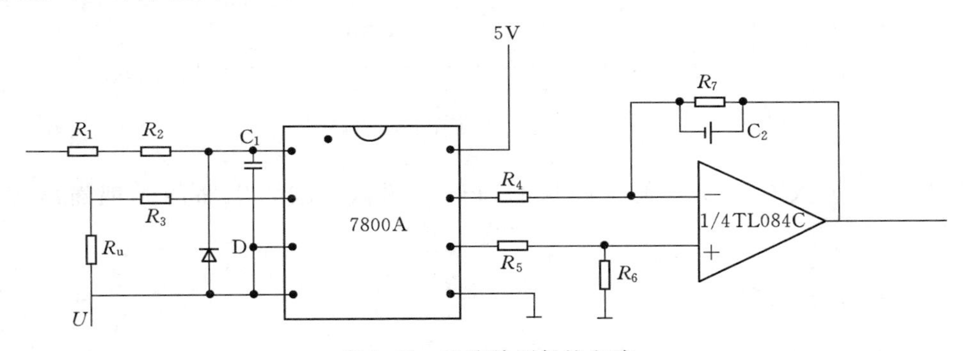

图 1.19 电流检测保护电路

6. 开关电源电路

开关电源电路向操作面板、主控板、驱动电路及风机等电路提供低压电源。图 1.20 是某品牌变频器开关电源电路组成的结构图。

变频器开关电源主要包括输入电网滤波器、输入整流滤波器、变换器、输出整流滤波器、控制电路、保护电路。

7. 主控板上通信电路

当变频器由可编程控制器（PLC）或上位计算机、人机界面等进行控制时，必须通过通信接口相互传递信号。图 1.21 为某品牌变频器的通信接口电路。

8. 外部控制电路

变频器外部控制电路主要是指频率设定电压输入，频率设定电流输入、正转、反转、点动及停止运行控制，多挡转速控制。频率设定电压（电流）输入信号通过变频器内的

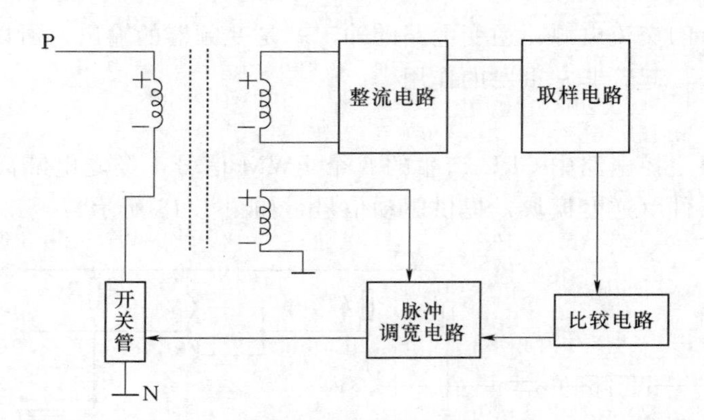

图1.20　开关电源电路结构图

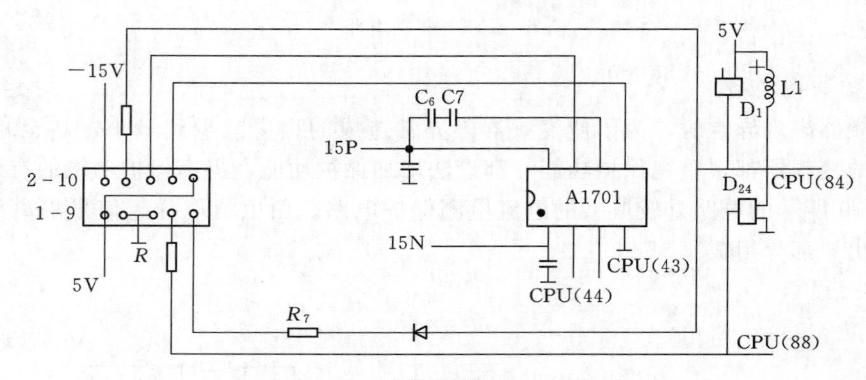

图1.21　变频器通信接口电路

A/D转换电路进入CPU。其他一些控制通过变频器内输入电路的光耦隔离传递到CPU中。

1.7.2　选型及注意事项

变频器在选用中要注意以下事项：

(1) 采用变频的目的：恒压控制、恒流控制或调节流量等。

(2) 变频器的负载类型：如叶片泵或容积泵等，特别注意负载的性能曲线，性能曲线决定了应用时的方式方法。

(3) 变频器与负载的匹配问题。

1) 电压匹配：变频器的额定电压与负载的额定电压相符。

2) 电流匹配：普通的离心泵，变频器的额定电流与电动机的额定电流相符。对于特殊的负载如深水泵等则需要参考电动机性能参数，以最大电流确定变频器电流和过载能力。

3) 转矩匹配：这种情况在恒转矩负载或有减速装置时有可能发生。

(4) 在使用变频器驱动高速电动机时，由于高速电动机的电抗小，高次谐波增加导致输出电流值增大，因此用于高速电动机的变频器的选型，其容量要稍大于普通电动机的选型。

（5）变频器如果是长电缆运行时，要采取措施抑制长电缆对地耦合电容的影响，避免变频器出力不足，在这种情况下，变频器容量要放大一挡或者在变频器的输出端安装输出电抗器。

（6）对于一些特殊的应用条件，如高温、高海拔，此时会引起变频器的降容，变频器容量要放大一挡。

（7）考虑到变频器发热及电流冲击等影响，变频器直流滤波回路应使用高质量的MKK自愈式电力电容器或电抗器，不得使用任何需要定期更换的元器件如电解电容器等。

（8）应根据负载的运行特点和与之配套的电动机参数选择合适的变频器，10kV（6kV）电源的瞬间闪变不应导致变频器的停机，在额定运行工况下，使用变频器后电动机不降低出力。

（9）变频器应具有良好的调节性能，能根据负荷的变化及时有效地实现调节，负荷从100%调节到30%的响应时间宜不小于1min（现场可调）。

1.8 无功功率补偿装置

无功功率补偿装置在供电系统中所承担的主要作用是提高电网的功率因数，降低供电变压器及输送线路的损耗，提高供电效率，改善供电环境。合理选择补偿装置，可以做到最大限度地减少网络的损耗，使电网质量提高。

1.8.1 作用与分类

供电部门要求无功电力就地平衡。电力用户在提高用电自然功率因数的基础上，按有关标准设计和安装无功补偿设备，并做到随其负荷和电压变动及时投入或切除，防止无功电力倒送。

《供电营业规则》规定，大、中型泵站功率因数为0.85以上。

电力系统无功补偿按电压等级分为高压无功补偿和低压无功补偿；按安装地点分为集中补偿和分散补偿；按调节方式分为静态无功补偿和动态无功补偿。常用的无功补偿装置有同步电机、电力电容器、静止无功补偿器以及静止无功发生器。除电容器外，其余几种既能吸收容性无功又能吸收感性无功。

1.8.2 工作原理

1. 同步电机

同步电机中有同步发电机、同步电动机及同步调相机3种。

（1）同步发电机。同步发电机是唯一的有功电源，同时又是最基本的无功电源，当其在额定状态下运行时，可以发出无功功率。

$$Q=S\sin\phi=P\tan\phi$$

式中：Q、S、P、ϕ 分别为相对应的无功功率、视在功率、有功功率和功率因数角。

发电机正常运行时，以滞后功率因数运行为主，向系统提供无功，但必要时，也可以减小励磁电流，使功率因数超前，即所谓的“进相运行”，以吸收系统多余的无功。

(2) 同步电动机。作为电动机运行是同步机的另一种重要的运行方式，在不要求调速的场合，应用大型同步电动机可以提高运行效率。同步电动机可以接于电网作为同步补偿机，这时电动机不带任何机械负载，靠调节转子中的励磁电流向电网发出所需的感性或者容性无功功率，以达到改善电网功率因数的目的。

(3) 同步调相机。同步调相机是空载运行的同步电动机，它能在欠励或过励的情况下向系统吸收或供出无功，装有自励装置的同步电动机能根据电压平滑地调节输入或输出的无功功率，这是其优点。但它的有功损耗大、运行维护复杂、响应速度慢，已逐渐退出电网运行。

2. 并联电力电容器

并联电容器补偿是目前使用最广泛的一种无功电源，由于通过电容器的交变电流在相位上正好超前于电容器极板上的电压，相反于电感中的滞后，由此可视为向电网发无功功率。

$$Q=U^2/X_C$$

式中：Q 为无功功率；U 为电压；X_C 为电容器容抗。

并联电容器本身功耗很小，装设灵活，节省投资；由它向系统提供无功可以改善功率因数，减少由发电机提供的无功功率。

3. 静止无功补偿器

静止无功补偿器是由晶闸管所控制投切电抗器和电容器组成，由于晶闸管对于控制信号反应极为迅速，而且通断次数也可以不受限制。当电压变化时静止补偿器能快速、平滑地调节，以满足动态无功补偿的需要，同时还能做到分相补偿；对于三相不平衡负荷及冲击负荷有较强的适应性；但由于晶闸管控制对电抗器的投切过程中会产生高次谐波，为此需加装专门的滤波器。

4. 静止无功发生器

它的主体是一个电压型逆变器，由可关断晶闸管适当的通断，将电容上的直流电压转换成为与电力系统电压同步的三相交流电压，再通过电抗器和变压器并联接入电网。适当控制逆变器的输出电压，就可以灵活地改变其运行工况，使其处于容性、感性或零负荷状态。

与静止无功补偿器相比，静止无功发生器响应速度更快，谐波电流更少，而且在系统电压较低时仍能向系统注入较大的无功。

1.9　电气主接线及二次接线

电气主接线（或称一次接线）是指在电力系统中，为满足预定的功率传送和运行等要求而设计的、表明高压电气设备之间相互连接关系的传送电能的电路。二次接线是由二次设备所组成的低压回路，它包括交流电流回路、交流电压回路、断路器控制和信号回路、继电保护回路以及自动装置回路等。

1.9.1 电气主接线

泵站变配电所的电气主接线，是指由各种一次电气设备（变压器、电动机、开关电器、载流体等）依一定次序相连接，用来接受和分配电能的电路。电气主接线中各电气设备根据它们的作用，按照连接顺序，用规定的文字和符号绘成的图形称为电气主接线图。它能说明电能输送和分配的关系，表示泵站电气部分的运行方式。

电气主接线图中，要标出变压器、电动机、开关设备、电压互感器、电流互感器和避雷器等设备及载流导体的型号、规格、数量。绘图时为了清晰和方便，一般将三相电路图绘成单线图，必要时，局部（如电流互感器）用三线表示。

电气主接线的基本要求如下：

（1）保证必要的供电可靠性和电能质量。根据泵站负荷等级，保证在各种运行方式下提高供电的连续性，力求供电可靠，并保证电能质量。供电可靠性是电气主接线设计和运行好坏的重要指标。

（2）具有一定的灵活性。要求接线能适应各种运行方式，不但在正常运行时能很方便地投入或切除某些设备，而且在其中一部分电路检修或故障时，应尽量保证非检修或非故障回路能继续供电，并保证能安全和方便地进行检修和处理故障。

（3）运行方便。主接线应力求简单、明显、没有多余的电气设备、运行方便，使设备切换所需的操作步骤最少，减少可能因误操作而造成的事故，并易于实现自动化。

（4）经济合理。在满足供电可靠性、灵活性及运行方便的基础上，尽量做到降低投资、节省运行费用及减少占地。

（5）考虑发展扩建的可能。泵站工程需要分期建设时，主接线应采用过渡接线方式。

1.9.2 常用主接线方式

1. 单母线接线

（1）单母线不分段接线。在主接线中，单母线不分段接线方式简单，如图 1.22 所示，每条引入线和引出线的电路中都装有断路器和隔离开关。断路器作为切断负荷电流或故障电流之用。隔离开关有两种：靠近母线侧的称为母线隔离开关，作为隔离母线电源，检修断路器之用；靠近线路侧的称为线路隔离开关，是防止在检修断路器时从用户侧反向送电，或防止雷电过电压沿线路侵入，保证维修人员安全之用。

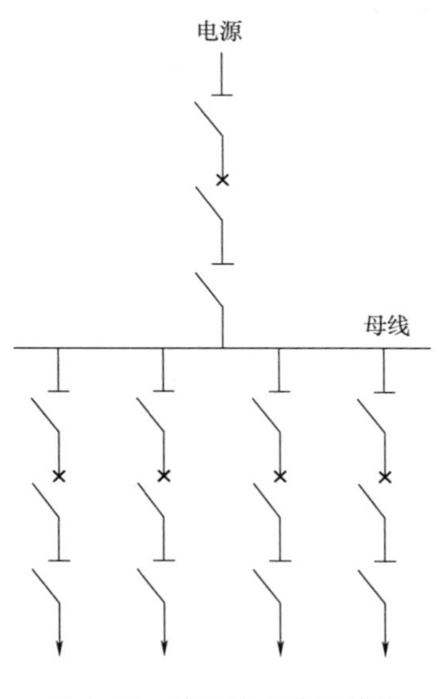

图 1.22 单母线不分段接线

单母线不分段接线的优点是：电路简单，使用设备少，配电装置的建造费用低。其缺点为可靠性和灵活性差。当母线或母线隔离开关故障或检修时，必须断开所有回路的电源，而造成全部用户停电。所以单母线不分段接线，适用于用户对供电连续性要求不高的情况。

（2）单母线分段接线。为克服不分段母线工作不够可靠、灵活性较差的缺点，可以采用单母线分段接线。如图 1.23 所示，单母线分段可根据电源的数目和功率、电网的接线情况决定。通常每段接一个电源，引出线分别接到各段上，并使各段引出线电能分配尽量与电源功率相平衡，尽量减少各段之间的功率交换。单母线有用隔离开关分段的，也有用断路器分段的。由于分段的设备不同其作用也有差别。

1）用隔离开关分段的单母线接线。母线检修可分段进行，当母线故障时，经过倒闸操作可切除故障段，保证其他段继续运行，这样始终可以保证 50%左右容量不停电，故比单母线不分段接线的可靠性高。

为了克服分段隔离开关故障或检修时使整个配电装置停电，可用两个隔离开关分段，这样利用分段隔离开关可以分别检修，分段隔离开关的故障率很小。

用隔离开关分段的单母线接线，适用于由双回路供电、允许短时间停电的二级负荷泵站。如图 1.23 所示。

2）用断路器分段的单母线接线。分段断路器具有分段隔离开关的作用，该断路器还装有继电保护，除能切断负荷电流或故障电流外，还可自动分、合闸。母线检修时不会引起正常母线的停电，可直接操作分段断路器，拉开隔离开关进行检修，其余各段母线继续运行。在母线故障时，分段断路器的继电保护动作，自动切除故障段母线，所以用断路器分段的单母线接线可靠性提高。

但单母线分段接线，不管是用隔离开关分段还是用断路器分段，在母线检修或故障时，都避免不了使接在该母线的用户停电。另外，单母线接线在检修引出线断路器时，该引出线的用户必须停电。为了克服这一缺点，可采用单母线加旁路母线（图 1.24），当引出线断路器需检修时，可用旁路母线断路器代替引出线断路器，给用户继续供电。例如：当需检修引出线 W4 的断路器 QF_4 时，先将 QF_4 断开，再断开隔离开关 QS_4、QS_7，合上隔离开关 QS_6、QS_5、QS_8，再合上旁路母线断路器 QF_6，就可以给线路 W4 继续供电。对其他各路出线，在断路器检修时，都可采用同样方法，保证用户不停电。但带旁路母线的单母线接线，因造价较高，仅在引出线数目较多的变电所中采用。

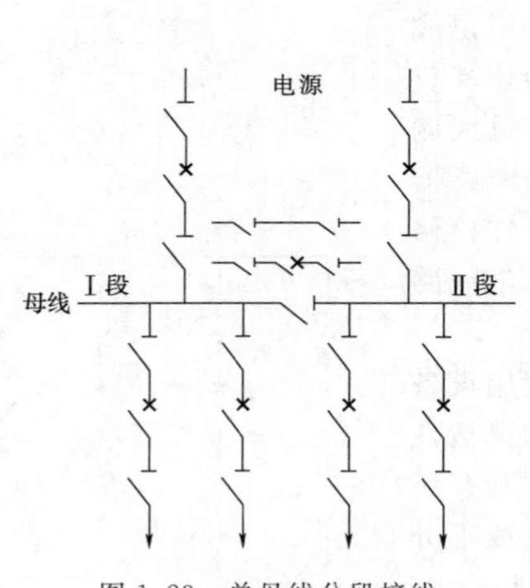

图 1.23　单母线分段接线

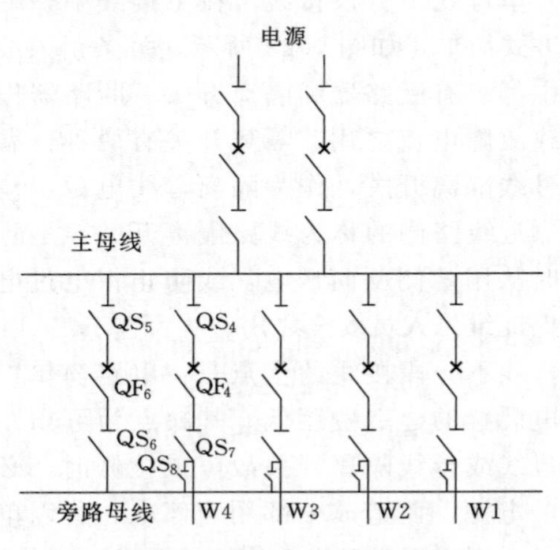

图 1.24　单母线加旁路母线接线

2. 双母线接线

双母线接线一般用在对供电可靠性要求很高的大型泵站降压变电所 35～110kV 母线系统中。

第一种运行方式：只有一组母线工作，另一组母线是备用母线，两组母线之间装有母线联络断路器，在双母线接线中，两组母线均可以互为工作状态或备用状态，不是固定的。

第二种运行方式：两组母线同时工作，也互为备用。电源进线和引出线按可靠性要求和电力平衡这两项原则分别接到两组母线上，母联开关在正常时接通。

由于双母线中有了备用母线，所以提高了主接线工作的灵活性，可以完成单母线分段接线所不能完成的工作。如需检修母线时，可以轮流进行；经倒闸操作，改变连接，转移功率。

双母线接线具有一些单母线分段接线所没有的优点，特别是向无备用电源的用户供电时更为明显。双母线接线比较适用于电源和引出线数目较多的系统，并便于发展扩大。但是，也存在倒闸操作复杂、易产生误操作的问题。

3. 桥式接线

对于具有 2 回电源进线、2 台变压器的降压变压所，可采用桥式接线。它实质上是连接两个 35～110kV "线路-变压器组"的高压侧，其特点是有一条横连跨接的"桥"。桥式接线要比分段单母线接线简化，它减少了断路器的数量，4 回电路只采用 3 台断路器。根据跨接桥横连位置的不同，又分为内桥接线和外桥接线两种。

外桥接线适用于：①向一级、二级负荷供电；②供电线路较短；③允许变电所有较稳定的穿越功率；④负荷曲线变化大，主变压器需要经常操作；⑤中间型的总降压变电所。采用外桥接线系统的总降压变电所，宜于构成环形电网，它可使环网内的电源不通过受电断路器，这对减少受电断路器的事故及对变压器继电保护装置的整定，均属有利。

1.9.3 电气二次接线

在电力系统和泵站中，虽然一次接线是主体，但是要实现安全、可靠和经济运行，二次接线同样是不可缺少的重要组成部分。二次设备包括测量表计、控制和信号器具、机电保护装置、自动装置等。根据测量、控制、保护和信号显示要求，把有关二次设备连接起来的电路，称为二次接线。

二次接线中各电气设备用规定的文字和符号绘制，表示其内部关系的图纸称为二次接线图。二次接线图分为归总式原理图（简称归总图）、展开式原理图（简称展开图）和安装接线图。

归总图是用来表示二次设备工作原理的接线图，它以原件整体形式表示二次设备间的电气联系。展开图是用来说明二次回路动作原理的接线图，使用较为广泛。它的特点是将每套装置的交流电流回路、交流电压回路和直流回路分开表示。绘制展开图时，一般将电路分成几个部分：交流电流回路、交流电压回路、直流操作回路和信号回路。对同一回路内的线圈和触点则按电流通过的路径自左至右排列。交流回路按 a、b、c 的相序，直流回路按继电器的动作顺序自上至下排列。每一回路的右侧通常有文字说明，以便于阅读。

安装接线图是制造厂在加工制作电气屏柜和现场电气设备安装、调试、检修时必不可少的图样，可分为屏柜内接线图和端子排图。

为了便于绘制、阅读和记忆二次接线图，通常用能表示该设备和元件特征的图形符号来表示设备和元件，在图形符号上方按照国家标准所规定的文字符号表示出该二次设备或元件的名称。常用二次设备和元件的文字符号、图形符号分别见表 1.5、表 1.6。

表 1.5　　常用二次设备和元件的文字符号

名　称	文字符号	旧文字符号
断路器及其辅助触点	QF	DL
电流互感器	TA	LH
电压互感器	TV	YH
合闸接触器	KO	HC
合闸线圈	YO	HQ
跳闸线圈	YR	TQ
电流继电器	KA	LJ
电压继电器	KV	YJ
时间继电器	KT	SJ
差动继电器	KD	CJ
信号继电器	KS	XJ
温度继电器	KT	WJ
瓦斯继电器	KG	WSJ
中间继电器	KM	ZJ
信号脉冲继电器（冲击继电器）	KP	XMJ
控制回路电源小母线	WC	KM
信号回路电源小母线	WS	XM
隔离开关及其辅助触点	QS	G
电流表	PA	A
电压表	PV	V
有功功率表	PW	W
有功电度表	PJ	Wh
选择开关	SA	ZK
热继电器	KH	RJ
刀开关	QK	DK
信号灯	HL	XD
绿色信号灯	GN	LD
红色信号灯	RD	HD
白色信号灯	WH	BD
蜂鸣器	HB	FM

续表

名　　称	文字符号	旧文字符号
电笛	HW	DD
警铃	HA	JL
按钮	SB	AN
事故音响信号小母线	WAS	SYM
预告信号小母线	WFS	YBM
闪光信号小母线	(+) WF	(+) SM
合闸电源小母线	WO	HM
电压互感器二次电压	TVabc	YHabc
小母线	WV	YM
二极管	V	D
晶体三极管	V	BG
整流器	U	Z
电阻	R	R
电容	C	C
电感	L	L
连接片	XB	LP
蓄电池	G	XDC
熔断器	FU	RD

表 1.6　　常用二次设备和元件的图形符号

名　　称	图形符号	旧图形符号
继电器	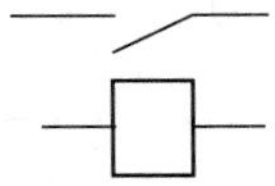	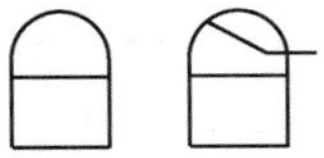
信号继电器	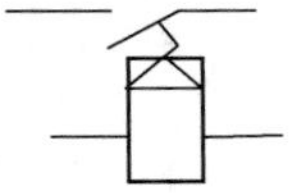	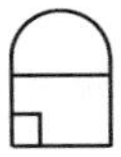
中间继电器	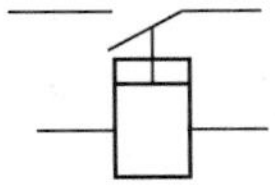	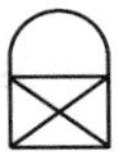
瓦斯继电器	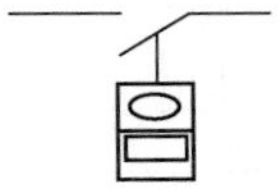	
继电器、接触器、磁力驱动器和操动机构的跳闸、合闸线图	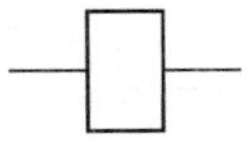	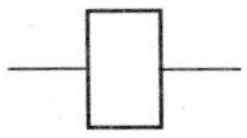

续表

名　称	图形符号	旧图形符号
双线圈继电器的线圈		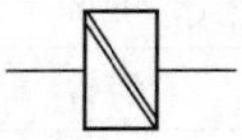
带时限的电磁继电器的缓吸线圈	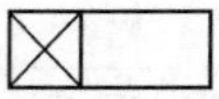	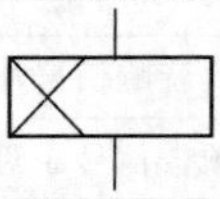
带时限继电器的缓放线圈	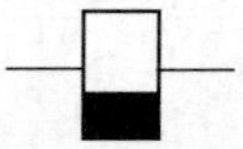	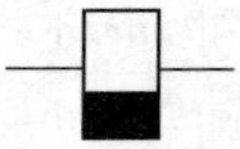
继电器的动合（常开）触点		
继电器的动合（常闭）触点		
继电器的延时闭合的动合（常开）触点	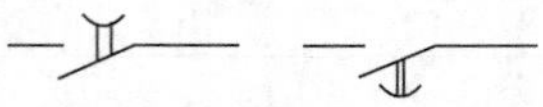	
继电器的延时开启的动合（常开）触点	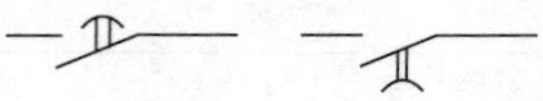	
继电器的延时闭合的动断（常闭）触点	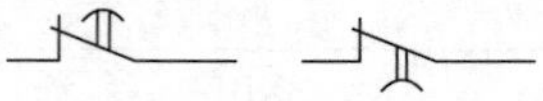	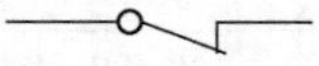
继电器的延时开启的动断（常闭）触点	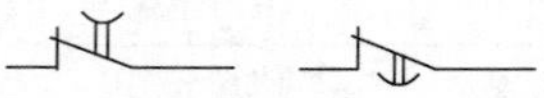	
自动复归按钮的动合（常开）触点	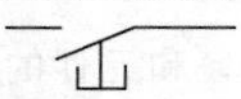	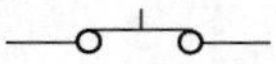
自动复归按钮的动断（常闭）触点	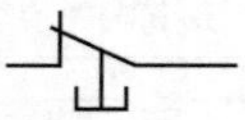	
接触器的动合（常开）触点		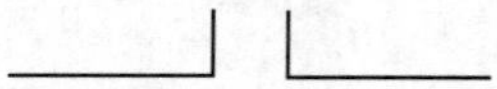
断路器		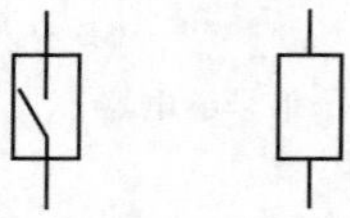
隔离开关		
熔断器	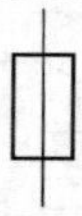	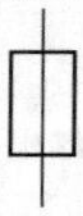
电阻器		
可调电阻器	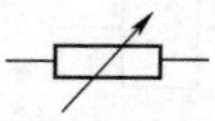	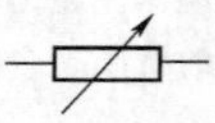

续表

名　　称	图形符号	旧图形符号
电位器	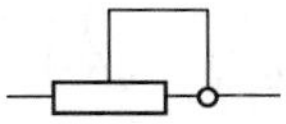	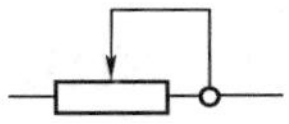
电容器	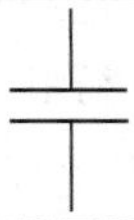	
二极管	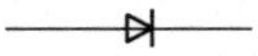	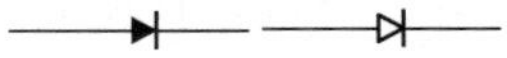
P-N-P 型三极管		
N-P-N 型三极管	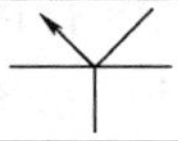	
电感线圈		
电流互感器	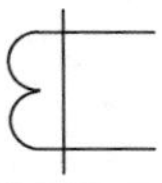	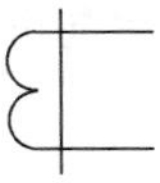
电压互感器或中间变压器	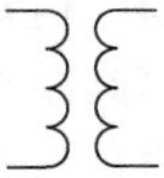	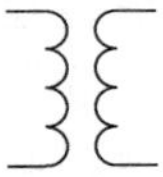
信号灯、照明灯及光追	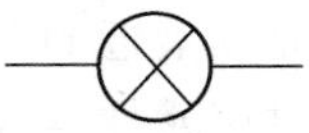	
蓄电池	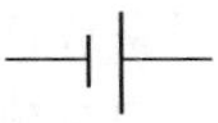	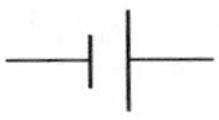
转换开关触点		
电铃		
蜂鸣器	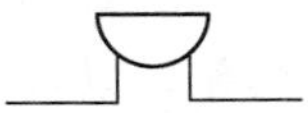	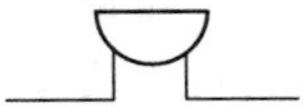
电笛		
仪表的电流线圈	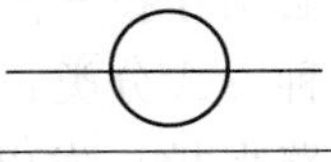	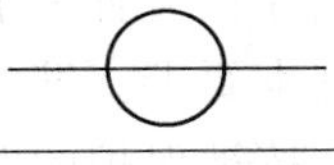
仪表的电压线圈	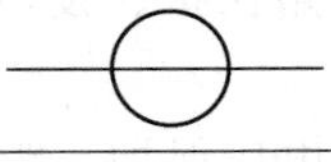	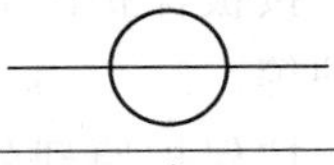
仪表的电流和电压的相乘线圈	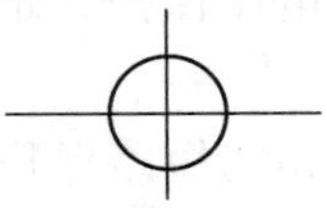	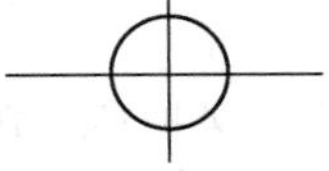
连接片		

1.10　保 护 装 置

为保证电气设备在运行过程中稳定可靠，必须配备相应的保护装置。继电保护装置是反映电力系统中电气元件发生故障或不正常运行状态，并动作于断路器跳闸或发出信号的一种自动装置。电力系统的故障和不正常运行状态如下：

（1）故障：各种短路（三相短路、两相短路、单相接地短路等）和断线（单相、两相），其中最常见且最危险的是各种类型的短路。其后果是：电流增加，危害故障设备和非故障设备；电压降低，影响用户正常工作；破坏系统稳定性，使事故进一步扩大（系统振荡，互解）。

（2）不正常运行状态：电力系统中电气元件的正常工作遭到破坏，但没有发生故障的运行状态。如：过负荷、过电压、频率降低、系统振荡等。不正常运行状态可能会动作于发信号或动作于解列（跳闸）。

1.10.1　作用与分类

1. 作用

继电保护装置是用来对泵站中的变压器、电动机、电容器、母线、输配电线路等主要电气设备进行监视和保护的一种自动装置。其主要作用包括：

（1）监视泵站电气系统的正常运行。当被保护的电气系统元件发生故障时，该元件的继电保护装置迅速、准确地给脱离故障元件最近的断路器发出跳闸命令，使故障元件及时从电气系统中断开，以最大限度地减少对该元件本身的损坏，降低对电气系统安全供电的影响。当系统和设备发生的故障足以损坏设备或危及电网安全时，继电保护装置能最大限度地减少对电气元件本身的损坏，降低对电力系统安全供电的影响。

（2）反映电气设备的不正常工作情况，并根据不正常工作情况和设备运行维护条件的不同发出信号，提示值班员迅速采取措施，使之尽快恢复正常，或由装置自动地进行调整，或将那些继续运行会引起事故的电气设备予以切除。反映不正常工作情况的继电保护装置允许带一定的延时动作。

（3）实现电力系统的自动化和远程操作，以及工业生产的自动控制。如：自动重合闸、备用电源自动投入、遥控、遥信、遥测等。

2. 分类

继电保护装置为了完成它的任务，必须在技术上满足选择性、速动性、灵敏性和可靠性 4 个基本要求。继电保护可按以下几种方式分类：

（1）按被保护的对象分类：输电线路保护、发电机保护、变压器保护、电动机保护、母线保护等。

（2）按保护原理分类：电流保护、电压保护、距离保护、差动保护、方向保护、零序保护等。

（3）按保护所反映故障类型分类：相间短路保护、接地故障保护、匝间短路保护、断线保护、失步保护、失磁保护及过励磁保护等。

（4）按继电保护装置的实现技术分类：机电型保护（如电磁型保护和感应型保护）、

整流型保护、晶体管型保护、集成电路型保护及微机型保护等。

（5）按保护所起的作用分类：主保护、后备保护、辅助保护等。

1）主保护：满足系统稳定和设备安全要求，能以最快速度有选择地切除被保护设备和线路故障的保护。

2）后备保护：主保护或断路器拒动时用来切除故障的保护。后备保护又分为远后备保护和近后备保护两种：

a. 远后备保护：当主保护或断路器拒动时，由相邻电力设备或线路的保护来实现的后备保护。

b. 近后备保护：当主保护拒动时，由本电力设备或线路的另一套保护来实现后备的保护；当断路器拒动时，由断路器失灵保护来实现后备保护。

3）辅助保护：为补充主保护和后备保护的性能或当主保护和后备保护退出运行而增设的简单保护。

1.10.2　原理与构成

1. 原理

继电保护是根据电气设备正常运行状态与故障、不正常工作状态时出现的电流、电压、开入量等物理量的变化作为判据进行工作的。这就决定了其原理是找差别，如：

（1）故障时电流增加——过电流保护。

（2）故障时电压降低——低电压保护。

（3）区内故障功率方向与区外故障功率方向相反——方向保护。

（4）故障时阻抗降低——阻抗保护。

（5）区内故障与区外故障的差动电流不同——电流差动保护。

（6）故障时有负序分量或零序分量——分量保护。

另外还有非电气量——瓦斯保护、过热保护等。只要找出正常运行与故障时系统中电气量或非电气量的变化特征，即可找出一种原理，且差别越明显，保护性能越好。

2. 构成

继电保护装置一般由测量元件、逻辑元件和执行元件三部分组成。

（1）测量元件。测量被保护对象输入的有关物理量，如电流、电压、阻抗、功率压力、温度等。

（2）逻辑元件。根据测量部分输出量的大小、性质、输出的逻辑状态、出现的顺序或它们的组合，使保护装置按一定的原理及时序逻辑工作，最后确定是否应跳闸或发信号，并将有关命令传给执行元件。

（3）执行元件。根据逻辑元件传送的信号，最后完成保护装置所担负的任务，如：故障时→跳闸；不正常运行时→发信号；正常运行时→不动作。

1.11　计算机监控系统

随着科技的不断进步和泵站工程科学管理的需要，计算机监控系统和信息化建设是泵站等水利工程发展的必然要求。

1.11.1　系统的结构与功能

目前，大型泵站计算机监控系统一般按分层分布式结构设计，模块化组建，大致可分为远程调度层、泵站监控层、现地控制层。系统内部各单元相对独立，自动化程度高，通用性好。系统的网络结构可以根据泵站规模和装机功率进行选择，可采用星型拓扑网络或环状拓扑网络等。

大型泵站计算机监控系统具有完善的测量、控制、监视和保护功能，满足泵站控制与调节、安全监视和生产运行管理等多方面要求。正常运行方式下系统可由泵站主控计算机控制，也可由远方调度中心进行统一调度、操作与控制。站级计算机控制系统作为一个泵站内自控节点，通过通信线路与调度网络结合在一起，完成对本站各设备运行状态、电力参量、水文参量、报警信息、数据信息的监测及历史运行记录数据查看、报表打印、分析等功能。

大型泵站建有公用LCU（计算机监控现地控制单元）柜及机组LCU柜，与前端测控装置进行通信，通信的形式有开关量信号、模拟量信号等，同时PLC系统通过网络模块与上位系统进行数据交换。各串口通信智能设备通过通讯服务器进行串口与TCP/IP网络的协议转换，进入PLC系统。

大型泵站计算机监控系统由站级计算机及数字通信网络系统，与分布式的电气、监测仪表等智能终端设备组成，最终形成遥测、遥控、遥视为一体的综合自动化系统，同时满足在线设备的自动/手动、远方/现地操作功能。

1.11.2　系统的配置和要求

大型泵站计算机监控系统包括硬件和软件：硬件部分包括远程调度层、泵站监控层、现地控制层，主要设备有工控机、服务器、工作站、网络设备、可编程控制器、打印机、UPS不间断电源、语音报警设备、串口服务器、交换机网络通信设备、大屏显示器等；软件部分包括系统软件、支持软件和应用软件。系统宜采用冗余配置，必要情况下设置备用通道。

（1）系统硬件配置要求。

1）采用标准化、技术成熟、高性价比的设备，并具有良好的可替代性。

2）选择质量体系有严格保证、具有完善服务支持网络的设备。

3）现地控制单元I/O点数按不少于实际使用点数的10%预留。

4）对通信接口以及安装在室外的信号电缆等薄弱环节应加强雷电防护，并对防雷系统的接地定期进行检测，使其符合国家规范要求。

5）根据不同使用环境、性能要求选择自动化元器件，现场信号采集装置优先选用数字型、电流型传感器。

（2）系统软件配置要求。

1）系统软件：采用成熟、正版的多任务、交互式操作系统。

2）支持软件：采用成熟、正版软件，其中数据库宜采用主流商用数据库软件。

3）应用软件：采用模块化设计，实现采集、控制和优化等功能，具有完整性、独立性、开放性和实时性等特点。

（3）系统软件功能要求。

1）具有成熟、可靠、开放的特点。

2）数据库的规模能满足监控系统所有功能要求，具有良好的实时性、可靠性、可扩展性和适应性，并适合所需的各种数据类型。

3）现地控制层应用软件包含可编程控制器或智能控制器应用软件、人机对话应用软件等，实现实时现地数据采集、控制、人机交互、输入与输出、状态显示与报警、通信等功能。

4）泵站监控层应用软件支持交互式操作，完成数据计算与处理、控制与调节、监视与报警处理、通信、报表与查询等功能；还要满足泵站操作与安全管理等功能。

（4）系统通信应采用成熟、开放、通用的标准协议与接口。

（5）系统软件界面操作应友好、简便、直观、灵活、可靠，人机对话提示说明准确、清楚、简洁。

（6）系统数据刷新时间应能满足泵站实际运行与管理的要求。

1.11.3 监控对象与参数

泵站计算机监控系统监控的对象包括电气设备、主机设备、辅机设备、水工设施以及调速、调节装置等。

1. 模拟量的采集与处理

对电量和非电量进行周期采集、越限报警等，最后经格式化处理后形成实时数据并存入实时数据库。泵站主要模拟量有电气设备电气量、进出水池水位、泵组进出水压力、辅机油气水压力等。

2. 温度的采集与处理

对温度进行周期采集、越限报警等，最后经格式化处理后形成实时数据并存入实时数据库。泵站主要温度量有机组电动机轴瓦温度、电动机铁芯温度或绕组温度、轴承温度、环境温度等。

3. 开关量的采集与处理

对事故信号、重要的故障型号等，以中断方式迅速响应这些信号并作出一系列必要的反应与自动操作，中断开关量信号输入。泵站主要开关量包括：机组紧急停机按钮等事故信号，事故阀的开、闭状态，断路器的分、合状态，保护动作等信号。

4. 状态开关量的采集与处理

对各类故障信号、辅助设备运行状态信号、手动/自动方式选择的位置信号等非中断开关量信号，采用定期扫查方式。对信号的处理包括光电隔离、接点防抖动处理、硬件及软件滤波、基准时间补偿、数据有效合理性判断、启动相关量功能（如启动事故顺序记录、发出事故报警音响、画面自动推出及自动停机等），最后经格式化处理后存入实时数据库。泵站状态量信息主要是机组运行、停机、检修状态，各闸阀的开、闭状态，刀闸的分合状态，泵站辅机设备的共组状态；变压器、馈路的投运、退出状态，保护信号装置的正常与动作状态等。

5. 脉冲量的采集与处理

脉冲量的采集处理包括接点防抖动处理、数据有效性合理性判断、标度交换、检错纠错处理，经格式化处理后存入实时数据库，也可直接通过串口通信采集。

6. 抽水量、流量及效率计算

根据水泵扬程与流量的过程曲线和实测扬程（水位差）进行计算，系统需提供在线流量、单机抽水量、效率等，经格式化处理后形成实时数据存入实时数据库。

7. 开关量输出

开关量输出指各种操作指令，输出这些信号前应进行校验，经判断无误后方可送至执行机构。为保证信号电气独立性及准确性，输出信号应防抖动并通过使用中间断路器实现物理隔离。

8. 信号量值及状态设定

由于设备原因而造成的信号出错以及在必要时要进行人工设定值分析处理的信号量，计算机监控系统应允许运行值班人员和系统操作人员对其进行人工设定，并在处理时把它们与正常采集的信号等同对待，计算机监控系统可以区分它们并给出相应标识。

1.12　视频监控系统

大型泵站视频监控系统是监视工程设备的安全运行、加强工程设施安全防范的重要手段。视频监视对象包括拦污栅、进水池、泵房、主机组、高低压配电室、真空破坏室和出水池，以及输变电设施、进出水闸门、相关建筑物等。

1.12.1　系统的结构与功能

泵站视频监控系统由视频采集、传输、控制、显示、管理等5部分组成。

1. 视频采集部分

视频采集部分的核心是前端摄像机，摄像机将采集到的图像转换为可传输的信号。此外还有供电电源、安装支架等物品。

2. 视频传输部分

视频传输部分主要目的是将摄像机采集到的视频图像传输到控制主机，同时可将需要传输的语音信号同步录入到录像机内。常用的传输方式有同轴电缆传输、双绞线传输、光纤传输、无线传输等。

3. 视频控制部分

通过控制主机，操作人员可发出指令，对摄像机云台的上、下、左、右的动作进行控制及对镜头进行调焦变倍的操作，并可通过控制主机实现在多路摄像机及云台之间的切换。

4. 视频显示部分

视频显示部分的核心是显示器、监视器等设备，利用特殊的录像处理模式，可对图像进行录入、回放、处理等操作，改善录像显示效果。

5. 视频管理部分

视频管理部分主要产品为硬盘录像机、视频采集卡、监控软件等，主要实现视频监控画面的实时预览、录像存储、抓图、报警等功能。

1.12.2 系统的配置和要求

大型泵站视频监控系统包括前端摄像部分、网络传输部分与系统控制管理部分，主要设备有视频主机、网络视频服务器、摄像机、视频和控制线缆、监视器、视频数据光端机、视频图像存储及管理设备、UPS电源等。

泵站视频监控系统应满足下列要求：

（1）视频监视系统应采用单独通道传输视频和控制信号。

（2）根据实际需要采用有线或无线传输方式，实现设施设备的远方监视。

（3）优先选用全数字式视频设备，支持多客户端监视与查询。

（4）能够全天候、全方位、不间断监视。

（5）能对图像进行完整的保存和再现，持续录像存储时间不少于15天。

（6）做好防雷、接地措施，包括电源防雷和信号防雷措施。

第2章　电气设备安装基本要求

2.1 安装前准备

电气设备安装施工前的准备工作应包括以下内容：

(1) 确定施工任务。

(2) 落实施工现场安全措施。

(3) 施工物资器材准备。

2.1.1 编制施工组织设计

施工组织设计既是施工准备的组成部分，又是指导现场准备工作、全面布置施工生产活动、控制施工进度及人工、材料、机具调配的基本依据。

1. 编制依据

(1) 已经批准的计划任务书、初步设计、有关的施工图样图册及上级已下达的指示文件等。

(2) 工程概算投资额和主要工程量。

(3) 已签订的协议、合同。

(4) 现场情况调查资料。

(5) 有关的技术标准、规程规范和定额等。

2. 编制内容

施工组织设计的内容主要包括工程概况、施工方案及施工组织、平面布置、物资供应计划及管理、工程进度计划、安装技术措施及技术交底、保证质量安全与降低成本的指标及措施等。

2.1.2 施工准备和施工程序

1. 施工准备

(1) 必须熟悉有关电气、设备安装工程的技术规范。

(2) 熟悉图纸资料，弄清设计图纸的设计内容，对图中选用的电气、机械设备和主要材料等进行统计，注意图纸提出的施工技术要求。

(3) 认真进行技术交底，弄清技术要求、技术标准和施工方法。

(4) 准备施工机具、材料，确定施工方法。

(5) 室内外土建工作基本结束，屋顶、门窗不得渗漏。

(6) 预埋件及预留孔位置应符合设计要求，预埋件应牢固。

(7) 设备安装后，不能再进行有可能损坏已安装设备的装饰工作。

2. 编制施工方案

为了科学合理地组织施工，有效地降低成本，电气设备安装过程必须符合连续性、比例性、均衡性的原则，需要编制详细、合理的施工方案。施工方案应有针对性和可行性，能突出重点和难点，并制定出可行的施工方法和保障措施，方案能满足工程的质量、安全、工期要求，并且施工所需的成本费用低。

施工方案编制的内容包括：施工进度安排、施工方法及工艺要求、施工程序及质量控制措施、施工安全措施、费用控制措施、环境保护措施、文明施工措施等。

3. 电气设备安装程序

(1) 配合土建预埋电线电缆穿线管道和盘柜基础板等。

(2) 接地装置制作安装。

(3) 机电设备基础制作安装，电气支架制作安装。

(4) 接地母线敷设和设备接地支线敷设。

(5) 电气设备安装。

(6) 电气设备一次母线安装。

(7) 电缆敷设。

(8) 校线和接线。

(9) 自动控制系统安装及调试。

(10) 电气操作箱及控制箱安装。

(11) 全部电气设备的交接试验。

(12) 电气设备试运行。

(13) 工程完工验收、送电、运行。

2.2 设备现场验收与保管

2.2.1 验收内容和要求

电气设备到场验收严格按照订货合同、技术协议以及相应的国家和行业规范进行。具体分为以下几个方面：

(1) 验收准备：验收前，验收部门和设备厂家应提供相关合同和技术协议，以及发货清单或装箱单等有关资料。

(2) 外观验收：按照合同和技术协议核对到货设备名称、型号规格、数量等是否与合同和技术协议相符，并做好记录。察看有无因装卸和运输等原因导致的损坏，如有损坏应做好残损情况的现场记录，必要时要拍照留存。

(3) 技术资料的交接验收：设备技术资料（图纸、设备安装使用说明书和备品备件清单等）、产品合格证、随机配件、专用工具、监测和诊断仪器、特殊材料、润滑油料和通信器材等，是否与合同和技术协议内容相符。对于有特殊材质要求的设备或材料，生产或供货厂家必须提供权威部门出具的《试验报告》《材质分析报告书》等，否则不予验收。

(4) 开箱验收：对于装箱运输的设备要现场开箱验收并做好开箱记录。如开箱后不易保管和存放的，可以和厂家协商由需方代管，在安装之前再行开箱检验。

验收合格后，应填写设备交接验收单，供需双方各执一份。交接验收单和所有技术资料交设备主管部门统一保管，工程施工完毕后转交档案室存档。

2.2.2　保管要求

电气设备保管应符合现行行业标准《泵站设备安装及验收规范》（SL 317）的规定，还应符合下列要求：

1. 电气设备的保管

（1）电气设备入库应按仓库保管条件和设备的不同要求进行分类放置。电气设备搬运时应注意保护其完好，对无包装的或无吊装环的电气设备的吊运应尽量采用尼龙吊带，小型的设备尽量采用吊斗。

（2）电气设备在仓库内保管，应按其要求正确放置，禁止有危及其质量的安置方式。

（3）电机及控制台、控制箱等控制器一般应按类放置在枕木上，并用帆布或塑料布盖好。如设备出厂时装在木箱内的，可以原箱保存。

（4）对于设备中的仪器和备件，如必须启封开箱时，则应有采购人员、仓库管理员、质保检查员和该设备供货商代表等有关人员共同在场启封。检查完毕后，由质保检查员和仓库管理员重新封箱，并登记。

（5）电气测量仪表和专用仪器一般应置于专用盒内，并放在架子上。

（6）照明灯、信号灯等玻璃易碎品一般应置于专用盒内，或存放在架子上。

（7）火警探头尽量应集中放置在人员不易接近的地方。

（8）对蓄电池等危险品应执行定置管理，单独存放，做好相应的环境措施。

2. 保管要求

（1）存放电气设备的仓库，应通风良好，照明充足，无有害气体，无剧烈震动，并要有足够的走道，便于搬运和实施保管维护。

（2）仓库内指定位置应放置一定数量的消防器材，并配有一定的标识，如 CO_2 灭火器等。

（3）仓库内应设有必需的专用架子、枕木，避免电气设备直接着地或重叠放置，应备有塑料布、帘布，用以遮盖电信仪器和精密的电气仪表等。设备带有的防尘、防水包装在设备检查后应尽量予以保留，直到其领用出库。

（4）仓库内应提供电气设备保管所需的电源，电源应有应急切断措施。

2.3　安装技术要点

在电气设备安装施工过程中，由于技术人员技术不过关、考虑不周全、疏忽大意等原因，经常会出现各种问题，影响设备的正常、安全运行，甚至引发故障和事故。因此，必须重视电气设备的安装施工质量，特别是要对安装过程中重点环节、步骤和程序进行有效的控制。

2.3.1 变压器

变压器安装技术要点包括：

（1）变压器进场安装，在装卸和运输中，不应有冲击和严重震动。

（2）变压器轨道基础安装应水平，土建施工预埋铁件应可靠接地。

（3）变压器的就位方向要正确，进入变电室前应核对高低压侧方向，同时控制变压器放置的水平方向误差小于0.3%，垂直方向的误差小于±0.15%。

（4）变压器本体接地，一头使用40mm×4mm矩形铜母线接于变压器的接地螺栓上，另一头与基础预埋件做可靠连接。

（5）在安装好变压器本体后，相继安装散热器、调压器、控制箱、测温元件等附件，最终完成变压器的安装。

2.3.2 电气屏柜

电气屏柜安装技术要点包括：

（1）电气屏柜基础槽钢安装允许误差0.1%，总长偏差不超过5mm；基础型钢安装后，其顶部宜高出抹平地面10mm（手车式成套柜按产品技术要求执行）。

（2）成列安装时配电柜垂直度应小于1.5mm。水平度偏差：相邻柜顶部小于2mm，成列柜顶部小于5mm。不平度偏差：相邻柜小于1mm；成列盘面小于5mm；盘间接缝小于2mm。

（3）电气屏柜的接地应牢固可靠。

（4）手车柜的手车应推拉灵活，无卡阻现象，触头位置正确，接触可靠、机械闭锁动作准确。

（5）进入柜内的电缆应固定好，电缆钢带不应进入柜内，二次接线排列整齐、端子排不受机械应力。

（6）电气屏柜表面漆层应完好，无损坏。

2.3.3 电缆

电缆安装技术要点包括以下内容。

1. 电缆敷设

（1）电缆敷设前先检查敷设准备工作情况，电缆支架、预埋管、电缆沟符合敷设要求，电缆型号、规格应符合设计要求，质量符合要求未受损伤，电缆盘不准平放，滚动方向必须顺着电缆缠紧方向。

（2）电缆展放采用专用装置进行。从平面上经直埋穿入泵房建筑物的电缆一般由地面向泵房敷设，泵房与变电所之间的电缆从泵房向变电所敷设，主要电缆的敷设应在吊物孔封闭之前完成。电缆在终端和直埋段应在全长上留有少量余量。

（3）电缆支架应安装牢固，横平竖直，同一水平横档高低偏差不应大于5mm，支架最上层离沟顶或楼板不小于150mm，下层离沟底为50～100mm。

（4）电力电缆支持点间距在水平方向不大于0.8m，垂直方向不大于1m，电缆最小允许弯曲半径为 10 倍电缆外径。

（5）电缆敷设时，电缆应从盘上端引出，并避免在支架及地面上摩擦拖拉。电缆到位切断后应采用橡胶自粘带封头，电缆敷设应挂列整齐，两端及转弯处应固定并装设标识牌。在桥架上施放时不得受牵引力。

（6）进入建筑物、穿越墙壁、引至地表时，距地高度 2m 以下一段应穿管保护，管内径大于电缆外径 1.5 倍，埋入地面深度不应大于 100mm，管口应封闭。

（7）直埋电缆表面距地面的距离不小于 700mm，直埋电缆上下须铺以不小于 100mm 厚的软土或沙层，并加盖混凝土盖板保护。直埋电缆隐蔽前应做隐蔽工程记录，按规定做好标记，经监理工程师检查后才能隐蔽。

2. 电缆终端头制作

（1）电缆终端头和中间头采用热收缩或冷收缩电缆材料。

（2）热收缩电缆附件的安装应在温度 0℃以上、相对湿度 70%以下完成。

（3）电缆芯线连接时，其连接管和线鼻子的规格应与线芯相符，采用压接时，压模的尺寸应与导线的规格相符。

（4）电缆终端头、电缆接头、电缆支架等的金属部位，油漆完好，相色正确。

（5）1kV 以下的小动力电缆头采用干包法。

2.3.4　防雷与接地

防雷与接地装置安装技术要点包括：

（1）避雷针一般采用直径不小于 12mm 的镀锌圆钢或 20mm 镀锌钢管制成；架空避雷线采用截面不小于 $35mm^2$ 镀锌钢绞线；屋顶避雷带一般采用直径不小于 12mm 的镀锌圆钢，安装时高出屋面 100～150mm，支持件间距为 1～1.5m。

（2）工程接地体应采用宽度或公称直径 50mm 镀锌钢材。接地桩按设计图纸布置，接地桩长度一般为 2500mm，接地桩顶部离地不小于 600mm。

（3）室外接地线采用 40mm×4mm 镀锌扁铁，埋设深度不小于 600mm，室内接地线采用 25mm×4mm 镀锌扁铁。

（4）接地线连接采用电焊焊接，其焊接长度为扁钢宽度的 2 倍，且有 3 个棱边焊接。临时接地桩桩头位置应符合设计要求。

（5）电气设备到金属构架、电缆桥架均应采用镀锌扁钢连接成一体。其中电缆桥架的槽架部分，每两片槽架连接部位都要用裸铜线作跨接，在桥架的终端逐一引出至接地干线。

2.3.5　母线

母线安装技术要点包括如下内容。

1. 母线安装前检查

（1）母线表面应光洁平整，没有裂纹、折皱、夹杂物及变形、扭曲现象。

（2）与低压开关柜配套供应的空气型母线槽，其各段应标识清晰，附件齐全，外壳无变形，内部无损伤。

2. 母线安装

（1）母线涂漆防腐，相色油漆涂漆均匀，无起层和皱皮缺陷。

（2）母线矫正平直，切断面应平整。

（3）母线按实际需要整根剪裁。

（4）柜内母线在安装时，其安全距离符合规范要求。

（5）矩形母线应进行冷弯，弯曲处不得有裂纹和显著的折皱，弯曲半径不小于母线厚度的2倍，多片母线的弯曲度一致。

（6）母线的搭接面搪锡，并涂以复合脂。

（7）母线的紧固件采用符合国家标准的镀锌螺栓螺母和垫圈。

2.3.6 监控系统

泵站计算机监控系统（含视频监视系统）安装技术要点包括：

（1）PLC柜基础槽钢和柜体应可靠接地。

（2）PLC柜使用在线UPS电源供电，柜内布线正确、规范、整洁。

（3）视频监视装置安装稳固、端正，线缆布置整齐，插头牢固。

2.4 安装质量控制与工艺要求

电气设备安装施工中，为实现对工程质量的有效控制，构建完善的质量控制体系，加强每个环节质量控制和工艺实施是十分必要的。

2.4.1 变压器

变压器安装，每道工序除严格按规程、规范和厂家技术说明书要求施工外，安装过程中主要控制好以下几道工序：开箱清点、附件检查、本体就位、变压器油处理、器身检查、真空注油、整体密封试验等。

1. 开箱清点及附件检查

变压器到货检查和清点附件时，注意以下内容：

（1）本体内气体压力应为正压，压力在0.01～0.03MPa之间。

（2）根据装箱清单检查所到设备及附件的技术文件应齐全，检查变压器外表有无机械损伤，温度计、导油管等预留孔应齐全，各种封盖紧固件应齐全紧固，对分散包装运输的附件要按清单逐一清点。

（3）套管应无损伤、无裂纹、无渗漏油，散热器、油泵、导油管等应密封良好。

（4）检查冲击记录仪 X、Y、Z 三维均小于 $3g$（根据合同要求，需要时才检查此项）。

2. 本体就位

变压器就位之前，在基础及变压器上标出纵横中心线，变压器按标识就位，变压器就位时要保证变压器中心线与基础中心线一致。

一般变压器均采用充氮运输，变压器就位后首先进行排氮。排氮有两种方法：注油排氮和抽真空排氮。

（1）注油排氮。绝缘油从变压器下部阀门注入变压器内，氮气从顶部排出，将油注至油箱顶部，氮气排尽，最终油位高出铁芯100mm以上，然后静置12h以上。注入变压器内的绝缘油应满足质量要求。

（2）抽真空排氮。将排氮口装设在空气流通处，用真空泵抽真空。

充氮运输的变压器需器身吊罩（吊芯）检查时，先让器身在空气中暴露15min以上，待氮气充分扩散以后进行；如从进人孔进入器身检查，则需打开变压器两个通气孔，让器身内的氮气与空气对流排出，器身内含氧量达18%后可进入器身内检查，进行器身检查过程中要以0.7～3m^3/min的流量向变压器内吹入干燥空气，防止器身受潮。

3．变压器油处理

按照规定用油罐运到现场的油必须取油样试验。做完试验后，把不符合标准的绝缘油抽到真空油罐中，经真空滤油机进行过滤，滤油温度控制在60～65℃之间，处理完后的油经复检各项指标要符合下列要求：

电气强度：500kV，不应小于60kV；330kV，不应小于50kV；63～220kV，不应小于40kV。

含水量：500kV，不应大于10×10^{-6}；220～330kV，不应大于15×10^{-6}；110kV：不应大于20×10^{-6}。$\tan\delta$，不应大于0.5%（90℃）。

4．器身检查

变压器到货后应进行器身检查。器身检查可分为吊罩检查和从进人孔进入器身内检查两种。当满足如下条件之一，可不进行器身检查：①制造厂规定可不进行器身检查的；②容量为1000kV·A及以下，运输过程中无异常情况的；③就地生产仅作短途运输的变压器，运输过程中进行了有效的监督，无紧急制动、剧烈振动、冲撞或严重颠簸等异常情况。

（1）器身检查要求

1）选择晴朗干燥的天气进行，场地四周提前1天清理干净。雨天、大风（4级以上）和相对湿度75%以上的天气不能进行器身检查。

2）对参加主变吊罩的施工人员进行全面技术交底。

3）进入变压器内进行器身检查人员要穿清洁的衣服和鞋袜，不允许身上携带任何金属物件。所用的工具要严格实行登记、清点制度，防止将工器具遗忘在变压器油箱中。

4）变压器同时打开的封板不能多于2个，并且要用塑料布或白布阻挡灰尘，严防灰尘侵入油箱内。

5）当空气相对湿度小于75%时，器身暴露在空气中的时间不得超过16h，调压切换装置吊出检查、调整时，暴露在空气中的时间应满足：相对湿度75%～85%，允许时间10h；相对湿度65%～75%，允许时间16h；相对湿度65%以下，允许时间24h。

（2）吊罩检查。钟罩起吊前，先拆除所有与其相连接的部件；钟罩起吊时，吊索与铅垂线的夹角不宜大于30°；起吊过程中，器身与箱壁不得有碰撞现象。

（3）从进人孔进入检查。从进人孔进入器身检查，在进行器身检查过程中要以0.7～3m^3/min的流量向变压器内吹入干燥空气。

（4）器身检查的内容。

1）依据设备安装使用说明书要求拆除临时支撑件。

2）检查所有的联接件处的紧固件是否紧固，是否有防松措施。

3）检查所有引线的绝缘是否良好，支撑、夹件是否牢固。

4）铁芯检查。铁芯应无变形，铁轭与夹件间应绝缘良好，铁芯应为一点接地，压钉、定位钉和固定件等应无松动。

5）调压切换装置选择开关、范围开关应接触良好，分接引线应连接正确、牢固，切换开关密封良好。抽出切换开关芯子进行检查。

6）绕组绝缘层应完整，无缺损、变形现象；各绕组排列整齐，间隙均匀；绕组的压钉应紧固，防松螺母应锁紧。

7）器身检查完毕后，用合格变压器油冲洗，并清洗油箱底部。

5. 附件安装

不需要吊罩检查的变压器可以直接安装冷却装置、高压套管、油枕等附件。通常现场均在变压器充油前安装附件，在安装过程中需要从底部不断充干燥空气进入器身，且变压器每次只能打开一个孔，每天安装后，如果不能安装完毕，必须充干燥空气并保持0.02MPa压力，以确保器身内不受潮。安装套管及油管、气管时必须均匀拧紧螺栓，使法兰面均匀。附件安装过程中要注意以下几点：

（1）密封处理。

1）各法兰面均有钢号，安装时对照钢号进行安装。

2）所有法兰连接处用耐油密封胶垫密封，安装前将密封胶垫擦干净，并要求安装位置准确。

（2）冷却装置安装。

1）安装前做密封试验时，散热器30min应无渗漏。

2）安装前用合格绝缘油冲洗干净。

3）冷却装置安装完后即注满油。

（3）升高座的安装。

1）安装前先检查电流互感器出线端子板绝缘良好并进行电流互感器试验。

2）安装时保证电流互感器铭牌位置向油箱外侧，放气塞在升高座最高处。

3）电流互感器和升高座中心一致。

（4）套管安装。

1）套管安装前检查套管有无裂缝、伤痕，套管、法兰颈部应清洗干净。

2）套管耐压试验合格。

3）充油套管的油标向外侧安装，套管末屏良好接地。

（5）有载调压装置的安装。

1）切换开关的触头及其连接线应完整无损，接触良好，位置指示器动作正确。

2）清洁切换开关的油箱，并做密封试验。

3）注入油箱中的绝缘油强度应符合产品的技术要求。

6. 抽真空及真空注油

（1）变压器抽真空。注油前220kV及以上的变压器必须进行真空处理，且真空保持时间为：220～330kV不得少于8h，500kV不得少于24h。抽真空时应将油枕顶部的阀门打开，使胶囊内外一起承受真空，防止抽坏胶囊。抽真空时注意监视箱壁的弹性变形，其最大值不得超过壁厚的2倍。真空度极限允许值为：220～330kV，真空度为0.101MPa；500kV，真空度小于0.101MPa。

（2）真空注油。注油时管内气体不能进入变压器内，所以要在变压器下部注油阀门与油管之间加一个接头，装上真空压力表，监视压力情况。在开始注油时，注油阀门先不打开，与注油管连接法兰处螺栓不拧紧，打开滤油机出油，利用油把油管的空气从法兰处排出，直至有油从法兰处冒出，再关闭滤油机，拧紧法兰处螺栓，再打开滤油机，最后缓慢打开变压器注油阀门，观察真空压力控制阀门，使油管内保持0.01MPa左右的正压力，注油至离变压器顶盖约200mm时，关闭变压器顶抽真空阀门，停真空泵，继续注油，直至注到略高于额定油位处。注油后应继续保持真空，保持时间：110kV者不得少于2h，220kV及以上者不得少于4h，500kV注满油后可不继续保持真空。

7. 热油循环

500kV变压器真空注油后必须进行热油循环，循环时间按厂家技术要求。若厂家未作要求，则按规范要求，不得少于48h。滤油机出口温度在55～62℃之间。经循环后，油应达到下列标准：击穿电压不小于60kV/12.5mm，微水量不大于10×10^{-6}（体积），含气量不大于1%，$\tan\delta$不大于0.5%（90℃）。

8. 静置和密封试验

注完油后，在施加压力前需静置，静置时间不少于下列规定：110kV及以下，24h；220kV及330kV，48h；500kV，72h。

静置完毕后，从变压器的套管、升高座、冷却装置、气体继电器及压力释放装置等有关部位进行多次放气，直至油溢出（表示残余气体排尽）。

最后在储油柜或从呼吸器安装口充干燥空气的方法进行密封试验，充气压力为0.03MPa，试验时间持续24h应无任何渗漏。

2.4.2 电气屏柜

1. 基础型钢安装

（1）基础型钢必须经除锈、校直后进行屏柜底座的制作和安装。

（2）基础型钢一般采用电动切割工具，切口应平整，无毛刺，并做好防腐处理。

（3）基础安装应以屏柜安装所在层面的最终地面标高作为标准，电气固定式屏柜基础与地面标高差为+10mm。

（4）基础底座框架应可靠接地，屏柜基础框架至少2点接地。

2. 屏柜就位与找正

（1）屏柜就位后，一般先从一侧第一个柜开始依次找正。

（2）屏柜位置偏差用垫铁校正，垫铁应放在受力柜体的骨架下面。对螺孔时宜采用手拉葫芦或千斤顶，不得用榔头或其他工具直接敲击柜体。

（3）屏柜平整度以柜面为主，将设备本身存在的缺陷尽量放置盘后，确保成排列柜面平整度、柜顶水平度一致。如图2.1和图2.2所示。

图 2.1 安装好的变压器柜和高低压开关柜

图 2.2 安装好的配电柜

(4) 柜面设备外观检查应完好、整齐，柜上标识应齐全、清晰，并置于明显位置，油漆应完好，无裂纹，无锈蚀。

3. 屏柜内设备检查

(1) 屏柜内设备应完整，附件及卡件齐全，绝缘良好，固定牢固。

(2) 屏柜安装完毕，将预留柜孔用钢板或木板进行封堵，封堵要规范、美观。

2.4.3 电缆

1. 电缆支架与桥架安装

(1) 电缆支架安装牢固、横平竖直，相邻托架连接平滑，无起拱、塌腰，外表镀锌层无损伤脱落现象。

(2) 支吊架间的距离设计无要求时应小于 2m，装阻燃槽盒处的支吊架间距应小于 2m，保证每节桥架或槽盒有 2 个支架支撑。

(3) 电缆支架的层间允许最小距离应符合国家有关规程规范的要求。

(4) 支架应焊接牢固，无明显的变形扭曲，在焊接过程中还应对已防腐的电缆支架采取隔离保护，防止焊渣飞溅损坏支架防腐涂层。

(5) 支架位置靠近混凝土结构时，若有预埋件，可直接焊接到预埋件上；若无预埋件，可用膨胀螺栓固定。如图 2.4 所示。

图 2.3 电缆桥架的安装

图 2.4 电缆沟内支架各层之间的距离

(6) 电缆桥架的转弯半径应满足电缆弯曲半径的要求。

（7）电缆桥架至屏柜间采用爬梯安装方式，使电缆沿着爬梯引入盘柜内。

（8）电缆竖井安装应垂直，法兰处螺栓齐全，竖井门完整。

（9）电缆支架最上层及最下层至沟底、地面的距离，应符合施工图及国家有关规程规范的要求。

（10）桥架拼装要求横平竖直、无变形、外表镀层无损伤脱落。如图2.5所示。

（11）钢制梯架、托盘的直线段超过30m、铝合金梯架、托盘的直线段超过15m时，应留下不少于20mm的伸缩缝。

（12）金属桥架应设置可靠的电气连接并接地。

2. 电缆敷设

（1）电缆敷设要求：走向合理、美观且符合技术、规范要求。

（2）电缆敷设前对设计图纸中的电缆桥架走向进行可行性审核，发现设计层数以及桥架宽度不合理的布置应及早提出，变更设计。

（3）定位时应避免桥架与其他设备和墙体发生冲突。当预留孔洞不合适时，应及时调整，并做好修补。

（4）施工前应认真审核电缆敷设施工图及相关的技术资料，如发现电缆敷设施工图中有错误和遗漏，要与设计方进行确认，避免电缆的漏放和错放，造成电缆敷设后期的无序排列和交叉，影响美观。

（5）电力电缆、控制电缆、信号电缆应按设计分层敷设，并按上述顺序从上至下排列，每层按从里往外排列方式敷设。如图2.6所示。

图2.5　拼装完的桥架

图2.6　电缆桥架的分层原则

（6）根据电缆桥架的布局、电气设备及盘柜的位置合理安排电缆的敷设顺序及走向，同一方向、同一层次的电缆应集中敷设，避免在四通桥架处造成电缆杂乱无章现象。

（7）电缆敷设时应采取边敷设边整理的方式进行。发现前一根电缆排列不合格，不得进行下一根电缆的敷设。严防因多根电缆同时敷设而引起排列混乱的情况。

（8）在电缆敷设过程中，如发现电缆局部有压扁或曲折伤痕严重情况，应停下来通知监理或业主进行检查鉴定，予以更换。

（9）电缆进入屏柜时应保证电缆进盘的弯度、弧度一致，符合设计要求，排列整齐，电缆始端和末端的设备应编号、标注名称。预留电缆出盘长度不得超出接线位置2m。

（10）优先敷设的电缆必须充分考虑后续电缆的敷设，为后续电缆的敷设留出足够的剩余桥架空间，尤其在集控楼、电缆竖井处应特别注意。

(11) 根据现场情况确定电缆槽盒和电缆管的安装位置，尽可能使就地电缆一次性敷设到位，避免二次敷设，以减少人力和物力的浪费。电缆管至设备之间的连接应采用灰色金属软管。

(12) 控制电缆不允许有接头。动力、控制电缆切断后应采取密封措施，电缆接头不得设置在桥架的倾斜位置。

(13) 电缆敷设告一段落后，应开展全线的整理，待符合要求后经监理或业主验收，方可进行下一阶段的电缆敷设工作。

(14) 敷设完的电缆要求做到：纵看成片，横看成线，引出方向一致，弯度一致，余度一致，松紧适当，相互间距一致，并避免交叉压叠，达到美观整齐。如图 2.7 所示。

(15) 电缆固定间距按规范要求绑扎，绑线要统一为圆形黑色，严禁使用铁丝或其他易燃物品绑扎。如图 2.8 所示。

图 2.7　桥架上敷设完成的电缆

图 2.8　桥架上的电缆固定

(16) 电缆整理完，应将临时绑线一律拆除，临时标牌清理干净。

3. 电缆接线

(1) 接线的总要求：整齐、美观、正确、匀称、悦目。如图 2.9 所示。

(2) 屏、柜（台）的电缆在制作终端头前一定要将电缆完全整理后加以固定，方可制作电缆头。

(3) 各排电缆头间距相等，多层电缆排列时电缆呈阶梯状排列。

(4) 电缆排列整齐美观，统一采用电缆热塑套做电缆头。

(5) 电缆在进入屏柜内 100mm 处做电缆头，其每排电缆的电缆头应布置在同一水平高度，电缆做头用的热缩管颜色统一，长度为 50mm。如图 2.10 所示。

(6) 接线按照电缆接线表，对每一根电缆的线芯做好记录，便于电缆两端对应接线，以提高接线速度，保证接线正确率。

(7) 电缆芯线采用线束转把法布线，接线位置最高处（最远处）的电缆线芯应排列在屏柜内最里侧，反之排列在外侧。

(8) 线芯成束绑扎的间距应相等，扎线扎紧后结头置于线束背后。同一类屏柜的内部电缆扎线使用同一种材料。如图 2.11 所示。

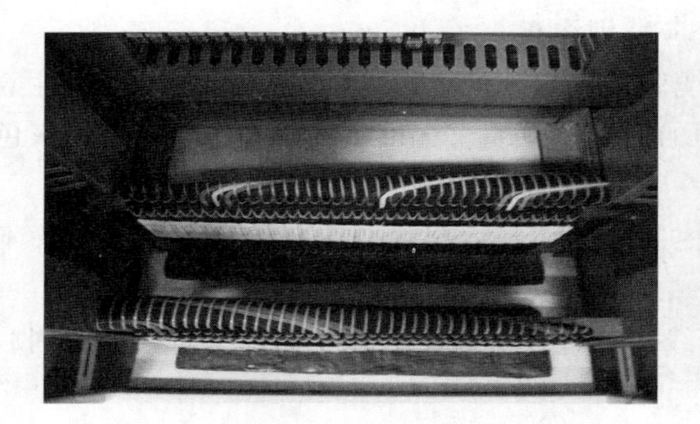

图 2.9　盘柜内电缆二次接线整体效果图

图 2.10　盘柜内电缆头制作效果图

图 2.11　成束线芯绑扎效果图

(9) 电缆线芯从线束引至端子排要做到保持平行、间距相等、均匀排列并弯成一个半圆弧，半圆弧要统一使用模具弯制。如图 2.12 所示。

(10) 如端子排离线槽距离较近，可统一采用 S 形弯曲后接入端子，S 形弯曲圆弧大小须一致。

(11) 备用线芯的长度以能达到盘内最远处接线端子为准，并用扎线扎紧固定好（以每根电缆的备用芯为一组，做好标记，以便备用）。备用芯号头套在备用芯的最顶端，并用扎带绑扎整齐。

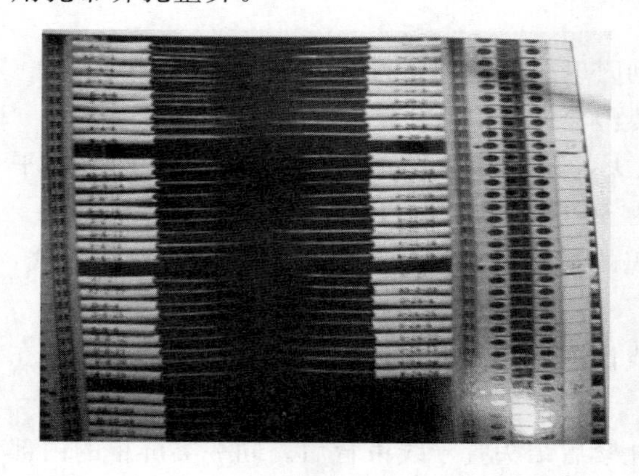

图 2.12　电缆线芯从线束引至端子排效果图

(12) 为确保接线牢固可靠，要求接线后的线芯与端子排处露出 1mm 长的导线，可直观观察导线是否将绝缘层压在端子上，避免出现电气回路接触不良的现象。

(13) 为统一标准，所有线号套的材料（白色）、长度（30mm）、规格应一致。统一用微电脑打号机打印，字体大小一致，标明回路编号和电缆编号。线号套应排列整齐，回路编号一律朝外便于查看。交流、直流线号套要从颜色上分开。如图 2.13 所示。

(14) 电缆牌形状、颜色、内容、绑扎材料和绑扎位置应统一。电缆标识牌统一规格，要求字迹清晰、不易脱落，字体统一为黑色。每根电缆两端各有一个标牌，同一排电缆牌高度要求一致。一般固定高度为电缆剥切部位向下 10mm 处。盘内电缆采取每根电缆悬挂一个电缆牌的方式，严禁将电缆牌穿成串后在成排列电缆的两端固定方式。如图 2.14 所示。

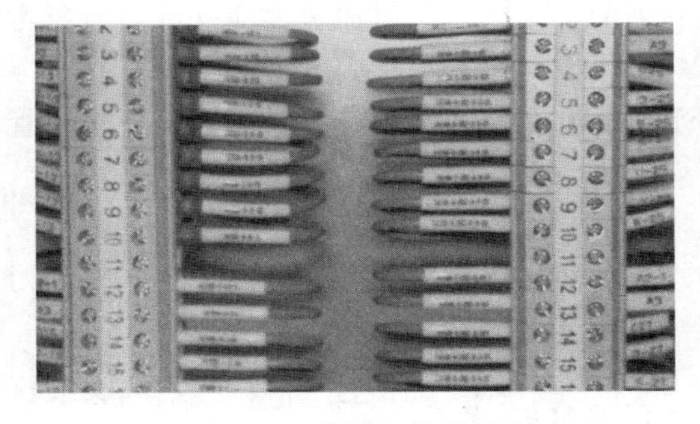

图 2.13 线号套编号示范

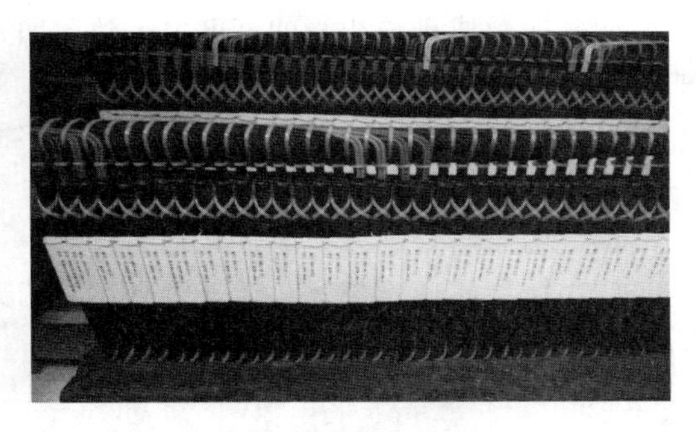

图 2.14 电缆挂牌

4. 电缆防火封堵

（1）电缆防火阻燃所用的材料必须符合要求，经检验合格方可使用。

（2）防火材料刷涂要按设计规定施工，先涂刷防火涂料再进行防火封堵，其涂刷厚度应达到设计要求。如图 2.15、图 2.16 所示。

图 2.15 桥架上涂刷防火涂料的电缆

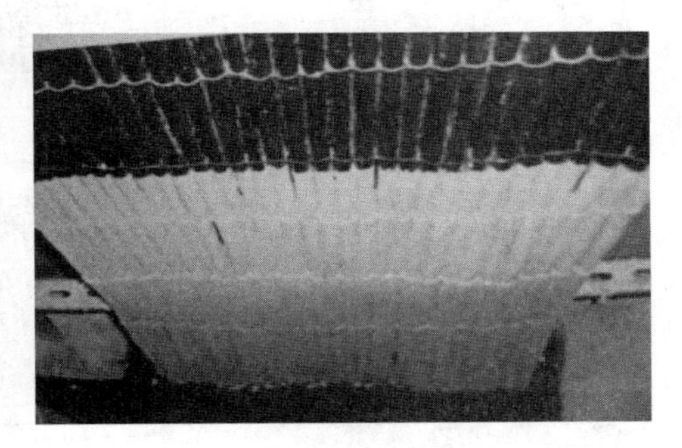

图 2.16 电缆竖井防火封堵严密，防火涂料涂刷均匀

（3）防火包堆砌要牢固且严密不透光。

（4）电缆沟的防火墙应按设计留有排水孔，且防火墙必须采用热镀锌角钢作支架进行固定。

（5）电缆沟内凡是有电缆管穿入处，必须对其电缆管口用防火泥进行封堵，在对电缆管口进行封堵时，先用麻绳将电缆管口缠绕结实，再用防火泥封堵。

（6）屏柜内要求电缆防火封堵完整，应保证防火泥在金属框架内表面平整、光滑、边沿清晰、无手印、工艺美观。

2.4.4 照明系统

建筑物、构筑物照明系统线缆管安装的质量与工艺要求如下：

（1）镀锌钢管（或电线管）壁厚均匀，无劈裂、沙眼、棱刺和凹扁现象，内壁应光滑，镀锌层完整无剥落，外形完整无损。

(2) 护口有薄、厚壁管区别，护口要完整无损。

(3) 管箍丝扣要求是通丝，丝扣清晰，无乱扣现象，镀锌层完整无剥落，无劈裂，两端光滑无毛刺。

(4) 明敷成排的线管的高度要一致，明敷并列的电缆管之间弯曲弧度应一致，管子弯曲处无明显褶皱，油漆防腐完整。

(5) 钢管固定在支架上，盒箱安装应牢固平整、开孔整齐并与管径相吻合，要求一管一孔，不得开长孔。

(6) 明敷线管刷银粉漆，做到漆色统一。

(7) 线管应排列整齐，横平竖直，工艺美观。如图 2.17～图 2.20 所示。

图 2.17　明敷成排电缆管

图 2.18　电缆管的分接

图 2.19　电缆管的交叉

图 2.20　电缆管的敷设

2.4.5　防雷与接地

(1) 主封闭母线及变压器的接地应每个支架都有明显接地，且带油设备外壳必须两点接地。

(2) 接地体（线）的连接应采用焊接，焊接必须牢固无虚焊。接至电气设备上的接地线，应用镀锌螺栓连接，并设防松螺帽或防松垫片。

（3）明敷接地线刷黄绿漆长度为15～100mm，其中，－60mm×8mm的接地母线刷80mm、－40mm×4mm的接地母线刷70mm、25mm×4mm的接地母线刷60mm宽度相等的绿黄条纹标识，刷漆规则：从上至下、从左至右，先黄后绿。

（4）防雷装置安装前对材料进行调直、找正，与引下线焊接固定后焊接处刷防锈漆及银粉。

2.4.6 监控系统

（1）按产品安装使用说明书和相关技术标准、设计文件、安装施工组织设计等进行设备安装。

（2）对设备的电源线、信号线等进行统一编号和标识，做好安装记录并备案。

（3）软件安装时，需复核硬件配置和软件运行环境。

（4）夜间低照度时，采用红外摄像头或配备辅助光源。

（5）室外摄像机一般采用重型电动云台，以防风损，安装要求牢固可靠。

2.5 调 试 要 求

2.5.1 电气试验总体要求

电气设备安装结束后、投入运行前必须要进行交接试验。

（1）电气设备进行交流耐压试验时，电压值以额定电压的倍数计算，电动机应按铭牌额定电压计算。非标准电压等级的电气设备，其交流耐压试验电压值，当没有规定时，可根据相邻电压等级按比例采用插入法计算。交流耐压试验时加至试验标准电压后的持续时间，无特殊说明时，应为1min。

（2）电气设备进行绝缘试验时，除制造厂装配的成套设备外，应将连接在一起的各种设备分离开来单独试验。同一试验标准的设备可以连在一起试验。为便于现场试验工作，已有出厂试验记录的同一电压等级不同试验标准的电气设备，在单独试验有困难时，也可以连在一起进行试验。试验标准应采用连接的各种设备中的最低标准。

（3）油浸式变压器及电抗器的绝缘试验应在充满合格油，静置一定时间，待气泡消除后方可进行。静置时间按制造厂要求执行，当制造厂无规定时，电压等级为500kV的，须静置72h以上；220～330kV的，须静置48h以上；110kV及以下的，须静置24h以上。

（4）进行电气绝缘的测量和试验时，当只有个别项目达不到标准的规定时，则应根据全面的试验记录进行综合判断，经综合判断认为可以投入运行的，可以投入运行。

（5）当电气设备的额定电压与实际使用的额定工作电压不同时，应按下列规定确定试验电压的标准。

1）采用额定电压较高的电气设备如用于加强绝缘时，应按照设备额定电压的试验标准进行。

2）采用较高电压等级的电气设备如用于满足产品通用性及机械强度的要求时，可以按照设备实际使用的额定工作电压的试验标准进行。

3）采用较高电压等级的电气设备如用于满足高海拔地区要求时，应在安装地点按实际使用的额定工作电压的试验标准进行。

（6）在进行与温度及湿度有关的各种试验时，应同时测量被试物周围的温度及湿度。绝缘试验应在良好天气且被试物及仪器周围温度不宜低于 5℃、空气相对湿度不宜高于 80％的条件下进行。对不满足上述温度、湿度条件情况下测得的试验数据，应进行综合分析，以判断电气设备是否可以投入运行。试验时，应注意环境温度的影响，对油浸式变压器、电抗器及消弧线圈，应以被试物上层油温作为测试温度。

（7）绝缘电阻测量，应使用 60s 的绝缘电阻值；吸收比的测量应使用 60s 与 15s 绝缘电阻值的比值；极化指数应为 10min 与 1min 的绝缘电阻值的比值。多绕组设备进行绝缘试验时，非被试绕组应予短路接地。

（8）测量绝缘电阻时，采用兆欧表的电压等级，应符合下列规定：

1）100V 以下的电气设备或回路，采用 250V、50MΩ 及以上兆欧表。

2）500V 以下至 100V 的电气设备或回路，采用 500V、100MΩ 及以上兆欧表。

3）3000V 以下至 500V 的电气设备或回路，采用 1000V、2000MΩ 及以上兆欧表。

4）10000V 以下至 3000V 的电气设备或回路，采用 2500V、10000MΩ 及以上兆欧表。

5）10000V 及以上的电气设备或回路，采用 2500V 或 5000V、10000MΩ 及以上兆欧表。

6）用于极化指数测量时，兆欧表短路电流不应低于 2mA。

2.5.2　电气设备调试要求

电气设备安装结束后，为了使设备能够安全、合理、正常地运行，避免发生意外事故或造成经济损失，必须进行调试工作。调试的一般要求如下：

（1）电气设备安装、调试施工人员必须经过专业技术培训考核合格且持相应电工证件者方可上岗。

（2）电气设备调试使用的专用工具和常用工具在设备调试前应进行检查保养。对各种测量仪器、仪表应定期检定，检定合格方可使用，计量精度不符合要求的仪表严禁使用。

（3）调试人员进行设备调试前，应熟悉施工图纸，编制调试方案（包括安全措施）。了解设备和系统的工作原理，核对被调试设备接线的准确性，确认无误后才能进行调试。调试中如发现设备安装位置、布置尺寸或接线有误时，应及时反映并处理。

（4）设备调试过程中应做好各种调试记录，发现异常情况和质量问题及时向有关人员反馈。

（5）电气设备调试分为局部调试和整体联调。先进行部分设备的局部调试无误后，再进行整个系统的联合调试。局部调试时，检测各个电气部件和保护元件动作的正确性和保护整定值设定的准确性。

（6）设备调试的主要程序如下：

1）检查所有回路和电气设备的绝缘情况。

2）清除各临时短接线和各种障碍物。

3）恢复所有被临时拆开的线头，使之处于正常状态，并再次检查有无松动或脱落现象并处理。

4）检查备用电源线路及其自动装置，应处于良好状态。

5）检查行程开关和极限开关的接点位置是否正确，转动是否灵活，内部有无异物存在。

6）调试送电时，应先送主电源，然后送操作电源，切断时则相反。

7）对系统控制、保护与信号回路进行空操作检查，所有设备与元件的可动部分应动作灵活、可靠。

8）在电机空转前应手动盘车，转动应灵活，并观察内部是否有障碍物存在。

9）通电试车时必须确认被试范围内确无工作人员，保证试车环节人员安全。

10）如果电动机的启动对电网有较大影响，在调试启动前应通知变电所工作人员或相关供电部门。

11）调试过程中，操作人员必须坚守岗位，准备随时紧急停车。

（7）泵站计算机监控系统（含视频监控系统）安装结束后，应进行现场测试。现场测试方法应按国家现行相关标准的规定执行。测试依据为设计文件和设备产品样本，技术参数应符合设计文件的规定及产品样本的技术指标。

第3章　变压器安装与调试

3.1 安装前准备

3.1.1　设备及材料要求

（1）变压器应有铭牌。铭牌上应注明制造厂名、额定容量，一次、二次额定电压和电流，阻抗电压及接线组别等技术数据。变压器的容量、规格及型号必须符合设计要求。附件、备件齐全，并有出厂合格证及技术文件。

（2）干式变压器的局放试验PC值及噪声测试dB(A）值应符合设计及标准要求。带有防护罩的干式变压器，防护罩与变压器的距离应符合标准规定的尺寸。

（3）基础型钢。型钢的规格型号应符合设计要求，并无明显锈蚀。

（4）螺栓。除地脚螺栓及防震装置螺栓外，均应采用镀锌螺栓，并配相应的平垫圈和弹簧垫。

（5）其他材料。蛇皮管、耐油塑料管、电焊条、防锈漆、调和漆及变压器油，均应符合设计要求，并有产品合格证。

3.1.2　主要施工机具

（1）搬运吊装机具：汽车吊、汽车、卷扬机、手拉葫芦、三脚架、道（枕）木、钢丝绳、带子绳、滚杠等。

（2）安装机具：真空滤油机、台钻、砂轮机、切割机、角磨机、电焊机、千斤顶、气焊工具、电锤、台虎钳、榔头等常用工具。

（3）测试器具：钢卷尺、钢板尺、激光水平仪、水平尺、线坠、摇表、万用表、电桥等试验装置。

3.1.3　安装条件

变压器进入安装施工阶段，应满足如下安装条件：

（1）施工图及技术资料齐全无误。

（2）土建施工基本完毕，标高、尺寸、结构及预埋件焊件强度均符合设计要求。

（3）变压器轨道安装完毕，并符合设计要求（注：此项工作应由土建施工、安装单位配合）。

（4）墙面、屋顶喷浆完毕，屋顶无漏水，门窗及玻璃安装完好。

（5）室内地面工程结束，场地清理干净，道路畅通。

（6）安装干式变压器室内应无灰尘，相对湿度宜保持在70%以下。

（7）室外变压器安装的基础、地坪、电缆沟及转运道路等均已完工，施工期间的天气情况、温度湿度符合规程要求。

3.2 安装工艺流程及注意事项

3.2.1 安装工艺流程

变压器安装工艺流程为：设备开箱点件检查→变压器二次搬运→变压器安装→附件安装→变压器吊芯检查及交接试验→送电前的检查→送电运行验收。

3.2.2 设备点件检查

变压器经过长途的运输和装卸，到达施工现场后，应进行开箱检查，以便及时发现质量缺陷和由于运输造成的损坏和丢失。

（1）变压器点件检查应由业主（建设单位）及监理单位会同安装单位、供货单位共同进行，并作好记录。

（2）按照设备清单、施工图样及设备技术文件核对变压器本体及附件备件的规格型号是否符合设计图纸要求。资料是否齐全，设备有无丢失及损坏。

（3）变压器本体外观检查无损伤及变形，油漆完好无损伤。油箱封闭是否良好，有无漏油、渗油现象，油标处油面是否正常。绝缘瓷件及环氧树脂铸件有无损伤、缺陷及裂纹。发现问题应立即处理。

3.2.3 本体安装

1. 变压器二次搬运

变压器二次搬运应由起重工作业，电工配合。最好采用汽车吊吊装，也可采用手拉葫芦吊装，运输距离较长时最好用汽车运输，运输时必须用钢丝绳固定牢固，并应行车平稳，尽量减少震动；距离较短且道路良好时，可用卷扬机、滚杠移动。变压器重量及吊装点高度可参照表3.1及表3.2。

表3.1 树脂浇铸干式变压器重量

序号	容量/(kV·A)	重量/t	序号	容量/(kV·A)	重量/t
1	100～200	0.71～0.92	4	1250～1600	3.39～4.22
2	250～500	1.16～1.90	5	2000～2500	5.14～6.30
3	630～1000	2.08～2.73			

表3.2 油浸式电力变压器重量及吊装点高度

序号	容量/(kV·A)	重量/t	吊装点高度/m
1	100～180	0.6～1.0	3.0～3.2
2	200～420	1.0～1.8	3.2～3.5

续表

序号	容量/(kV·A)	重量/t	吊装点高度/m
3	500～630	2.0～2.8	3.8～4.0
4	750～800	3.0～3.8	5.0
5	1000～1250	3.5～4.6	5.2
6	1600～1800	5.2～6.1	5.2～5.8

变压器吊装时，索具必须检查合格，钢丝绳必须挂在油箱的吊钩上，上盘的吊环仅作吊芯用，不得用此吊环吊装整台变压器，如图3.1所示。

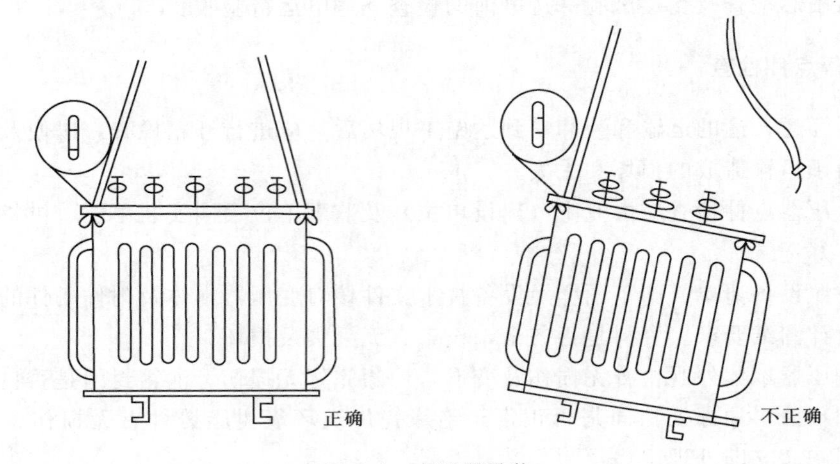

图3.1 变压器吊装

变压器搬运时，应注意保护瓷瓶，最好用木箱或纸箱将高低压瓷瓶罩住，使其不受损伤。变压器搬运过程中，不应有冲击或严重震动情况，利用机械牵引时，牵引的着力点应在变压器重心以下，以防倾斜，运输斜角不得超过15°，防止内部结构变形。用千斤顶顶升大型变压器时，应将千斤顶放置在油箱专门部位。大型变压器在搬运或装卸前，应核对高低压侧方向，以免安装时难以调换方向。

2. 变压器安装

(1) 变压器就位可用汽车吊直接吊进变压器室内，或用道枕木搭设临时轨道，用三脚架、手拉葫芦吊至临时轨道上，然后用手拉葫芦拉入室内安装位置。

(2) 变压器就位时，应注意其方位和距墙尺寸应与设计图纸相符，允许误差为±25mm，图纸无标注时，纵向按轨道定位，横向距离不得小于800mm，距门不得小于1000mm，并考虑室内吊环的垂线位于变压器中心，以便于吊芯。干式变压器安装图纸无注明时，安装、维修最小环境距离应符合图3.2的要求。

(3) 变压器基础的轨道要水平，轨距与轮距应配合。装有气体继电器的变压器，应使其顶盖沿气体继电器气流方向有1%～1.5%的升高坡度（制造厂规定不需安装坡度者除外）。

(4) 变压器宽面推进时，低压侧应向外；窄面推进时，油枕侧一般应向外。在装有开关的情况下，操作方向应留有1200mm以上的宽度。

部　　位	周围条件	最小距离/mm
b_1（宽面推进）	有导轨	2600
	无导轨	2000
b_2（窄面推进）	有导轨	2200
	无导轨	1200
b_3	距墙	1100
b_4	距墙	600

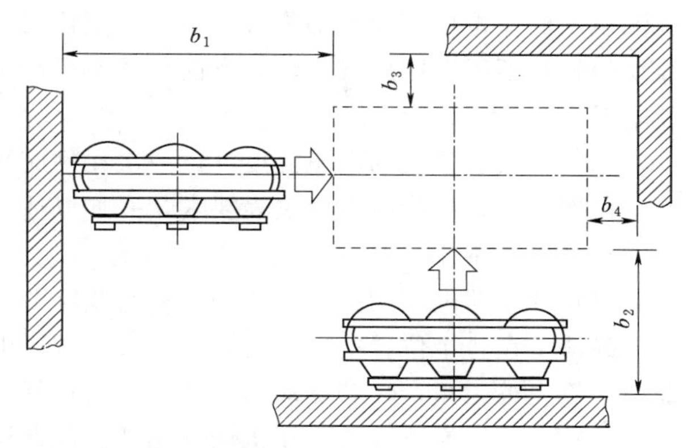

图 3.2　变压器安装最小环境距离

（5）油浸变压器的安装，要考虑能在带电的情况下，便于检查油枕和套管中的油位、上层油温、瓦斯继电器等。

（6）装有滚轮的变压器，滚轮应转动灵活，在变压器就位后，应将滚轮用能拆卸的制动装置加以固定。

（7）变压器的安装应采取抗地震措施。

3.2.4　附件安装

1. 气体继电器安装

（1）气体继电器安装前应经专门机构检验鉴定。气体继电器应水平安装，观察窗应装在便于检查的一侧，箭头方向应指向油枕，与连通管的连接应密封良好。截油阀应位于油枕和气体继电器之间。打开气体继电器放气嘴，放出空气，直到有油溢出时将放气嘴关上，以免有空气使继电保护器误动作。

（2）当操作电源为直流时，必须将电源正极接到水银侧的接点上，以免接点断开时产生飞弧。

（3）事故喷油管的安装方位，要注意到事故排油时不致危及其他电器设备；喷油管口应换为割划有十字线的玻璃，以便发生故障时气流能顺利冲破玻璃。

2. 防潮呼吸器的安装

（1）防潮呼吸器安装前，检查硅胶是否失效，如已失效，应在 115～120℃ 温度烘烤 8h，使硅胶复原或更换新硅胶。浅蓝色硅胶变为浅红色，即已失效；白色硅胶，不加鉴定一律烘烤。

（2）防潮呼吸器安装时，必须将呼吸器盖子上橡皮垫去掉，使其通畅，并在下方隔离器具中装适量变压器油，起滤尘作用。

3. 温度计的安装

（1）套管温度计安装时，直接安装在变压器上盖的预留孔内，并在孔内加以适当变压器油，刻度朝向应便于检查、观察的方向。

（2）电接点温度计安装前应进行校验，油浸变压器一次元件应安装在变压器顶盖上的温度计套筒内，并加适当变压器油；二次仪表挂在变压器一侧的预留板上。干式变压器一次测温元件应按厂家说明书位置安装，二次仪表安装在便于观察的变压器护网栏上。温度线缆的软管不得有压扁或死弯，弯曲半径不得小于50mm，富余部分应盘圈并固定在温度计附近。

(3) 干式变压器的电阻温度计，一次元件应预埋在变压器内，二次仪表应安装在值班室或操作台上，导线应符合仪表要求，并加以适当的附加电阻校验调试后方可使用。

4. 电压切换装置（分接开关）的安装

(1) 变压器电压切换装置各分接点与线圈的连线要紧固正确，且接触紧密良好。转动点正确停留在各个位置上，并与指示位置一致。电压切换装置的拉杆、分接头的凸轮、小轴销子等完整无损；转动盘动作灵活，密封良好。

(2) 电压切换装置的传动机构（包括有载调压装置）固定牢靠，传动机构的摩擦部分要有足够的润滑油。有载调压切换装置的调换开关触头及铜辫子软线应完整无损，触头间应有足够的压力（一般为0.8～1MPa）。

(3) 有载调压切换装置转动到极限位置时，要装有机械联锁与带有限位开关的电气联锁。有载调压切换装置的控制箱一般安装在值班室或操作台上，连线要正确无误，并调整好，手动、自动工作正常，档位指示正确。

(4) 电压切换装置吊出检查调整时，暴露在空气中的时间应符合表3.3的规定。

表3.3　变压器调压切换装置暴露在空气中的时间

环境温度/℃	>0	>0	>0	≤0
空气相对湿度/%	65以下	65～75	75～85	不控制
最长持续时间/h	24	16	10	8

5. 变压器连线

(1) 变压器的一次、二次连接线、接地线、控制线等要符合设计要求和相应的规程规范的规定。

(2) 变压器一次、二次引线的安装，不应使变压器的套管直接承受应力（图3.3）。

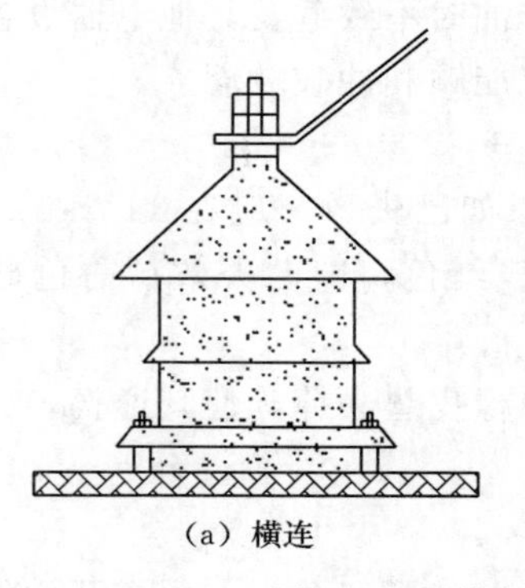

(a) 横连

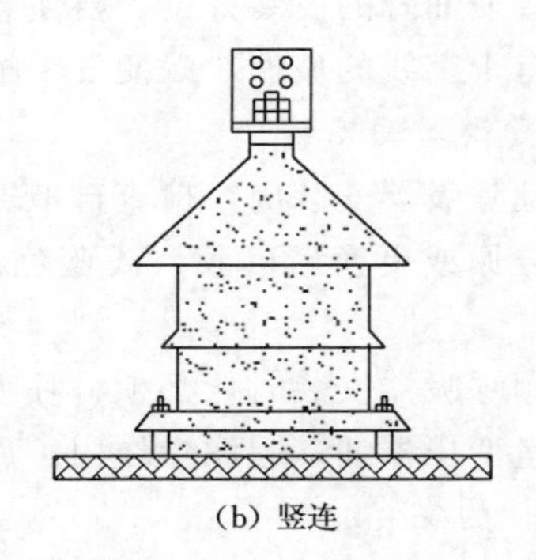

(b) 竖连

图3.3　母线与变压器高/低压端子连接图

(3) 变压器工作零线与中性点接地线要分别敷设。工作零线宜用绝缘导线。变压器中性点的接地回路中，靠近变压器处，宜做一个可拆卸的连接点。

（4）油浸变压器附件的控制导线，宜采用具有耐油性能的绝缘导线。靠近箱壁的导线，应用金属软管保护，并排列整齐，接线盒密封良好。

6. 注油保护

变压器就位后，如果三个月内不能安装，为防止变压器受潮，应将变压器注入合格的变压器油，油漫过铁芯即可，空余部分仍注入氮气，氮气压力应为0.01～0.03MPa。

3.2.5 安装中注意事项

1. 变压器安装中常见缺陷及排除方法

变压器安装应注意常见缺陷及排除方法见表3.4。

表3.4 变压器安装常见缺陷及排除方法

序号	常见缺陷	排除方法
1	变压器注油时空气未排净，导致安装后试运行中出现假油位和轻瓦斯动作频繁现象	变压器安装后注油，应按“先低后高，先动后静，隔离油箱，分别排净”的程序排出变压器本体及注油组件里的空气
2	变压器套管有裂纹或裙边碎落；套管和箱盖间密封垫变形或尺寸不符，送电后套管发热	将套管铜导电杆取出，更换合格的瓷套；更换合适的套管密封件；检查并、拧紧套管接线螺母，保证接触良好
3	变压器渗漏油	对焊缝处渗漏进行处理；检查并更换合格密封件，各部位螺栓应拧紧
4	变压器一次接线错误	认真查看图纸资料，纠正反接、错接
5	二次接线管线排列不整齐不美观	管线按规范要求进行卡设，做到横平竖直

2. 变压器吊芯检查

（1）变压器吊芯是为了解决变压器内部故障和隐患的检修方式，新变压器经过长途运输和装卸到达安装现场后，也需要做吊芯检查（或称吊罩检查、器身检查）。

（2）吊芯检查要在气温不低于0℃、芯子温度不低于周围空气温度、空气相对湿度不大于75%的条件下进行，器身暴露在空气中的时间不得超过16h。

（3）吊芯过程中，芯子与箱壁不应碰撞。检查变压器芯子所有螺栓应紧固，并有防松措施。铁芯无变形，表面漆层良好，铁芯接地良好。线圈的绝缘层应完整，表面无变色、脆裂、击穿等缺陷。高低压线圈无移动变位情况。线圈间、线圈与铁芯、铁芯与轭铁间的绝缘层应完整无松动。油路应畅通，油箱底部清洁无油垢杂物，油箱内壁无锈蚀。

（4）检查变压器引出线绝缘良好，包扎紧固无破裂情况，引出线固定牢固可靠，固定支架紧固，引出线与套管连接牢靠，接触良好紧密，引出线接线正确。

（5）所有能触及的穿心螺栓应连接紧固。用摇表测量穿心螺栓与铁芯及轭铁，以及铁芯与轭铁之间的绝缘电阻，并做1000V的耐压试验。

（6）芯子检查完毕后，应用合格的变压器油冲洗，并从箱底放油口将油放净。

（7）吊芯检查后如无异常，应立即将芯子复位并注油至正常油位。吊芯、复位、注油必须在16h内完成。吊芯检查完成后，要对油系统密封进行全面检查，不得有漏油渗油现象。

（8）油浸式变压器因变压器油是绝缘介质，吊芯后必须做耐压测试，确保安全。

3.2.6 安装后的保护

1. 成品保护

安装好的变压器应做好成品保护，主要包括以下内容：

(1) 变压器门应加锁，未经安装单位许可，闲杂人员不得入内。

(2) 就位的变压器高低压瓷套管及环氧树脂铸件，应有防砸及防碰撞措施。

(3) 变压器器身要保持清洁干净，油漆面无碰撞损伤。干式变压器安装后要采取保护措施，防止铁件掉入线圈内。

(4) 在变压器上方作业时，操作人员不得蹬踩变压器，并带工具袋，以防工具材料掉下砸坏、砸伤变压器。

(5) 变压器发现漏油、渗油时应及时处理，防止油面太低，潮气侵入，降低线圈绝缘程度。

(6) 对安装完的电气管线及其支架应注意保护，不得碰撞损伤。

(7) 在变压器上方操作电气焊时，应对变压器进行全方位保护，防止焊渣掉下，损伤设备。

2. 安装质量记录资料

(1) 产品合格证。

(2) 产品出厂技术文件（出厂试验报告单、安装使用说明书）。

(3) 设备材料进货检查记录。

(4) 器身检查记录。

(5) 交接试验报告单。

(6) 安装自检、互检记录。

(7) 设计变更洽商记录。

(8) 试运行记录。

(9) 钢材材质证明。

(10) 预检记录。

(11) 分项工程质量评定记录。

3.3 调试与检查及试运行

变压器试运行前应做全面检查，确认符合试运行条件时方可投入运行。变压器试运行前，必须由质量监督部门检查合格。

3.3.1 调试与检查

(1) 各种交接试验单据齐全，数据符合要求。

(2) 变压器应清理、擦拭干净，顶盖上无遗留杂物，本体及附件无缺损，且不渗油。

(3) 变压器一次、二次引线相位正确，绝缘良好。

(4) 接地线良好。

(5) 通风设施安装完毕，工作正常；事故排油设施完好；消防设施齐备。

(6) 油浸变压器油系统阀门应打开，阀门指示正确，油位正常。

（7）油浸变压器的电压切换装置及干式变压器的分接头位置放置在正常电压挡位。

（8）保护装置整定值符合规定要求；操作及联动试验正常。

（9）干式变压器护栏安装完毕。各种标志牌挂好，门装锁。

3.3.2　试运行

1. 送电试运行

安装后的变压器试运行通常是在其工作的电网内进行，不单独引入另外电网作电源。试运行的顺序是先做空载试运行，再做带负载试运行。

（1）空载试运行。变压器第一次投入时，可全压冲击合闸，冲击合闸时一般可由高压侧投入。变压器第一次受电后，持续时间不应少于10min，无异常情况。变压器应进行3～5次全压冲击合闸，无异常情况，励磁涌流不应引起保护装置误动作。油浸变压器带电后，检查油系统不应有渗油现象。

变压器空载试运行要注意冲击电流，空载电流，一次、二次电压，温度，并做好详细记录。变压器并列运行前，应核对好相位。变压器空载运行24h，无异常情况，方可投入负载运行。

（2）负载试运行。空载试运行无问题后，可转入负载试运行。负载试运行时，负载的加入要逐步增加，一般从25%负载开始投入，逐渐增加到50%～75%，最后满负载试运行。试运行过程中，随着变压器温度的升高，要陆续起动一定数量的冷却器，注意检查变压器本体及各附件均工作正常。满载试运行达到2h即可。

2. 验收

变压器经过空载试运行和负载试运行无异常后，可办理验收手续。验收时，应移交下列资料和文件：

（1）变更设计手续。

（2）产品说明书、试验报告单、合格证及安装图纸等技术文件。

（3）安装检查及调整试验记录。

第4章 GIS组合电器安装与调试

4.1 安装前准备

4.1.1 设备及材料要求

(1) 安装所需的设备、材料、施工机具和仪表等均已齐备，并检验合格。

(2) 熟悉GIS设备说明书、施工图纸、各种施工记录表和有关规程规范。

(3) 安装现场干净整洁，在地面上按设计要求和设备资料划出安装基准线。对预埋的基础槽钢，施工前再用水平仪复测，标出各点正、负值，保证设备安装符合设计及设备技术文件要求。

(4) 进入安装现场应注意保持环境清洁，工作服必须是用不起毛材料制作的。未经许可非安装人员不得进入安装区。

(5) 施工区域必须设置临时消防设施。

(6) 安装区须有独立稳定的单相、三相交流电源。

(7) 对施工专用工具、施工用清洁防护用具等清点造册，设专人管理、定点管理。安装所需的辅助材料准备齐全，并有专门放置容器。

4.1.2 主要施工机具

(1) 搬运吊装机具：汽车吊、室内吊车（或行车）、液压叉车、手拉葫芦、尼龙索具、钢丝绳、带子绳、滚杠、道（枕）木等。

(2) 安装机具：台钻、砂轮机、切割机、电焊机、角磨机、千斤顶、吸尘器、电锤、台虎钳、力矩扳手、榔头及常用工具等。

(3) 测试器具：钢卷尺、钢板尺、激光水平仪、水平尺、水准仪、线坠、温湿度计、摇表、万用表、SF_6气体检漏仪、微水测试仪、麦氏真空计、开关测试仪、回路电阻测试仪及工频耐压试验仪器等试验装置。

(4) 专用工具：专用测量卡板、专用吊索、抽真空装置、SF_6气体回收装置、SF_6气体充气装置等。

4.1.3 安装条件

(1) 安装工作应在无风沙、无雨雪、空气相对湿度小于80%的条件下进行，现场要采取防尘、防潮措施。雨天或现场湿度过大不应进行设备安装。

(2) 安装作业区内应保持清洁，工作人员穿戴干净工作服和干净鞋、帽，现场禁止吸烟。

（3）GIS设备吊入安装现场前应清除在运输、贮存过程中累积的灰尘和水迹。

4.2　安装工艺流程及注意事项

4.2.1　安装工艺流程

（1）基础检查和划线。

（2）确定安装基准。

（3）从基准间隔向两侧依次安装其他间隔。

（4）套管安装。

（5）密封处理。

（6）气体处理。

（7）二次配线、接地排安装。

（8）GIS底架焊接；整体喷漆。

4.2.2　设备安装

1. 基础划线

按GIS设备的基础图和总体布置图要求，在地坪上用墨斗画出各间隔、主母线就位的中心线，供设备安装就位之用。用水平仪测量基础槽钢水平度，并用调整垫片调整水平度。用经纬仪测量GIS基础槽钢平面的标高并做好记录，作为GIS设备就位的依据。

2. 设备临时就位

根据厂内解体单元，按照平面布置图将各元件在基础附近临时就位。

3. 设备精确就位

首先确定安装基准，即确定最先就位的间隔。安装基准一般选择GIS中间的一个间隔，从中间向两侧安装。安装基准间隔应保证基准间隔主母线基础的标高比其他间隔主母线的标高要高，否则要在下面加调整垫片。从基准间隔向两侧依次安装其他间隔，安装时应参照基础检查时所测各主母线标高，在GIS底架下加适当的调整垫片，保证主母线在同一平面。

4. 主母线连接

为减少安装积累误差，从中间间隔（基准间隔）开始向两边安装，中间间隔正式就位，中间间隔的基础高程不得低于其他间隔，依次连接各母线管道或间隔。

安装顺序如下：

（1）中间间隔就位。

（2）拆掉间隔对接盖板，清理法兰面、导体接头及壳体内侧、导电杆及盆式绝缘子表面，表带触头涂少许防氧化导电脂。

（3）法兰面涂密封胶、装O形圈。

（4）根据装配图的标示，依次将3根导体插入导体接头。

（5）移动相邻间隔向中间间隔靠拢，用定位螺栓定位，连接母线壳体，并按标准力矩值紧固。

（6）间隔对接好后，可先点焊固定，待全部安装完成并经交接试验通过后，再焊接牢固。

注意以下情况：

1）若法兰间不能很好配合，可调整波纹管来补偿，调整后将波纹管法兰外侧螺母拧紧，并用锁紧螺母锁紧。

2）间隔对接时，不能用摇晃的方法对接导体。

3）一旦拆去运输端盖，法兰的安装必须连续作业直至完成。如果间断无法避免，必须用干净的塑料薄膜把开启的法兰封闭起来，保持罐体清洁、干燥。

4）每一个间隔对接时，必须用水平仪在母线连接法兰上进行校正。如不正可用垫片将其垫平找正。

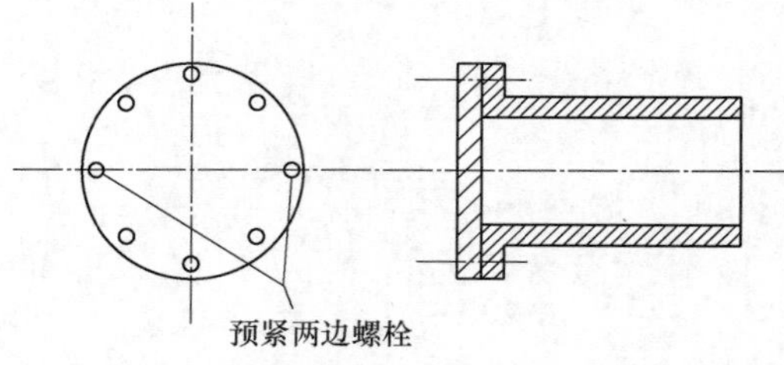

图4.1　壳体侧面紧固法兰螺栓示意图

5）在壳体侧面紧固法兰螺栓时，为了不使法兰螺栓孔内的脏物或螺栓上的碎屑掉入壳体内，或粘到密封圈上，应先预装法兰面下方最左右两个螺栓，并预紧使罐壳与法兰紧贴在一起后，再穿入其余螺栓。如图4.1所示。

6）在法兰面安装螺栓时，不要单面紧固，应从对角线上互相紧固，并用扭力扳手按表4.1规定的力矩值来拧紧螺栓。紧固后在规定部位做好紧固标记。

表4.1　螺栓的扭紧力矩

螺栓规格/mm	扭紧力矩/(N·m)		
	钢8.8级	不锈钢A2-70	绝缘螺栓
M6	10	8	3.9
M8	25	20	7.9
M10	45	40	19.6
M12	80	65	34.3
M14	120	105	
M16	170	150	85.3
M20	270	240	167
M22	370	330	216
M24	470	415	284
M27	685	610	416
M30	930	830	520

5. 主母线导电杆装配和尺寸检测

（1）对于主母线终端的主母线筒，测量母线接头装配中导体端面与下一间隔母线法兰连接面的间隙，测量值应在±3mm的范围内。

(2) 对于中间位置的主母线筒，测量母线接头装配中导体端面与下一间隔母线筒法兰连接面的间隙，测量值应在±3mm的范围内。

(3) 测量母线接头装配中导体端面与上一间隔母线筒法兰连接面的间隙，测量值应在±3mm的范围内。

(4) 按照设计图纸要求进行主母线对接，装配各间隔的主母线、过渡母线和主母线导体后，用专用测量卡板对各间隔连接的导电杆屏蔽罩与限位螺钉间隙进行测量。进入母线筒内必须穿专用工作服，并保持干净、清洁，不能将异物带入母线筒内。

(5) 一侧是盆式绝缘子，另一侧是绝缘支持台的情况：移动母线导体，使其导体一端端头与盆式绝缘子侧梅花触头座的间隙为0，测量另一侧导体屏蔽罩与止位螺钉之间的间隙，其测量值应在11.3～23.3mm范围内。

(6) 导体两侧均为绝缘支持台的情况：移动母线导体，使其一侧止位螺钉与导向杆的间隙为0，测量另一侧导体屏蔽罩与止位螺钉之间的间隙，其测量值应在8.8～20.8mm范围内。

(7) 按照检测方法逐一进行测量并确认。每测量一处，填写相应的检测值。

(8) 检查主母线筒内部各部件装配是否完好到位，顶丝装配是否就位，并全面进行清理。

6. 内导及分支内导装配

(1) 进出线套管连接方法。清理套管及壳体内部、法兰面及导体，将导体插入壳体，用白布带悬挂，在法兰面上涂密封胶，装O形圈。确认导体插入正确，用定位销定位，连接套管，紧固螺栓到力矩值。安装套管支架，给所有部分的连接面、螺栓、螺母涂防水胶。

(2) 电压互感器连接方法。检查互感器内部应有气压，观察互感器的运输及翻转方向要求。清理法兰面及导体，拆掉接口屏蔽头，插入导体，法兰面涂密封胶，装O形圈。拆掉支架，将电压互感器（PT）吊起，按照要求翻转，然后连接。电压互感器安装要在耐压试验完成后进行。

(3) 避雷器的连接方法。取掉避雷器支架、保护罩、GIS法兰盖板及接口屏蔽头，清理壳体内部及法兰面，将避雷器移至接口下方，吊起避雷器，将导体清理干净、涂导电脂后固定在避雷器上，给法兰面涂密封胶，装O形圈。

将避雷器缓慢上提，确认导体插入正确后用定位销定位，连接法兰面，按要求紧固力矩。将支架放入避雷器下方，用垫片调整垫实避雷器，然后放开吊绳。

7. 机构及配管、空压机管道连接

(1) 根据安装使用说明书连接装配机构以及其他附件。

(2) 用相应连杆连接各机构与本体。

(3) 确认挡圈安装正确。

(4) 调整分、合闸间隙到要求值。

(5) 手动分、合闸操作，检查机构是否灵活。

8. 安装就地控制柜及二次电缆

(1) 参照厂家提供的平面装配图纸安装屏柜。屏柜开箱后应检查内部元件的完好性，规格应与设计相符，表面无机械损伤，油漆完整。

(2) 根据需要在相应位置安装电缆走线槽。

(3) 根据电缆清单敷设电缆。检查电缆数量、型号规格符合设计，电缆无损伤。根据安装进度参照连接图连接电缆线，电缆芯线与接线端子应连接牢固，二次线中间不允许有接头。

9. 接地安装

设备用所带的接地母线按设计要求和接地网可靠连接，接地必须可靠，接触良好。接地线接触面应清洁，并涂有导电膏。GIS 设备的接地线必须保证其连续性、完整性。

4.2.3　附件安装

(1) 采用回收装置进行抽真空、充气，应彻底清除管路中的水分和油污，保证管路洁净，管路连接无渗漏。

(2) 按产品技术规定，在充气前对设备内部进行真空净化处理。抽真空时，应有专职人员监护真空泵，防止真空泵突然停止或因误操作而引起倒灌事故；在使用麦氏真空计测量真空度时，应严格按操作程序并检查水银量是否符合要求，防止水银进入 GIS 设备内。如果真空泵工作期间需中途停泵，应先关闭真空泵截止阀。在断开真空泵电源之前，打开真空泵排气阀。

(3) 真空检漏的操作应按产品技术要求进行。

(4) 充入设备的气体必须是检验合格的 SF_6 气体。当气室已充有 SF_6 气体且含水量检验合格时可直接补气。

(5) 在充 SF_6 气体时严禁用火或氧焊烘烤结霜气瓶。

(6) 对在检查中发现的泄漏罐体，要做出明确标识，然后回收 SF_6 气体后进行开罐检查并处理。处理完毕后再检查。

4.2.4　安装中的注意事项

GIS 组合电器安装过程中应注意如下事项：

(1) 吊装元件时应确认设备重量、吊具及吊车的起重能力，严禁超重起吊。吊点选择正确，重物受力平衡后方可起吊。

(2) 制造厂已装配好的 GIS 各电器元件，在现场组装时不应解体检查；如需现场解体，应经制造厂同意，并在厂方人员指导下进行。

(3) 安装过程中要特别注意防止灰尘、杂质及潮气污染气室内部，暂不安装的封盖切勿松动，清理好的导体、壳体应立即安装，外漏部分应用塑料布暂时包扎。

(4) 设备清洁和密封时，使用的清洁剂、润滑剂、密封脂和擦拭材料必须符合产品的技术规定。

(5) 密封槽内应清洁、无划伤痕迹；不能使用已用过的密封垫；不得使用变形或有伤痕的密封圈；保证密封垫清洁，位置正确。涂密封脂时，不得使其流入密封垫内侧导致与 SF_6 气体接触。

(6) 所有螺栓的紧固均应使用力矩扳手，其力矩值应符合产品的技术规定。

（7）不允许在气体管路上蹬踩或碰撞。

（8）打开罐体封盖前应确认气体已回收，表压为0；检查内部时，含氧量应大于18%方可工作，否则应吹入干燥空气。

（9）应用受力操作杆操作断路器或隔离开关时，应确保主回路不带电及控制回路电源断开，确认操作油压为0。

（10）充SF_6气体前，油泵不得打压。除用手动操作杆操作外，不要操作其他任何部件。

（11）SF_6气瓶应轻装、轻卸，要防晒、防潮，远离热源和油污，严禁水分和油迹污染阀门；不得与其他气瓶混放。

（12）完成单日工作后应清点工器具，清理现场，保持工作场地清洁。

（13）接地装置安装包括设备与主网接地、设备各单元间接地连接和固定支架与主网间的接地连接，所有接地必须按规程与厂方要求可靠连接。

4.2.5　安装示例图片

（1）充气阀、气压表安装，如图4.2所示。

(a) 充气阀

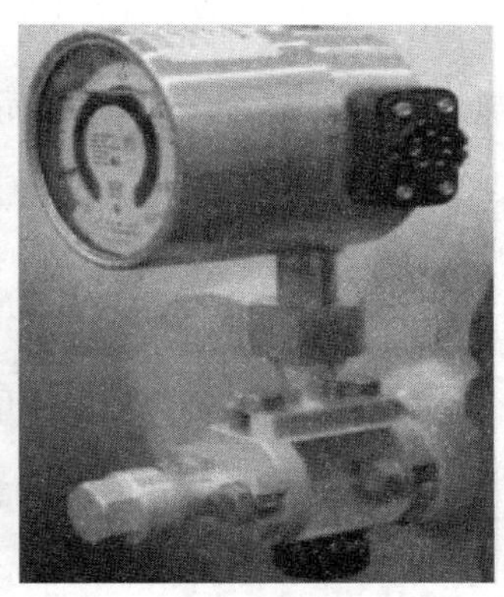

(b) 气压表

图4.2　充气阀、气压表安装

（2）绝缘体清洁，如图4.3所示。

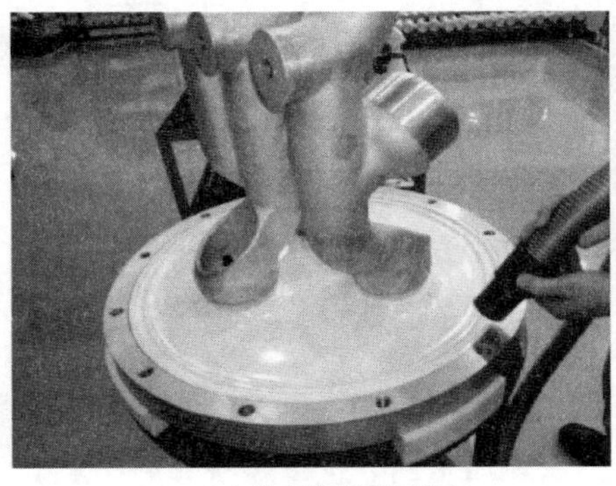

(a) 吸尘器清洁法兰面

(b) 密封面擦拭

图4.3　绝缘体清洁

（3）硅脂膏涂抹、密封圈安装、密封胶涂抹，如图 4.4 所示。

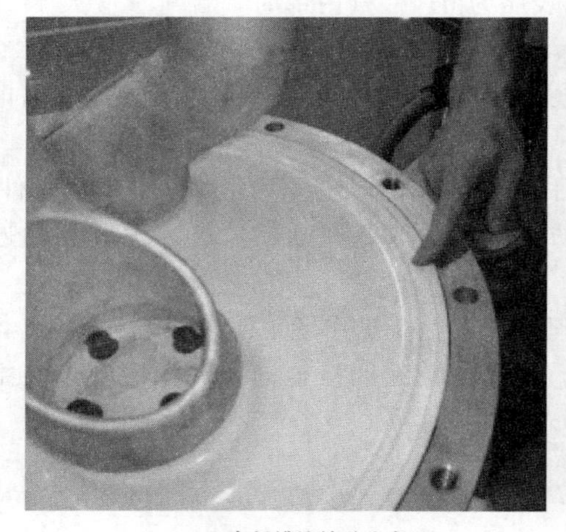

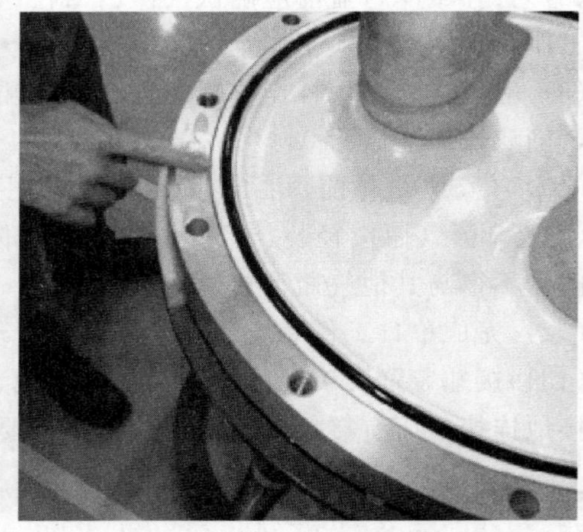

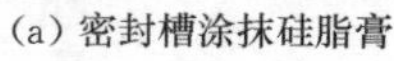

（a）密封槽涂抹硅脂膏　　（b）法兰面涂抹密封胶

图 4.4　硅脂膏涂抹、密封圈安装、密封胶涂抹

（4）避雷器安装，如图 4.5 所示。

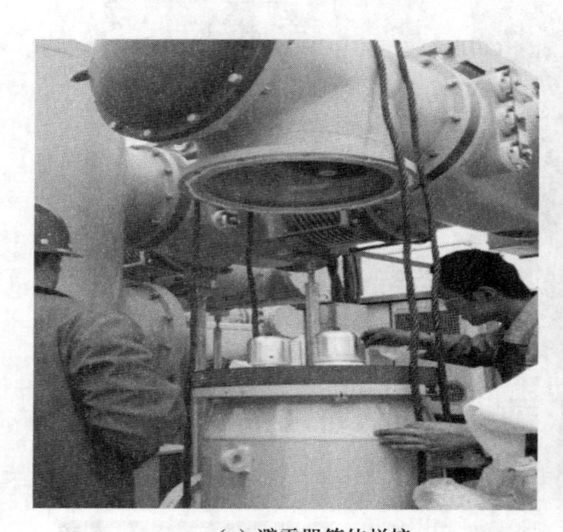

（a）避雷器筒体拼接　　（b）避雷器底座安装

图 4.5　避雷器安装

（5）电压互感器安装，如图 4.6 所示。

（6）主母线导杆安装及密封胶涂抹，如图 4.7 所示。

（7）三工位开关、内导及分支内导装配，如图 4.8 所示。

（8）梅花触头安装，如图 4.9 所示。

（9）分支头母线管安装，如图 4.10 所示。

（10）接地线安装，如图 4.11 所示。

（11）安装完毕整体如图 4.12 所示。

(a) 电压互感器安装1

(b) 电压互感器安装2

图 4.6 电压互感器安装

(a) 三相共筒式主母线导电杆

(b) 母线筒法兰面涂抹密封胶

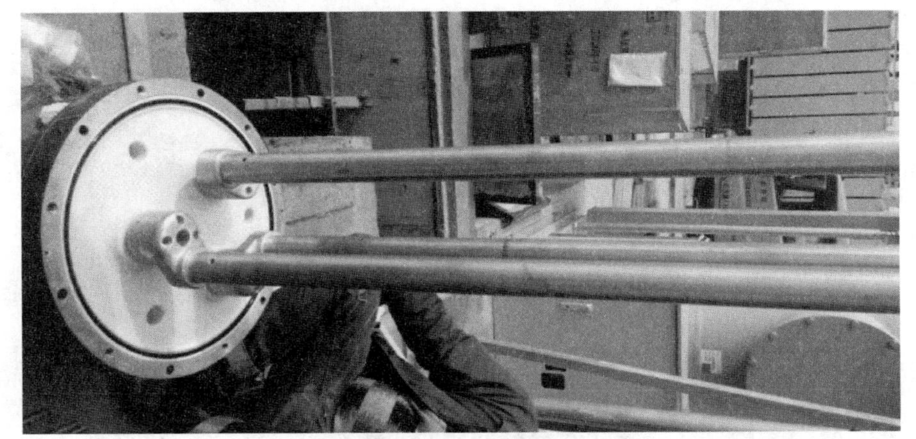

(c) 主母线导电杆安装

图 4.7 主母线导杆安装及密封胶涂抹

(a) 三工位开关外形图

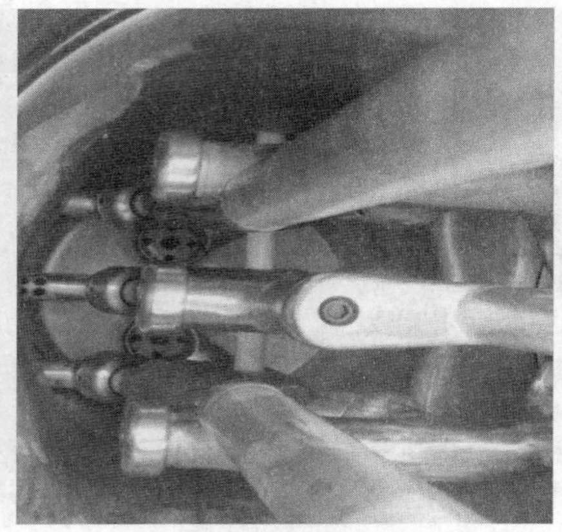

(b) 内部导电杆装配

图 4.8　三工位开关、内导及分支内导装配

(a) 梅花触头装配1

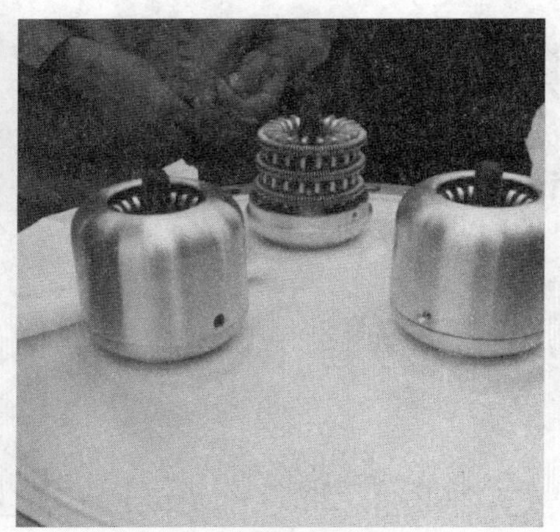

(b) 梅花触头装配2

图 4.9　梅花触头安装

(a) 进出线间隔分支头母线管安装1

(b) 进出线间隔分支头母线管安装2

图 4.10　分支头母线管安装

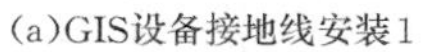

(a)GIS设备接地线安装1　　　(b)GIS设备接地线安装2

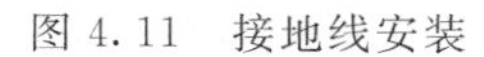

图 4.11　接地线安装

(a) 安装完毕的GIS设备1

(b) 安装完毕的GIS设备2

图 4.12　安装完毕整体

4.3　调　　试

4.3.1　调试与检查

GIS 装置在试运行前应该进行电气试验、SF_6 微水检测和密封性检查。

1. 电气试验

(1) 测量主回路绝缘电阻，其值应符合厂家要求。

(2) 每个灭弧室处于合闸位置，通过 50～100A 直流电流，在其进出线接线板两端（不包括接线板）测量电压降应符合厂家要求。

(3) 测量分、合闸线圈的绝缘电阻，应符合厂家要求。

(4) 测量分、合闸线圈的直流电阻，其值与出厂值相比无明显差别。

(5) 工频耐压试验。高压试验前参照检查清单中高压试验部分进行检查。GIS 的高压试验分相进行。电流互感器二次端子必须接地，电压互感器标名为 N、n、dn、1n、2n 等端子必须接地，1a、2a、da、a1、a2 等端子必须与地绝缘。接地开关和临时接地点必须可靠接地。

2. SF_6 微水检测

设备安装前、安装过程中及安装后都需测试 SF_6 气体的含水量。若任何过程中测试的 SF_6 气体含水量超过规范标准及设备厂家技术要求，都需对 SF_6 气体进行处理，处理合格后方可进行下一道工序施工。SF_6 气体的含水量测试及处理工作应由专业人员进行。

3. 密封性检查

用检漏仪对充气套管上的气体连接处及气管之间管道进行密封性检查。

(1) 各部位应密封良好、无渗漏。

(2) 发现渗漏的情况下，回收 SF_6 气体至 0.03MPa，松开泄漏处的连接，检查密封面有无损伤或异物，采用新密封垫重新连接并再次检查密封性。

(3) 抽真空前应对回收装置（真空泵）进行检查。抽真空装置应有防止真空泵油倒流的措施。对回收装置使用高纯度气体进行内部清洗。真空度达到 133Pa 后继续抽 30min，关闭气室的阀门，在 4h 内压力变化不大于 133Pa，否则应检查找出漏点，重新进行真空泄漏试验。

4.3.2　调试过程中的注意事项

GIS 装置在调试过程中应注意如下事项：

(1) 调试前检查 GIS 设备外表清洁完整；油漆完好，相色、气室标识正确（红色—闭盆；绿色—通盆），接地良好（控制柜与大铁架其他地网接地点通过专用搪锡铜编织带可靠连接）。

(2) 检查一次各进出线相序正确，核对控制电源电压、极性正确。

(3) 单体试验时密度继电器的报警、闭锁定值应符合规定；SF_6 气体压力、泄漏率和含水量符合规定。各断路器、三工位开关、快速接地开关操作试验正常，符合设计要求。

（4）电气回路传动正确。断路器、三工位开关等的操作、联锁正常，分、合闸指示正确；辅助开关动作正确可靠，符合设计原理图。

（5）按产品及规程规范要求进行交接试验，试验值符合规程规范要求。

第5章 电气屏柜安装与调试

5.1 安装前准备

5.1.1 设备及材料要求

（1）电气屏柜运输到现场后由业主（建设单位）或委托监理组织安装单位、供货单位对设备进行开箱检查，收集装箱单和技术文件，技术文件应存档。

（2）主要检查核对型号规格是否与设备相符，屏柜外表是否完整，柜内电气元件有无破损、遗失或锈蚀。检查屏柜外观有无损坏，附件有无缺损，对不符合项进行记录。

（3）屏柜应直立运输，防止翻倒，不能受冲击或振动。

5.1.2 主要安装机具

（1）搬运转移机具：汽车吊、汽车、液压叉车、手拉葫芦、钢丝绳、带子绳、道（枕）木、滚杠等。

（2）安装机具：台钻、手枪钻、砂轮机、切割机、电焊机、角磨机、电锤、台虎钳、千斤顶、力矩扳手、压接钳、大锤、撬棒及常用工具等。

（3）测试器具：皮尺、钢卷尺、角尺、激光水平仪、水平尺、水准仪、线坠、摇表、万用表、绝缘电阻测试仪、高压开关机械特性综合测试仪、交流耐压试验设备等试验装置。

5.1.3 安装条件和要求

（1）室内、墙面、屋顶、地面工程等应施工完毕，屋顶防水无渗漏。特别是受电后无法进行装饰的工程以及影响运行安全的项目应施工完毕。

（2）预埋件及预留孔符合设计要求，预埋牢固。

（3）安装的屏柜回路名称及部件标号齐全，内外清洁，柜面油漆完好。

（4）如在振动场所安装的开关屏柜，要求屏柜内的继电器仪表、开关要有防震设施。

（5）屏柜两侧及顶部的隔板应齐全、完好无损、安装牢固，柜门开启灵活。

（6）屏柜可开启门应用裸铜线与接地金属框架可靠连接。

5.2 开 关 柜

5.2.1 安装工艺流程

（1）基础安装。

（2）开关柜转移至基础。

(3) 开关柜就位及调整。

(4) 开关柜固定。

(5) 母线安装。

(6) 开关柜检查。

5.2.2 设备安装

1. 基础槽钢安装

按照设计图纸要求制作开关柜型钢基础，开关柜基础一般采用5～10号槽钢现场制作。其制作步骤如下：

(1) 槽钢放在安装位置，用水平尺和平板尺（长度不小于2m）将槽钢校直并调至水平，其误差不大于1mm/m，全长不得超过5mm，两根槽钢应平行，且在一个水平面上，后面的槽钢水平误差为负误差，即可低1～1.2mm，但不得比前面的槽钢高。

(2) 两条槽钢之间的外沿尺寸应等同于盘柜角钢骨架的外沿尺寸。两条槽钢顶面应高出永久地面10mm。

(3) 槽钢调整完毕后，用电焊把槽钢框架焊接成整体，并与预埋钢筋焊接固定。槽钢焊接一般在内侧实焊，接头处焊好后用手轮打磨，保证平整。

(4) 将基础槽钢用扁钢与接地网电焊连接。

2. 开关柜转移至基础

(1) 利用吊车、液压叉车或滚杠等将开关柜转移到槽钢基础旁。

(2) 立柜前，先按照施工图纸规定的顺序将盘柜做标记，施工人员利用钢管、撬杠等平移开关柜，按标记的顺序将开关柜放在槽钢基础上。

3. 开关柜就位及调整

(1) 先将最边上一台开关柜（一般为进线柜）定位并调好水平、垂直作为基准柜。其余开关柜利用连接螺栓与基准柜逐个连接，并依次调整。调整次序可以从左至右，也可以从右至左，还可以先调整中间柜，再左右分开调整。

(2) 开关柜的水平调整可用水平尺测量。垂直情况的调整，沿柜面挂一线坠检查柜面垂直度。前后的垂直调好后，可用同样方法把左右侧调垂直。

(3) 开关柜拼接时，柜间接缝不大于1.2mm，水平误差不大于1/1000，垂直误差不大于1.5/1000。

(4) 调整好的开关柜，应柜面一致，排列整齐，柜与柜之间应用螺栓拧紧，无明显缝隙。

4. 开关柜的固定

开关柜调整结束后，用电焊（或连接螺栓）将开关柜底座固定在基础槽钢上。如果电焊，每个柜的焊缝不少于4处，每处焊缝长约100mm。为了美观，焊缝应在柜体的内侧。焊接时，应把垫于柜下的垫片焊接在型钢上。在基础槽钢两端，用扁铁与接地网焊接，槽钢和接地扁铁均要做防锈处理。

5. 母线的安装

(1) 安装主母线铜牌或铝排。同一配电室内母线相色排列一致，主母线、分支母线连接可靠，连接面涂以导电膏，紧固螺栓采用镀锌材料，且有两个平垫和一个弹簧垫，拧紧后至少露出 2～3 牙，连接螺栓不超出 30mm。

(2) 安装母线夹。凡能形成涡流的连接部位采用绝缘处理。

(3) 母线应用相色进行标识，刷相色漆或套热缩管。

6. 开关柜的检查及试验

(1) 开关柜内清洁，转动部位涂润滑油。

(2) 检查机械联锁装置是否灵活、可靠，电气磁联锁应通电试验。

(3) 母线连接处是否接触良好，支架是否稳固。

(4) 校验各种显示和计量仪表是否准确。

(5) 各项电气交接试验数据符合要求。

5.2.3　调试

(1) 开关柜通电前，应将配电室和开关柜内清扫干净，然后进行通电调试。

(2) 开关柜内手推式开关进行移出或推入，检查对位与接触的紧密程度和灵活性，均应符合产品的要求。手车式开关手车进出应顺畅，摇把摇动灵活轻便，无卡阻和碰撞现象，限位开关工作正常，内侧绝缘挡板工作可靠，电气插件对中良好。柜体“五防”装置工作可靠。

(3) 开关调试时，应先手动操作后电动操作。操作机构工作平稳，无卡阻和冲击等异常现象；开关的传动部件转动灵活，润滑良好；分合闸指示正确，分合闸时间符合产品要求；开关的三相合闸同期误差达到产品的技术要求；开关与接插件动作闭锁可靠。

(4) 抽屉式开关柜抽屉推拉应灵活轻便，无卡阻、碰撞现象；抽屉的机械联锁或电气联锁装置应动作正确可靠，断路器分闸后，隔离触头才能分开；抽屉与柜体间的二次回路连接插件应接触良好；抽屉与柜体间的接触及柜体、框架的接地应良好。

(5) 柜内、外各仪器仪表、柜面标牌标识、接线端子符合要求，配接线整齐美观且二次回路通电调试合格。

(6) 检查无遗漏工具和其他物资，关闭柜门，开关柜安装完毕。经试验合格后可投入正常运行。

5.3　励　磁　装　置

5.3.1　安装工艺流程

1. 励磁变压器安装流程

(1) 基础安装。

(2) 本体安装。

(3) 附件安装。

(4) 变压器连线。

(5) 电气试验。

2. 励磁屏安装流程

(1) 基础安装。

(2) 屏体就位。

(3) 屏体调整固定。

(4) 屏体检查。

(5) 电气试验。

3. 连接线缆安装

(1) 连接线缆的敷设。

(2) 线缆终端的制作与安装。

5.3.2 设备安装

1. 励磁变压器安装

(1) 励磁变压器基础槽钢直线度、水平度、平行度等符合设计要求和规定允许值，高程和中心控制在设计允许范围内。

(2) 励磁变压器安装就位按设计要求进行固定和接地，基础与接地扁铁连接不少于两点。

(3) 励磁变压器就位后，检查其外表及绕组、引线、铁芯、紧固件、绝缘件等，应完好无损。

(4) 励磁变压器及其附件安装好后应进行清扫。

2. 励磁屏安装

(1) 安装的励磁屏框架及盘面应无变形，并符合设计图要求。

(2) 屏体的安装固定应按电气盘柜的安装要求进行。屏体用螺栓固定时，应根据屏底座安装孔的尺寸在基础槽钢上钻孔，以便于将屏体与基础连接固定，或在基础槽钢上稍偏位置焊螺栓，用压板将屏体与基础连接。与基础固定螺栓应使用不少于4个M10镀锌螺栓，相邻两盘间连接应使用不少于6个M8镀锌螺栓。如果用电焊点焊固定，则单个柜焊缝不少于4处，焊缝应在盘柜内侧，每处焊缝长50mm左右，焊缝处应刷防锈漆。

(3) 屏间连接所用的螺栓、垫圈、螺母等紧固件，紧固时应使用力矩扳手，应按照制造厂规定的力矩进行紧固。

(4) 逐个均匀拧紧连接螺栓，螺栓连接紧固后用0.05mm的塞尺检查，其塞入深度不大于4mm。

(5) 屏体之间接地母排与接地网应连接良好，采用截面积不小于50mm^{2}的接地电线或铜编织线与接地扁铁可靠连接，连接点应镀锡。单柜接地线截面积应不小于25mm^2。

(6) 屏体安装完成后彻底清理屏内外灰尘和杂物。

3. 连接电缆的敷设与安装

(1) 电缆敷设应分层，其走向和排列方式应满足设计要求。屏蔽电缆不应与动力电缆敷设在一起。

(2) 交、直流励磁电缆敷设弯曲半径应大于20倍电缆外径，且并联使用的励磁电缆长度误差应不大于0.5%。

（3）铠装电缆要在进盘后切断钢带，断口处扎紧，钢带应引出接地线并可靠接地。屏蔽电缆应按设计要求可靠接地。接地线截面积应满足动力电缆不小于16mm²，控制电缆不小于4mm²。

（4）强、弱电回路宜分开走线，可能时采用分层布置，交、直流回路宜分开走线，并采用不同的电缆，以避免强电干扰。控制电缆与动力电缆应分开走线，并分层布置。

（5）电缆接线应美观、整齐，每根线芯应标明电缆编号、回路号、端子号，字迹应清晰，不易褪色和破损。

5.3.3　系统调试

励磁系统调试可分为励磁系统回路检查、一次设备元件检查调试和操作控制回路传动试验3部分。

1. 励磁系统回路检查

（1）仔细审阅励磁系统设计图纸和厂家技术资料。对设计上存在的不合理，或不利于运行操作之处，提出修改意见和建议。

（2）认真检查回路中各元器件型号、参数、规格是否符合设计要求。

（3）对照原理图和配线图，检查调节器柜、整流柜、灭磁柜、过电压保护柜的盘内配线连接正确。

（4）校对各盘柜之间的接口电缆连接正确。

（5）带屏蔽的弱电信号电缆，屏蔽层应可靠接地，确保其抗干扰性能。

（6）直流控制回路应保证有两路可靠的电源来源，可互为备用，各支路配备合适的熔断器。

2. 一次设备元件检查调试

一次元件的性能和一次设备的状态，直接影响到励磁系统工作的可靠性和稳定性，因此，静态时应对其进行检查和试验。

（1）按交接试验标准完成励磁变、励磁屏的有关试验。

（2）完成电动机灭磁开关的试验。

（3）测量或检查励磁屏内过电压保护元件，以及整流二极管、可控硅两端跨接的阻容保护元件的参数。

3. 操作控制回路传动试验

励磁系统正式投入使用前，需进行传动试验，以确认控制回路的正确性。

（1）传动试验前的准备工作。

1）所有二次回路绝缘试验合格。

2）励磁回路所有控制电源、信号电源、冷却器电源均投入。

3）所有开关经试验合格。

4）试验人员按设计原理图列出所有传动试验项目。

（2）试验人员按列表的内容完成各项试验，应保证所有开关能可靠动作；所有信号正确发出；保护联锁关系符合设计要求。

5.4 直 流 系 统

5.4.1 安装工艺流程

1. 基础安装流程

(1) 核对土建预留孔洞。

(2) 核对并确定标高。

(3) 基础槽钢制作。

(4) 基础槽钢安装。

2. 直流屏安装流程

(1) 运输就位。

(2) 屏体检查、拼装。

(3) 母线安装。

(4) 单体试验。

3. 蓄电池安装流程

(1) 蓄电池转运。

(2) 电池架组装。

(3) 蓄电池安装。

(4) 电池连线。

(5) 电池初充电。

(6) 容量核定。

(7) 电池再充电。

5.4.2 设备安装

1. 基础安装

根据施工图，直流屏和蓄电池柜的基础采用槽钢制作，固定在土建预埋的基础上。为确保槽钢的平直度及牢固性，埋件设置间距为1m。安装前对槽钢平直度进行校直。槽钢基础应与室内接地网可靠连接，连接方式采用焊接，位置及接地点数量应符合图纸要求且每段基础不少于2点。

2. 直流屏安装

(1) 屏柜就位前应再次核实土建预留孔、基础标高应满足设计图的要求。屏柜规格、型号应符合设计要求，其附件、备品件及相关技术资料齐全。

(2) 屏柜与基础槽钢及屏柜之间采用镀锌螺栓连接，且防松零件齐全。安装垂直度允许偏差为1.5‰，相互间接缝不应大于2mm，成列盘面偏差不应大于5mm。

(3) 屏内设备检查、试验应符合的规定。

1) 控制开关及保护装置的规格、型号符合设计要求。

2) 闭锁装置动作准确、可靠。

3）主开关的辅助开关切换动作与主开关动作一致。

4）屏柜的标识齐全，标明被控设备编号及名称或操作位置，接线端子有编号，且清晰、工整、不易脱色。

（4）盘间配线。

1）电流回路应采用额定电压不低于750V、芯线截面积不小于2.5mm^{2}的铜芯绝缘电线或电缆。

2）除电子元件回路或类似回路外，其他回路的电线应采用额定电压不低于750V、芯线截面不小于1.5mm^{2}的铜芯绝缘电线或电缆。

3）二次回路连线应成束绑扎，不同电压等级、交流、直流线路及计算机控制线路应分别绑扎，且有标识。

4）线束绑扎固定后不应妨碍手车开关或抽出式部件的拉出或推入。

3. 蓄电池安装

（1）蓄电池架安装。蓄电池架组装前应对照厂家图样检查，外形尺寸符合要求，油漆完整、无剥落。组装好后，在基础槽钢上钻孔，电池架与基础槽钢之间采用螺栓连接，固定应牢固。

（2）蓄电池安装。

1）蓄电池安装应平稳，间距均匀，同一层的电池要高低一致，排列整齐。

2）蓄电池安装时严格按串并联线路进行连接，不能连错或接反。

3）蓄电池端子连接排等所有接触面应用砂纸或铁刷仔细清除氧化膜和污物，减少接触电阻，避免发热。安装前端子连接面涂一层电力复合脂，在电池组连接完成后，检查所有电池的电压和极性，以保证安装正确。

4）蓄电池连接电缆应尽可能缩短，不能只考虑容量输出来选择电缆的大小规格，电缆的选择应考虑不能产生较大的电压降。

5）为达到要求的电池容量，电池组可以进行并联，并联连接的导线应尽可能短，力求电压降小。

6）不能把不同容量、不同性能或新旧不同的蓄电池连接在一起使用。

7）蓄电池应有良好的通风环境，避免安装在密闭的设备内，也不能安装在变压器等发热物体附近。

8）蓄电池连接螺栓应紧固，力矩值符合厂家要求。

9）蓄电池与充电器或负载连接前，电路开关应置于“断开”位置。同时蓄电池的正极与充电器或负载的正极相连接，蓄电池的负极与充电器或负载的负极相连接，连接时应先连接充电器端，后连接蓄电池端。

10）蓄电池安装完毕后，正确做好电瓶编号和极性标识。

5.4.3　系统调试

（1）检查直流屏内设备之间、屏与屏之间接线，应正确无松动。

（2）认真核对电池容量（A·h）。连接电池时，应确保极性连接正确，电池系统的正极接充电机直流输出端的正极，电池系统的负极接充电机直流输出端的负极。首次充电采用手动充电，充足额定容量（A·h）后必须经过10h率放电再转入自动充电，充足后才能投入使用。

（3）通电前应断开所有断路器。

1）合上其中一路交流进线开关，充电装置开始工作（即空载试运行），并有电压输出，此时应检查充电装置的工作是否正常，应无任何异常的声音及充电装置的故障。

2）合上充电装置输出开关，此时控、合母线均有电压指示。

3）观察并测量控、合母线电压是否正常。调整转换开关，检查控、合母线电压是否按指定电压变化。

4）闪光装置检查：控制母线得电后，按住闪光调试按钮，闪光指示灯应间断闪烁；松开闪光调试按钮，闪光信号消失，表明闪光装置工作正常。

5）逐个合上合闸输出和控制输出开关，对应的指示灯应有指示。

6）合上蓄电池总开关，充电装置对蓄电池充电。观察充电电流情况，充电电流值应在限定范围内。

7）通过以上几个方面测试、空载试运行正常后，再接入电阻性负载试运行，加载试运行正常后可投入正常使用。

5.5 变 频 装 置

5.5.1 设备安装

1. 安装环境

变频装置属于电子设备，为了确保变频装置安全、可靠地稳定运行，变频装置的安装环境应满足下列要求。

（1）安装场所的环境温度一般要求为－10～40℃。因为电解电容的环境温度每升高10℃，寿命近似减半，而两个大的整流滤波电解电容，是变频装置的核心重要组成部件；高温还会对变频器内部IGBT模块的散热性能产生很大的影响，从而影响变频装置的寿命。

（2）变频装置不宜安装在震动的地方，因为震动使变频装置里面的主回路连接螺丝容易松动，有不少变频装置是因为这样而损坏的。

（3）变频装置要安装在清洁的场所。不能在有油性、酸性气体、雾气、灰尘、辐射区的环境使用变频装置。变频装置背面是散热片，温度会很高，所以变频装置背面要使用耐温材料。如变频装置安装在控制柜内时，可在柜内安装换气扇，防止柜内温度超过额定值。

2. 安装要求

变频装置柜体安装与前面配电盘柜安装程序和要求相同，其他要求还包括如下：

（1）变频装置只能垂直并列安装，上下间距不小于100mm。因变频装置内部装有冷却风扇强制风冷，其上下左右与相邻的物品或挡板（墙）须保持足够的空间。

（2）变频装置必须接地。变频装置正确接地是提高系统稳定性，抑制噪声能力的重要手段。变频装置接地应和动力设备接地点分开。

(3) 变频装置旁边不能装有大电流而且经常动作的接触器，因为它对变频装置干扰非常大，会使变频装置误动作。

(4) 变频装置的输出只能接电阻或电感性负载，而不能接电容性负载。不能安装电力电容器和电容式单相电动机在变频装置输出端。

3. 变频装置的接线

变频装置的接线包括主电路和控制电路的接线。

(1) 变频装置输入端最好安装一个空气开关，保护电流值不能过大，以防止发生短路时烧毁严重。

(2) 为防止电磁波干扰，变频装置输入、输出、控制线最好用屏蔽线，屏蔽层接线方法不能错，否则作用相反，有需要的可加装滤波器，调低载波频率。

(3) 严禁将N端子接地。因为当变频装置拖动电动机处于制动状态时，电动机就变成了发电机，电动机电荷由功率模块整流成直流堆积在主电路上，那么发出来的电能将会被整流电路堵在主电路上，如果电动机还在发电，主电路上的电压将会越来越高。变频装置内部的电压检测电路，检测到电压上升到设定值时，保护电路将电能经过耗能电阻进入负极消耗多余能量，主电路电压下降；如果N端子直接接地，电动机电荷通过模块与地形成回路，模块会承受不了这么大的电流，容易导致模块烧损。

5.5.2 设备调试

调试变频装置时按照先空载、后轻载、再重载的通电顺序进行。

1. 变频装置的空载通电

(1) 检查变频装置的接地应良好。

(2) 将变频装置电源输入端经漏电保护开关接到电源上。

(3) 检查变频装置显示屏出厂显示是否正常。如不正确，应复位，否则退换设备。

(4) 熟悉变频装置的操作键。

2. 变频装置带电动机空载运行

(1) 设置电机的基本参数。

(2) 将变频装置设置为本地操作模式，按运行、停止键，观察电机是否正常启动、停止。

(3) 熟悉变频装置发生故障时的保护代码，以便运行中发生故障时，能快速进行处理。

3. 变频装置负载试运行

(1) 手动操作变频装置面板的运行、停止键，观察显示屏在电动机运行、停止过程有无异常现象。

(2) 如果电动机启动/停止过程中，变频装置出现过流保护动作，应重新设定加速/减速时间。

(3) 如果变频装置在限定的时间内仍出现过流保护，应改变启动/停止的运行曲线。

(4) 如果变频装置仍存在运行故障，应增加最大电流保护值，但是不能取消保护，至少应留有10%～20%的保护余量。

(5) 如果变频装置运行故障还是发生，应更换更大一级功率的变频装置。

5.6 无功补偿装置

5.6.1 安装工艺流程

1. 电容补偿装置安装流程

(1) 电容补偿柜安装。

(2) 母线安装。

(3) 电容器组安装。

2. 干式电抗器安装流程

(1) 电抗器柜安装。

(2) 电抗器安装。

5.6.2 设备安装

1. 电容补偿柜安装

电容补偿柜安装与配电屏柜安装程序和要求相同。

2. 母线安装

(1) 母线安装前，首先对厂家配制的母线进行全面、仔细的检查，表面或连接孔有毛刺的地方应用细齿锉刀锉平，并用脱脂棉花沾无水酒精，将母线接触面清洗干净，以免母线运行后发热。

(2) 母线连接用镀锌螺栓连接，在螺栓连接的过程中，使用的力矩扳手应根据不同的螺栓型号，使用不同的力矩，保证每个连接部位的紧密，并用塞尺认真检查所有连接部分的间隙是否都符合规范要求，以免母线运行发热。

3. 电容器组安装

按照施工图相关要求，电容器分相分层安装在金属构架上，电容器直立安装，层间保持足够的绝缘距离，同层电容器之间应有不小于100mm的空间距离。安装前，对电容器进行外观检查，电容器的外观无破损、锈蚀和变形。

(1) 电容器支架安装。

1) 检查金属构件无明显变形和锈蚀。

2) 绝缘子无破损，金属法兰无锈蚀。

3) 支架安装水平度不大于3mm/m；支架立柱间距离误差不大于5mm。

4) 支架连接螺栓紧固应符合产品安装使用说明要求。

5) 构件间垫片不得多于1片，厚度不大于3mm。

(2) 电容器组安装。

1) 根据单个电容器容量的实测值，进行三相电容器组的配对，确保三相容量差值不大于5%。

2）每只电容器的铭牌、编号应面向通道侧，顺序符合设计要求。

3）电容器外壳与固定电位连接应牢固可靠。

4）熔断器安装排列整齐，倾斜角度应符合产品要求，指示器位置正确。

5）放电线圈瓷套无损伤，相色正确，接线牢固美观。

6）接地开关操作灵活。避雷器在线监测仪接线正确。

7）电容器组的接线应采用软导线，接线正确，且对称一致，整齐美观，相色标志清楚。

4. 干式电抗器安装

高压异步电动机通常采用高压电抗器进行无功补偿。电抗器一般组装在高压电抗器柜内，柜体的安装与前面配电屏柜的安装程序和要求相同。

(1) 电抗器的安装前，先检查支柱绝缘子的瓷件、法兰应完整无裂纹，胶合处填料完整，结合牢固。支柱绝缘子叠装时，中心线应一致，固定应牢固，紧固件应齐全。

(2) 根据支架标高和支柱绝缘子长度综合考虑，使支柱绝缘子标高误差控制在5mm以内。

(3) 电抗器垂直安装时，各相中心线应一致。电抗器上、下重叠安装时，应按照产品安装使用说明书要求进行安装。

(4) 电抗器接线端子的方向必须与施工图纸方向一致。

(5) 电抗器支柱的底座均应接地，支柱的接地线不应形成闭合环路，且不得与地网形成闭合环路。

5.6.3　设备调试

1. 电容补偿柜体及内部接线检查

(1) 电容补偿器柜内部清洁。

(2) 检查柜内安装的器件是否完好。

(3) 柜体表面喷塑有无破损和划伤。

(4) 柜内焊接部分良好，无开焊现象。

(5) 检查一次回路接线，所有连接应紧固无松动。

(6) 检查二次回路接线，所有二次回路接线正确紧固。

(7) 检查柜体及内部原件的保护接地和工作接地良好。

2. 绝缘检查

通电调试前对设备进行绝缘测试。拆除柜内二次接线或断开电源空气开关，使用电压500V的绝缘测量仪器进行相间、相对地绝缘测试，要求绝缘电阻不小1000Ω/V（标称电压）。

3. 外部接线检查

(1) 检查外部引入的三相电源接线良好，相序符合要求。

(2) 信号采样。

电压采样：采集系统母线B、C两相电压，此电压由柜内采集。实际应符合图纸要求。

电流采样：采集系统母线A相电流，CT二次侧接到补偿柜对应的端子排上。实际应符合图纸要求。

（3）检查补偿柜体间接线：主辅柜之间连线是否符合要求，是否正确。

4. 通电检查

在电容补偿柜安装检查无误后，可进行手动投切调试。

（1）柜体通电。

1）合上电容补偿柜内的空气开关，关好电容柜柜门。

2）合上电容补偿隔离开关。

3）把补偿柜内转换开关切换到手动运行方式。

4）送上试验电源处的空气开关，检查补偿柜控制器、接触器工作情况和电压表、电流表、功率因数等仪表的显示是否正常。

5）转动电压转换开关，查看各线电压显示是否正常。

（2）辅助设备检查。检查产品内部风机、照明灯、行程开关等辅助设备工作是否正常。

5. 电抗器柜及干式电抗器调试

（1）检查电抗器柜和柜内设备外观完好，固定牢固。

（2）电抗器组引出线无损伤，接线牢固正确。

（3）柜体及设备接地正确可靠。

（4）通电调试前电气试验合格。

（5）通电后各项数据符合要求，设备运行正常。

第 6 章　电力电缆安装与调试

6.1 安装前准备

6.1.1 设备及材料要求

（1）电缆安装所需的设备、材料、施工机具等均已齐备，并检验合格。

（2）熟悉施工图样、电缆清册、电缆合格证书、现场检验记录等。

6.1.2 主要施工机具

电缆安装常用机具包括搬运吊装机具和敷设接线机具。

（1）搬运吊装机具：汽车、吊车、放线架、吊装索具、钢管等。

（2）敷设接线机具：专用牵引机具、电缆滑车、电缆网套、钢丝绳、剪切钳、液压压接钳、电热烘枪、撬棒、麻绳、榔头及常用工具等。

6.1.3 安装条件

（1）安装现场预埋管道完成，电缆通道畅通，排水良好。

（2）电缆支架、桥架安装完毕，间距符合设计要求。

（3）室内外配电屏柜安装结束，具备电缆安装条件。

6.2 安装工艺流程及注意事项

6.2.1 安装工艺流程

（1）电缆敷设。

（2）电缆固定与就位。

（3）电缆接线。

（4）电缆试验。

6.2.2 电缆敷设与安装

1. 电缆敷设

电缆敷设是指沿经勘查的路径布放、安装电缆以形成电缆线路的过程。常见的电缆敷设方式有直埋敷设、穿管敷设、电缆沟敷设和电缆桥架敷设。泵站工程中应用最多的是室外电缆沟敷设、室内电缆桥架或电缆沟敷设。

（1）制定电缆敷设顺序表（或排列布置图）。

1）按电缆设计图和实际路径计算每根电缆的长度，合理安排电缆敷设顺序，减少换盘次数。

2）电缆敷设时排列整齐，走向合理，避免交叉。

3）在保证走向合理的前提下，同一层面尽量考虑连续施放同一种型号、规格和外径接近的电缆。

（2）电缆敷设。电缆敷设有人工敷设和机械敷设两种方式。人工敷设多用于山地、巷道、电缆竖井等无法使用机械的地方，这种方法费用小，不受地形限制，但效率较低并且容易损伤电缆。随着科学技术的不断发展，机械敷设所占的比例越来越大。

1）按照电缆敷设顺序表或排列布置图逐根施放电缆。施放电缆时，电缆应从盘的上端引出，避免电缆在支架或地面上拖拉摩擦。

2）电缆上不得出现压扁、绞拧、护层折裂等机械损伤。

3）电缆敷设时避免交叉，排列整齐，及时加以固定并装设标识牌。标识牌上注明电缆编号、规格型号和起讫地点，字迹清晰，挂装牢固。

4）电缆敷设时，电缆沟转弯、电缆井出口的电缆弯曲弧度一致，过渡自然。直线电缆沟内电缆必须拉直，不得出现弯曲和下垂现象。

5）电缆敷设完毕要清除杂物，及时盖上电缆沟盖板，必要时还要将电缆盖板缝隙密封处理。

6）弱电电缆敷设应在电力电缆敷设结束后进行，注意与强电电缆间的干扰屏蔽。

2. 电缆的固定和就位

电缆在敷设过程中或敷设后，要及时就位和固定。电缆固定的材料一般采用扎带、铁芯扎丝或专用夹具。

（1）垂直敷设或超过45°倾斜敷设的电缆在支架、桥架上每隔2m处固定。

（2）水平敷设的电缆，在电缆首末两端及转弯、电缆接头的两端固定。

（3）单芯电缆的固定要符合设计要求，固定夹具或材料不应构成闭合磁路。

（4）配电盘柜电缆就位前，将电缆层电缆整理、固定好，根据电缆在层架上的敷设顺序分层将电缆转入屏柜内，确保电缆就位弧度一致，层次分明。

（5）室外引入配电盘柜和配电箱的电缆应有保护和固定措施。

3. 电缆接线

（1）高压电缆头制作。高压电缆终端头制作分为热缩电缆头制作和冷缩电缆头制作两种。

1）热缩电缆头制作工序。制作准备→剥切电缆→焊接地线→安装三叉手指套→压接接线端子→处理主绝缘层和半导电层→清洗并涂硅脂→安装应力管→安装绝缘管→安装密封管→安装防雨裙。

具体制作方法按照产品安装使用说明书要求逐步进行。

2）冷缩电缆头制作工序。制作准备→剥切外电缆→安装钢铠接地→安装三叉手指套→安装冷收缩套管→剥切内电缆→安装铜屏蔽层接地→压接接线端子→安装冷缩式绝缘管。

具体制作方法按照产品安装使用说明书要求逐步进行。

(2) 低压电缆头制作。低压电缆终端头制作分为动力电缆终端头制作和控制电缆终端头制作两种。

1) 动力电缆头制作。测量电缆绝缘→剥切电缆铠甲→焊接地线→包缠电缆→套电缆终端头套→压接接线鼻子→连接电缆头。

2) 控制电缆头制作。控制电缆工作电压低、线芯多、截面小，主要用于控制线路和信号线路之中。

由于线芯多，外径较细，控制电缆头制作时，剥除铠甲和外护套后，对控制电缆的线芯应编号套号箍，编完线芯号后，用聚氯乙烯绝缘带包扎线芯根部小段，使其成橄榄形，以增加电缆头根部的绝缘性能和机械强度。

高低压电缆头制作完成后要悬挂电缆标牌，挂牌要正确、清晰、整齐，在线鼻子处用对应相色的绝缘带进行包绕两层，长度 8～10cm。做好的终端头装在预定位置，接好接地线。同一盘柜内所有电缆头应固定在盘柜底部支架上，成一条直线，并且扎带的绑扎方法应一致。

4. 电缆试验

电力电缆在调试前应按照规定进行检查和电气交接验收试验，电力电缆线路试验的目的是为了发现缺陷和薄弱环节，以便及时加以处理，防患于未然。试验的主要内容如下：

(1) 主绝缘及外护层绝缘电阻测量。

(2) 主绝缘直流耐压试验及泄漏电流测量。

(3) 主绝缘交流耐压试验。

(4) 外护套直流耐压试验。

(5) 检查电缆线路两端的相位。

(6) 电力电缆线路局部放电测量。

6.2.3　安装中注意事项

(1) 电缆在运输和装卸过程中，严禁由车上直接推下。电缆盘不得平放运输，平放贮存。

(2) 电缆敷设遵循由远到近，由大到小原则。敷设时要专人指挥，用力均匀，速度适当，防止电缆划伤和拉伤。滚动电缆盘时必须顺着电缆的缠紧方向。

(3) 敷设电缆时，在转弯或桥架接口处，应防止电缆被桥架上的锐物划伤。

(4) 电缆应留有足够的备用长度和适当的空间，使电缆间距及弯曲半径大于最小允许值，有利于固定及接线。新敷设的电缆不允许有中间接头。

(5) 电缆热缩时应从中间向两个方向或一个方向进行，防止管内留有空气。热缩时防止温度过高烧伤材料，温度应控制在 120～140℃。

(6) 高压冷（热）缩电缆头有户内和户外之分，不得搞错。安装防雨裙时应考虑热缩终端与电气设备连接后，防雨裙应朝下。

(7) 额定电压为 0.6/1kV 电缆线路应用 2500V 兆欧表测量导体对地绝缘电阻代替耐压试验，试验时间应为 1min。

（8）橡塑电缆外护套、内衬层的绝缘电阻测量宜采用500V兆欧表，数值不应低于0.5MΩ/km。

6.3 检查与试验

6.3.1 检查

（1）检查各项施工记录资料齐全，数据符合设计和规范要求。

（2）检查电缆排列整齐无损伤，标志正确齐全。

（3）电缆固定、弯曲半径、间距等符合要求，相序正确。

（4）电缆线路所有接地的接地点与接地极接触良好，阻值符合要求。

（5）电缆沟内无杂物和积水，盖板齐全。电缆管口封堵严密。

6.3.2 电缆试验

电缆经电气试验和送电前检查无异常后，可以进行送电试运行。对试运行中的电缆进行检查和测试内容如下：

（1）检查电缆的负荷电流，不得超过电缆的持续允许载流量。

（2）电缆的运行温度不得超过最高允许温度。

（3）检查电缆接线的相序和负载电机的旋转方向是否正确，否则应重新调整相序。

第 7 章　继电保护装置与监控系统安装与调试

7.1　继 电 保 护 装 置

当前，随着计算机技术的飞速发展，微机式继电保护（简称“微机保护”）在泵站继电保护中得到广泛的应用。微机保护装置一般集中安装在继电保护屏上，也有的将保护装置分别安装在泵站主机开关柜上。

7.1.1　安装

继电保护屏的安装按照低压配电柜安装的标准和要求进行。安装在主机开关柜上的继电保护装置与主机开关柜一起安装。

7.1.2　调试

继电保护是对电力系统中发生的故障或异常情况进行检测，从而发出报警信号，或直接将故障部分隔离、切除的一种重要措施。下面就以微机保护装置为例，介绍投运前的检查调试方法。

泵站微机保护装置调试主要分为 3 个部分：逻辑部分、测量部分和执行部分。在继电保护调试过程中，必须熟悉泵站电气二次部分的设计，制定出合理的、完善的调试方案。

1. 外部检查

在不通电的情况下对保护装置外部进行检查，主要包括以下内容：

（1）外观检查。对保护屏体和保护装置的外观进行检查，主要观察元件是否有松动和破损，连线是否完好。

（2）检查接点及接线。对装置上的接点和二次接线进行检查，重点检查有无错接、漏接和虚接。

（3）绝缘检查。用兆欧表测量交流电流、电压回路对地绝缘电阻；直流回流对地绝缘电阻；交直流回路之间绝缘电阻；保护接点之间及对地绝缘电阻。如果不带二次回路，各绝缘电阻应大于 10MΩ，如果带二次回路，各绝缘电阻应大于 1MΩ。

（4）耐压检查。用摇表施加工频 1000V 电压，历时 1min，观察耐压情况。

2. 通电检查

检查装置电源情况后，给装置通电，进行以下检查项目：

（1）查验版本。记录调试装置的软件版本号以及校验码，应与厂家提供的软件版本和校验码一致。

（2）检查显示屏。检查指示灯是否正确，液晶显示屏显示是否正常，有无花屏、黑屏等现象。

(3) 检查键盘。各个键盘按键应灵活可控，各按键功能应与装置安装使用说明书一致。

(4) 检查菜单。各菜单目录结构应与装置安装使用说明书一致，同时对菜单功能进行熟悉。

3. 模拟量通道检查

对微机保护装置各个交流输入通道进行检查和校正，确保各个通道测量正常。

(1) 零漂检查。将各交流回路开路，且不连接测试仪器的情况下，记录各个模拟量通道的数值，并且与装置的额定电流 I_N、额定电压 U_N 进行比对。一般要求电流量零漂数值不大于 $1\%I_N$，电压量零漂数值不大于 $5\%U_N$。装置说明书对零漂数值有特定要求的参照产品安装使用说明书进行检查。

(2) 模拟量校正。对微机保护装置的模拟量通道一般要求准确无误，如果通道测量出现偏差，将会对保护功能产生影响，因此对模拟量通道进行检查和校正非常必要。可以通过继电保护测试仪作为标准电源输出，进行通道校正，校正精度可以参照装置安装使用说明书的具体调试要求，而且必须包含幅值和相角两个方面。

4. 开关量通道检查

开关量通道检查包括开入量检查和开出量传动两个方面。

(1) 开入量检查。在开入量的对应端子上模拟开入信号的通断（可以使用直接短接和按钮开关的方式进行），然后在保护装置的开入量观测菜单里面查询相应的开入量是否动作，相应的指示灯是否点亮。

(2) 开出量传动。在保护装置的开出传动菜单里对各个开出量依次进行传动，同时在各个出口测量是否有输出（可以使用万用表欧姆挡测量通断），相应指示灯是否点亮，并且信号接点的类型（瞬动或者保持）是否满足要求。

5. 保护逻辑功能试验

保护装置的逻辑功能调试主要参照保护装置安装使用说明书，按照调试说明逐个保护模块一一进行。

(1) 熟悉保护功能。参照保护功能逻辑图，了解保护装置的动作条件，了解定值、软压板（控制字）和硬压板的情况等。

(2) 设置保护功能。投入要调试的保护功能，设置好相应的定值、软压板（控制字）、硬压板。

(3) 测试动作条件。通过继电保护测试仪测量，逐一测试动作条件和闭锁条件是否有效，并将各个动作条件和闭锁条件的临界值测量记录。

(4) 分析动作情况。通过将临界动作值与保护定值进行比对，分析保护动作情况是否符合要求。

6. 整组试验

(1) 模拟各种故障，从装置的总出口检查装置的整体动作情况；整组动作时间测量。

(2) 与其他保护装置配合联动试验。

(3) 传动试验。模拟各种故障，检查各开关动作情况验证回路正确性。

7.2 计算机监控系统

7.2.1 安装工艺流程

(1) 系统屏柜安装。

(2) 控制室设备安装。

(3) 网络设备安装。

(4) 线缆安装。

(5) 电气测试。

7.2.2 设备安装

计算机监控系统设备的安装过程中，要严格按照施工规范执行。安装工序中如果有恒温、防震、防尘、防潮、防火等特殊要求时，应采取相应措施，条件具备后方能进行该项工程的施工。

1. 系统屏柜安装

计算机监控系统的屏柜安装按照低压配电柜安装的标准和要求进行。在安装过程中还应注意：

(1) 屏柜应存放在室内或能避雨、雪、风、沙的干燥场所。对有特殊保管要求的装置性设备和电气元件，应按有关规定保管。

(2) 屏柜等在搬运和安装时应采取防震、防潮、防止框架变形和漆面受损等安全措施，必要时可将装置性设备和易损元件拆下单独包装运输。当产品有特殊要求时，尚应符合产品技术文件的规定。

(3) 端子箱安装应牢固，封闭良好，并应能防潮、防尘。安装的位置应便于检查；成列安装时，应排列整齐。

(4) 屏、柜、台、箱的接地应牢固良好。装有电器的可开启的门，应以裸铜软线与接地的金属构架可靠地连接。

2. 控制室设备安装

(1) 计算机监控系统控制台一般为组装式，在组装过程中应注意表面应无缝隙，美观整齐。安装完成后，应检查后排柜门开关和旋转是否灵活，控制台内应设置电源端子。

(2) 计算机的安装应平整、牢固，并注意通风散热，计算机接线应牢固不易脱落，整体的安装效果应美观、大方，有金属外壳的工控机表面外壳可以接地。

(3) 交换机、路由器一般为机架式，用螺栓固定于机柜内相应位置即可。连接设备的网络线应通过线槽走线，做到整齐、美观。

3. 网络设备安装

网络设备安装包括控制室交换机安装、光缆敷设等。

(1) 光纤电缆敷设。

1) 光纤电缆敷设不应绞接。

2）光纤电缆弯角时，其曲率半径应大于30cm。

3）光纤裸露在室外的部分应加保护钢管，钢管应牢固的固定在墙壁上。

4）光纤穿在地下管道时，应加PVC管。

5）光纤室内走线应安装在线槽内。

（2）交换机安装。

1）交换机应安装在干燥、干净的房间内。

2）交换机应安装在固定的托架上。

3）交换机固定的托架一般应距地面500mm以上。

（3）设备安装后检查。

1）检查交换机周围是否有足够的散热空间，安装是否美观。

2）检查所接电源与交换机的要求是否一致。

3）检查交换机的保护地线是否连接正确。

4）检查交换机与其他设备的连接关系是否正确。

5）对光纤电缆采用光笔进行检测光路是否通畅，经过转接设备后，与交换机相连，通过测试软件检查网络的正常与否。

4. 线缆安装

计算机监控系统线缆的敷设与安装按照电力电缆敷设与安装的标准和要求进行施工。在安装过程中还要注意以下事项：

（1）安装前先把电缆桥架、线槽、穿线管安装好；安装时线槽到设备控制柜的电缆用穿线管，管口、接头处打磨光滑，确保线缆不受损伤。

（2）电缆的敷设安装做到尽量避免外界磁场等对系统的干扰。

（3）每根电缆两端安装标牌，芯线编号对应，端子固定牢固，屏蔽层引出与专用接地连接良好。

（4）电缆进入现场控制柜、箱及设备接线盒处有专用夹具固定；现场检测仪表配套的专用电缆用管敷设，没有中间接头。

5. 电气测试

所有设备电源接口、数据和控制接口、通信接口、人机联系及电缆能承受规定试验电压。未接地的接口与地之间满足规定的绝缘阻抗值。

（1）试验电压。60～500V以上外部端子承受交流2000V电压持续时间1min；60V以下端子承受交直流500V电压持续时间1min。

（2）绝缘阻抗。设备安装完毕后，交流外部端子对地阻抗大于10MΩ，不接地直流回路对地阻抗大于1MΩ。

系统接地电阻不大于1Ω。同一机柜中的设备外壳、交流电源中性点、直流工作接地、电缆屏蔽层采用一个公用接地端子，机柜接地端子便于引出与接地网连接，机柜接地用扁平铜母线，截面不小于40mm^2。

7.2.3 系统调试

设备安装完成后，进入系统调试阶段，按照调试前检查、单体调试、分项调试和整体联调的顺序进行。

1. 调试前检查

检查各元器件完好，设备接线情况良好，电气试验数据正常。

2. 单体调试

对系统各元器件单独进行调试，并做好现场调试记录。

3. 分项调试

按照系统单元进行分项通电调试，对每一个系统单元进行分别测试，并做好测试记录。

4. 整体联调

将控制室设备、配电盘柜内设备以及按照在各个现场的元器件等所有设备进行系统联合调试。调试输入信号、输出控制信号、模拟量、数字量、人机界面、操作流程、设备状态、用户权限、数据库、报表打印等功能。

7.3 视频监视系统

7.3.1 安装工艺流程

（1）前端摄像机的安装。

（2）视频监视柜的安装。

（3）控制台设备的安装。

（4）线缆的敷设和接线。

7.3.2 设备安装

1. 前端摄像机安装

前端摄像机在供电正常运行的状态下，通过网线和交换机将捕捉到的视频信号传到后台的硬盘录像机进行预览和存储。

根据设计图及要求和现场情况，确定摄像机的数量、安装位置和监控区域，将摄像机通过支架固定到建筑物或监控立杆上。如果在室外或室内灰尘较多，需要安装摄像机护罩。

2. 视频监视柜安装

确定后台设备（硬盘录像机、交换机、硬盘、电源适配器或12V直流开关电源）的摆放位置，如集中安装在视频监视柜内，则按照设计图及要求对后台网络设备进行组装，柜体的安装按照计算机监控柜的标准和要求进行施工。

3. 控制台设备安装

监视器或显示器作为视频监视终端设备，充当着监控人员的“眼睛”，同时也为事后调查起到关键性的作用。目前，泵站视频监视系统的显示器或监视器，都是与计算机监控系统的显示器集中布置在控制室的控制台上，以便于运行和管理。施工中主要考虑设备布置整齐美观，方便线缆的敷设和接线。

4. 线缆的敷设和接线

前后端设备都安装好后，就需要进行线缆的敷设和接线。如果前期做好规划或方案，这一步其实是优先进行的，特别是在准备装修的环境下，管线是需要预埋好的。

视频监控系统的视频信号最常用的传输介质是SYV75型同轴电缆；通信传输线缆一般用在配置有云台、镜头的摄像头上，使用时需在现场安装解码器，通信传输线缆一般采用RVVP型2芯屏蔽通信电缆或3类双绞线UTP；控制电缆通常用于控制云台和电动可变镜头的多芯电缆；声音监听线缆一般采用4芯屏蔽通信电缆或3类双绞线UPT。线路安装分以下两部分：

（1）确认好交换机的位置。需通过网线将每个摄像机连接到交换机，还需要将网络硬盘录像机跟交换机接通，本着方便、美观和安全的原则布线，并在每根网线两头做好水晶头。

（2）摄像机电源供电线缆敷设。每个摄像机都需要一个12V/1A或2A的电源适配器，看施工环境或成本要求，可以用开关电源代替（建议一个12V/10A的开关电源不要带超过10个摄像头，以此类推），需另配电源插头。

7.3.3 系统调试

1. 系统调试要求

（1）系统的画面显示应可任意编程，具备画面自动轮巡、定格及报警显示等功能，可自动或手动切换。对多路摄像信号具有实时传输、切换显示、后备存储等功能。对多画面显示系统应具有多画面、单画面转换、定格等功能。

（2）应具备日期、时间、字符显示功能，可设定摄像机识别和监视器字幕，通过视频线传至监控室，并在监视器上显示。

（3）系统前端所有视频信号均能在硬盘录像机上录制下来（包括日期、时间、摄像机编号等）。

（4）系统可对视频输入进行编组，用以对各组不同视频的显示及操作进行组别限制。

（5）实现监视系统状态事件功能，系统的报警、功能切换、顺序事件、键盘活动、视频信号丢失等信息可以被实时的显示在图形工作站的显示器上。

（6）系统可利用键盘或鼠标对各摄像机、云台、镜头、监视器进行控制，操作简单方便。

（7）系统具有独立的视频移动报警功能，可按需要设置任意的报警画面或局部画面的移动报警。

（8）系统应可设置操作员权限，被授权的操作员具有不同的操作权限、监控范围和系统参数。

（9）系统应可设定任一监视器或监视器组用于报警处理，报警发生时立即显示报警联动的图像。系统应可记忆多个同时到达的报警，并按报警的优先级别（如级别相同则按时间）进行排序。

（10）系统应独立运行，并提供开放的通信接口及协议，与安全管理系统进行集成，组成一个完整的安防系统。

2. 摄像机调试

安装完成并接通所有线路之后，打开摄像机电源。

(1) 通过监视器现场调整每台摄像机角度到预定范围，并调整摄像机镜头的焦距和清晰度。

(2) 在网络硬盘录像机上进行相关网络设置，添加分配网络摄像机，添加完所有摄像机，利用后台控制器对摄像机的角度、可调焦镜头等进行调试，达到合适的效果。

3. 线路的检查和调试

(1) 对系统安装的线缆进行校核，检查接线是否正确。

(2) 采用250V兆欧表对控制电缆绝缘进行测量，其线芯与线芯、线芯与地线绝缘不应小于0.5MΩ。用500V兆欧表对电源电缆绝缘进行测量，其线芯间和线芯与地线的绝缘不应小于0.5MΩ。

(3) 信号线路不宜与强电线路同管或并行敷设。

4. 系统联合调试

视频监视系统联合调试是检测通电运行后整个系统的设备是否满足设计要求的调试方式。调试的主要包括以下内容：

(1) 系统通过RS232及其他相关接口，实现与图形工作站及控制键盘的连接。图形工作站及键盘均能对一体化球形摄像头、自动变焦镜头等前端设备进行控制。

(2) 系统内置日期、时间、字符发生器，在每幅图像中叠加摄像机的编号、位置以及实时变化的时间（包括年、月、日、时、分、秒）。摄像机标题以全中文显示，日期/时间格式可调整。

(3) 系统具有视频丢失检测功能。

(4) 系统具有多种不同的报警显示方式及报警状态清除方式。

(5) 系统支持键盘口令输入及优先级操作。

(6) 系统键盘同时支持对矩阵及硬盘录像机的控制。

(7) 支持快进、快退、慢进、逐帧等播放模式，快进/快退速度可调整。

(8) 支持外接键盘及工作站软件等远程集中控制。

(9) 支持用户权限管理。

(10) 图像管理软件。

(11) 支持Web远程监控模式。

第 2 篇
电气设备检修

第8章　概　　述

8.1　检修一般要求

泵站电气设备主要包括：电动机变压器、母线、高低压开关柜、保护、直流、励磁及自动化设备等。电气设备的安全运行直接关系到供电、用电的安全，电气设备出现故障很多是由于使用不当导致的，也有因气候环境、过载及本身质量等诸多因素造成的。设备运行时，工作人员要及时对设备的运行状态进行巡视检查，出现问题应能尽早发现，尽快解决。日常工作中要注重对设备的保养，及时修理、更换老旧的设备或元器件。当电气设备出现故障时，需要对电气设备的故障进行研究、分析，无论是主母线故障、控制电路还是控制设备故障，都要根据现场实际情况作出判断，找出最合适最有效的解决方案。

对已发生的电气故障，有人得心应手，有条不紊，顺利排除故障。有人手足无措，不知道从何处下手，究其原因，主要是经验不足，电气基础知识薄弱，电气设备布置不清楚。要解决电气设备出现的问题和故障，必须具有电气检修的综合素质。除了具有必需的理论知识以外，处理故障的思路、经验和方法都十分重要。

要做到得心应手地处理故障，必须具有全面、扎实的电气理论知识，才能从原理上深层次分析复杂疑难故障。电气设备检修对理论知识要求较高，设备出现问题需要进行理论分析，如果掌握的电工理论不系统、不全面，有关电气理论知识是空白或者概念不清楚，很难分析电气设备故障问题。有的故障还要借助相关设备、仪器进行检测，根据检测结果分析故障原因并处理。另外，实践经验也很重要。实践经验，是指长期实践过程中，解决实际问题的行之有效的工作方法，但这些方法要善于总结，及时纠偏，不断创新，才能适应不断更新的电气设备的需要。电气设备故障检修中，有的故障简单明显，有经验的电气检修人员往往稍加分析就能顺利解决，有的故障比较隐蔽，需要经仔细分析排查，有的短时间还得不到解决。因此，电气设备故障检修应符合以下要求。

1. 排除故障时应结合设备的运行及检修记录

在对复杂电路、电气设备的故障检查排除时，应首先查阅运行及检修记录。电气设备的运行及检修记录不仅反映设备本身的性能，而且还可以通过检修记录了解设备存在的缺陷，当设备发生故障时，结合相关记录会更容易发现场故障点并及时排除。每次设备检修后，应将处理过的各种故障进行记录，为总结经验和完善技术档案提供第一手资料。

2. 排除故障要有的放矢

在故障检修前首先要弄清楚设备的电气原理以及设备上元器件的作用，然后根据综合了解到的故障现象进行原理分析，分析哪些元器件容易发生故障；其次要确定检查步骤，第一步检查哪些元件，第二步检查哪些元件等，如果故障还未查出，再进行第二次分析，还有哪些元件可能会发生故障，同时将排查过的元件进行记录，避免重复，直至排除故障。按照这样的方法进行故障排查，可以不做重复工作，能缩短排除故障的时间。千万不能盲目地拆换电气元件，更不能随便调整元件位置；如果设备带有程序或有特殊特性，盲目的调整会造成程序紊乱或失去设备原有的特性，严重时会造成设备瘫痪，长时间无法恢复，影响运行，造成不必要的经济损失。

3. 注意区分故障的主次

对于复杂的故障，往往损坏的元件不止一个，有时出现的故障现象掩盖了另一个故障，给人造成一种假象，分析和处理的难度比较大，此时，首先处理主要故障，然后处理次要故障，一般的原则是先处理主回路故障，后处理控制回路和辅助回路故障，分层次，不重复。

4. 思维空间要开阔，方法应机动灵活

处理故障的思维空间要开阔，要对电气理论知识活学活用，要打破局限性，不要钻牛角尖，处理故障的具体方法和技巧很多，一种方法不行，就立即换另外一种方法。

5. 善于利用检测设备

要充分利用合适的检测仪器来排除故障，既简捷又方便。如：用相位表测量交流回路的电压、电流相位，与设备或回路的理论相位相比较，对带有极性或功率方向的回路，方便快捷；用万用表测量回路电阻、电流或各段电压，一目了然；利用电能表进行向量分析，可以判断电压互感器引出线套管相别；用双踪示波器观察晶闸管的触发脉冲、UPS或变频电源的输出波形，能直接观察到波形是否畸变或缺相，能观察导通角范围，还能观测各波形的电压值等。

6. 有高度的敬业精神和对工作认真负责的态度

大型泵站电气设备多，结构复杂，发生故障的原因是多方面的，许多很难解决，即使有理论基础，有检修经验，也需用很长时间和很大精力，因此，对工作要有积极的态度，越复杂的故障越具有挑战性，每一次处理故障都是学习的机会，要善于学习别人处理故障的方法和经验，提高自己的检修技艺。

7. 及时总结经验、吸取教训

排除故障后要及时总结，故障排除后故障原因和部位清楚了，再回顾自己在排除故障过程中采用的方法和步骤，进一步总结提高。

8. 不断提高电气业务知识，紧跟时代发展的步伐

要不断地学习、掌握必要的理论知识。电气技术飞速发展，新技术、新设备层出不穷，而且技术含量越来越高，检修的难度也越来越大，对电气检修人员的要求也越来越高。只有不断地学习，才能面对新设备、新技术的挑战，跟上技术不断更新的步伐。

8.2 故 障 类 型

设备故障是指由于各种原因使设备损坏或不能正常工作，其电器功能丧失的电气故障。电气设备故障根据其产生的原因可以分为内部故障和外部故障；根据其产生的性质可分为人为故障和自然故障；根据其产生的现象可分为有外部特征的故障和无外部特征的故障等。

8.2.1 外部故障和内部故障

1. 外部故障

严格地说，外部故障并不属于设备本身的故障，而是因为外部环境或其他设备的干扰导致设备故障，故障现象发生后，从外部环境及其他设备上找原因，检查排除一般不针对本设备。主要包括如下几种：

(1) 外界强电波的干扰：强电波对设备干扰易造成信号传输中断或误发信号，导致设备拒动或误动。

(2) 供电电压过低：易造成线圈吸力下降，设备误动作；旋转机械因电压降低导致转速下降，易烧损电机。

(3) 环境条件变化：温度、湿度、粉尘及海拔的影响，造成电气设备发热、漏电、绝缘能力降低等。

2. 内部故障

内部故障一般是指电器设备内部的元器件自然失效而引起的故障，主要包括如下几种：

(1) 磨损失效。电器设备中的结构搭件、机械部件、电机等，由于长期处于运动状态(如旋转、推拉、移动等)而导致机械性磨损，从而出现接触不良、抖晃、碰撞、卡死、弹力消失等。

(2) 衰老性失效。一般情况下，电子元器件的失效均以衰老性失效居多，其中以晶体管元件最为明显。晶体管由于长期受热工作，会导致其中的PN极正向电阻变大，反向电阻变小，电流放大倍数下降、漏电流增加，严重时无法正常工作。电解电容器的漏电、容量减小，最后也会导致衰老性失效。电阻也会因空气的氧化、腐蚀、潮湿而发生变化、引脚锈蚀等。电感元件中的线圈受潮后发生霉变也会导致其氧化、腐蚀、断路。各种接插件、触头等尽管已作了镀银处理，但由于长时间的空气腐蚀、氧化，接插件的表面会发黑，接触面电阻增大，从而引起电路参数的改变(如电压降落增大、电流减小等)。

(3) 偶发性失效。过高电压的冲击，如雷电等往往会造成偶发性故障。晶体管波击穿断路，电源变压器烧毁，这种偶发性故障往往是意料不到的，但只要正确地使用保养，并采取相应的预防措施，故障可避免发生。

8.2.2 人为故障和自然故障

1. 人为故障

人为故障一般是指运行检修人员使用不当或操作失误造成的电气元器件的损坏，属人为因素产生的故障。主要是指如下情形：

(1) 电压等级使用不当：该故障一般发生在低压设备中，电气设备有的是220V电压等级的，有的是380V电压等级的，如果电器元件接错电压等级，轻则电气设备不能正常使用，重则烧损电器元件，损坏电气设备。

(2) 机械性破坏：操作时由于用力过猛或方法不正确，极易造成电器元件的手柄折断、机构损坏等，也容易造成各种旋钮破损，塑料门、钩的折断，传动轴弯曲，弹簧失效等。

（3）调试不当：电气设备调试一般需按流程、按要求并结合设备实际情况进行。如果调试不当会造成设备损坏或在运行中出现故障。

（4）使用不当：电气设备由于所处环境不当，如粉尘、潮湿、高温、高海拔等，也会造成故障。

（5）保养不当：电气设备保养不当或不到位，如平时检查时没有发现小故障导致大问题发生、设备清理不及时导致漏电打火等。

2. 自然故障

电动设备在运行中受许多不利因素影响，如机械振动、有害介质侵入使电气元器件损坏、导线松动及电气元器件绝缘老化等，都可能产生电气设备故障，这些故障一般都称为自然故障。

8.2.3　有明显外部特征的故障和无外部特征的故障

（1）有明显外部特征的故障。电气设备、电动机等发热、冒烟、焦味等都是电气设备故障产生的，这类故障容易检测到。

（2）无明显外部特征的故障。这类故障是电气设备的主要故障，主要包括导线断裂、接触不良、触点损坏、电气元件参数调整不当或机械磨损造成的误动等。这些故障一般需要通过精确测量或仪表才能检测到。

8.3　故　障　原　因

电气设备在使用过程中，由于种种原因，常常会出现故障，这就需要正确分析故障起因，准确的查找故障所在位置，并排除故障。不同故障的影响也不尽相同，引起电气设备故障的因素及其影响主要有以下几个方面。

8.3.1　温度引起的电气故障

电气设备在运行中如果温升或温度超过允许值时，则可能产生电气设备故障，温度对电气设备的影响主要有以下几方面：

（1）对金属材料的影响。温度升高，金属材料软化，机械强度将明显下降。例如，铜金属材料长期工作温度超过200℃时，机械强度明显下降；短时工作温度超过300℃时，机械强度也明显下降；铝的长期工作温度不宜超过90℃，短时工作温度不宜超过120℃。

（2）对电接触的影响。电接触不良是导致许多电气设备故障的重要原因，而电接触部分的温度对电接触的良好性影响极大。温度过高，电接触两导体表面会剧烈氧化，接触电阻明显增加，造成导体及其附件（零部件）温度升高，甚至可能使触头发生熔焊。由弹簧压紧的触头，在温度升高后，弹簧压力降低，电接触的稳定性更差，更容易造成电气故障。

（3）对绝缘材料的影响。温度过高，有机绝缘材料将会变脆老化，绝缘性能下降，甚至击穿，材料的使用寿命也将缩短。例如：A级绝缘材料在一定温度范围内，每增加8～

10℃，材料的使用寿命约缩短50%。温度过高，对无机绝缘材料的绝缘性能也有明显影响，例如：80℃以下时，电瓷的击穿温度约为250kV/mm；当温度达到100℃时，其击穿强度约为100kV/mm。

（4）对电子元器件的影响。高温可使半导体元件热击穿，因为温度升高，电子激活程度加剧，使本来不导电的半导体层导通；高温使电子元器件的性能变劣，在偏高的温度下，电子元件的反向导电电流增加，放大倍数减小等。

8.3.2 电动力引起的电气故障

电动力与电流大小密切相关。在小电流情况下，电动力对电气装置的正常工作没有什么影响，然而，在大电流情况下，尤其是在短路电流作用下，所产生的电动力是很大的。因此，电气装置必须具备在短路电流作用下，有关部分不致损坏的稳定性。这种稳定性称为动稳定，超过了动稳定的界限，电气装置将会产生故障。电动力引起的电气故障主要表现在以下几方面：

（1）电动力可能使导体变形。两根或3根平行导体（如母线等），在短路电流作用下，导体受到吸力或斥力，当这种力超过某一程度时，就会使导体变形、接头松脱、支撑固定件损坏。

（2）电动力可能使开关误动作。当流过开关的电流很大（如短路）时，其电动力可能使刀开关自动打开。而刀开关一般没有完善的灭弧装置，不具备断开短路故障的能力，因而这种自动打开属于一种误动作。在电弧作用下，触头可能被烧毁，甚至形成火灾。

为了防止这类事故的发生，刀开关的触头必须夹紧，不得有松脱现象，必要时还应设置联锁装置，如加装电磁锁或机械联动机构。

（3）触头接触处的收缩电动力可能使触头烧损。当载流导体截面沿导体长度（轴向）发生变化时，在截面变小处会产生轴向电动力，这种电动力称为收缩电动力。触头接触处的电动力有使触头受到排斥的趋势，也就是说，收缩电动力使触头接触紧密程度变劣，甚至断开，从而使触头烧损。

8.3.3 电接触不良引起的电气故障

电接触不良是造成电路和电气设备故障的主要原因之一。

1. 电接触不良的原因

（1）电接触材料的改变。电接触材料，尤其是开关触头的材料，对其导电性、硬度等有着较严格的要求。如果不适当地更换了原有的电接触材料，势必影响到电接触的性能。另外，为了弥补某些电接触材料的缺陷，常常在电接触材料表面镀上一层其他的金属，如银、锡、金等，经过修理或长时间的磨损，镀层会损伤或消失，必然使电接触性能变劣。

（2）电接触形式的改变。由于修理或其他原因，电接触表面不平整或接触面发生位移及方向的变化，从而导致电接触形式的改变，如将面接触、线接触变成了点接触，都可能使电接触不良。

（3）电接触压力的降低。弹簧变形、传动机构不到位等，使电接触压力降低，这是电接触不良的重要原因之一。

（4）铜、铝导体直接连接引起的电化学腐蚀。铜、铝导体直接连接构成铜离子、铝离子的高电位差的电化学对，必然引起电化学腐蚀。在实际工作中，未经过任何处理而将铜、铝直接连接是比较多见的，运行时间一长，必然产生电接触故障。

（5）电接触表面性能不良。电接触表面经一段时间运行，一般都会覆盖着一层导电性很差的物质，例如金属的氧化物、硫化物等，其电阻率远大于原金属，也可能是覆盖在接触面的灰尘、污物或夹在接触面间的油膜、水膜等，由此形成了表面膜电阻。它的存在使接触电阻值增大或引起接触电阻不稳定，甚至破坏电接触连接的正常导电。安装工艺达不到规定的工艺要求和标准，也会使电接触不良。

（6）环境因素的影响。湿度、温度偏高，酸、碱、氧化硫、氯气等环境因素的影响，加速了电接触材料的化学腐蚀、电化学腐蚀及其他变化。

2. 电接触不良导致电路不通

电接触点是电路中最薄弱的环节，电接触不良是导致电路不通的重要原因。例如，刀开关触头松动、触头未接触、导线联接点未搭接好、导线与设备接线端子联接螺钉松动、锡焊点断开等，常常导致电路不通。某些电接触点从外表上看似乎已接触好，而实际并没有联接好。在电气设备维修中常将这种似接非接的电接触点称为“虚联接点”。查找“虚联接点”是查找电气设备故障的难点之一。再如，对于某些低电压回路，如果电接触电阻远大于负载电阻，则负载两端的电压远低于工作电压，负载不能工作。

3. 电接触不良导致电接触处严重发热

电接触不良导致的发热，一是接触电阻上的发热，二是接触不良发生电弧的发热。电接触发热将进一步导致电接触不良的恶化，使电路不通。

4. 电接触不良导致电弧的产生

电接触处的一层绝缘薄膜如水分、灰尘、氧化膜等，在一定电压下，在接通电路瞬间，可能被击穿，因而会产生火花和电弧，易导致更严重故障的发生。

5. 电接触电阻的增加可能使某些电路不能正常工作

电接触电阻虽然很小（通常为 mΩ、μΩ 级），但对于某些电路则是不可忽视的。如电流互感器二次回路，其负载是阻抗极小的电测仪表、电流线圈或继电器电流线圈等，所以，电流互感器的正常运行状态是短路运行状态。如果该回路接触电阻过大，将导致正常短路运行状态被破坏，造成电测仪表误差增大、继电器误动作等故障的发生。

8.3.4　电弧引起的电气故障

电弧广泛用于焊接、熔炼、电点火装置及作强光源等技术领域。但是，如果在开关电器中不能迅速将电弧熄灭，或者在某些场合产生不应有的电弧（故障电弧），将会造成严重的电气故障或人身事故。电弧的高温效应、强光效应和导电效应是造成电气故障的直接原因。

（1）电弧是造成电气火灾事故的主要原因。电弧的温度高达数千摄氏度，在电弧发生的一定范围内，如果存在可燃气体或物体，就会点燃这些物质，造成电气火灾。

（2）电弧威胁人身安全。电弧中含有大量的金属离子，当电弧喷向人的皮肤时，高温的金属离子可使皮肤灼伤，留下金属化烙印。另外，电弧的光极强，这种强光如果直接照射到人的眼睛，轻则使眼睛红肿、流泪、疼痛，重则失明。

(3) 电弧的可导电性是造成电气短路事故的重要原因。电弧的弧柱是一束可导电的离子流，且质量轻，可迅速移动和拉长。因此，在多相导体中，若其中一相因某种原因发生电弧，这一电弧可能被吹向（或拉向）另一相，造成相间短路；若导体对地放电形成电弧，这个电弧又不能迅速熄灭，则会造成相对地短路。

(4) 电弧引起的开关电器的故障。开关在断开电路（尤其是高电压、大电流电路）时，在开关动、静触头间必然产生电弧。若开关的灭弧装置性能不良或灭弧装置损坏，电弧持续时间长，甚至不能熄灭，就会酿成严重的事故。例如，电弧可加速开关触头烧损，造成严重电接触不良；强烈高温电弧可使电弧周围的绝缘损坏、老化；电弧可能造成相间短路；电弧还可能使开关绝缘油等其他材料急剧膨胀，产生爆炸事故。

8.3.5 电压偏移引起的电气故障

当电源电压比电气设备额定电压偏高或偏低时，电气设备将因此而受到影响，其影响程度取决于偏移值的大小和持续时间的长短，严重时，电气设备将因此而产生故障。

(1) 对异步电动机的影响。异步电动机的故障主要来自电压偏低。由于电动机的启动转矩和最大转矩与电压 U^2 成正比，电压下降，转矩大大下降，电动机有可能不能启动，此时电动机的电流很大，持续时间一长，电动机将因发热而烧毁。

(2) 对电热设备和白炽灯、碘钨灯的影响。电热设备和白炽灯等的故障主要来自电压偏高。电热设备和白炽灯等的输出功率与电压 U^2 成正比，电压偏高，输出功率大大增加，工作电流也大大增加，电热设备的电阻器和白炽灯灯丝将因发热量超过允许值而烧毁。

(3) 对气体放电灯的影响。电压偏高或偏低都可能导致荧光灯、高压汞灯、高压钠灯、金属卤化物灯等气体放电灯的故障，电压偏高，发光量大大增加（与电压 U^2 成正比）而超过其允许值，灯丝烧断，灯具损坏；电压偏低，灯具无法启动发光或启动困难、启动时间增长，灯丝放电剧烈，也容易导致灯管或灯泡烧毁。

8.3.6 电源不对称引起的电气故障

电源不对称分为一般情况下的不对称和故障情况下的不对称，这两种情况都会对电气运行产生不利的影响。

(1) 一般情况下的三相电源不对称是指发电机发出的三相交流电，或经过电力变压器和传输线路送到用电设备的三相交流电源，由于各种原因使三相电压大小和相位发生了一定的偏差。这种偏差虽然不大，但其影响是不可忽视的。

由于电源不对称，各相负载承受的电压不相等，电压高的相上的设备和电压低的相上的设备都不一定能正常工作。尤其是有三相不平衡电流流过中性线（零线），中性点电位升高，负载电压更加不平衡。

不对称三相电源可以分解成正序、负序和零序 3 个分量，对其中的三相电动机负荷，负序分量使电动机增加了一个反向的旋转力，因而不对称三相电源输出功率降低、负载电流增加、电动机振动、发热量增加，使其不能正常工作。

（2）因某种原因使三相电源缺少一相，造成严重的不对称。例如，变压器高压侧一相熔断器的熔丝熔断，或低压侧电源一相熔丝熔断，或开关一相触头未接触好或断线等，都将使三相电源严重不对称，在这种严重不对称电源作用下，三相用电设备将不能正常工作。例如，三相异步电动机不能启动，或单相用电设备可能由于缺一相电源而使各相电压不相等，造成电气设备故障。

8.3.7 负载不对称引起的电气故障

在三相负载不对称情况下，即使三相电源对称，各相负载电压也会不相等。由于负载不对称，电源中性点和负载中性点之间的电压 $U_{oo}\neq 0$，使负载各相电压不相等。这种负载中性点和电源中性点电位不等，即不重合的现象，称为中性点偏移。很显然，当 U_{oo} 很大时，负载的某些相电压必然偏高，造成负载故障。

接上中性线就能使不对称星形负载的各相电压对称，这就是低电压系统广泛采用三相四线制的原因之一。实际上，为了避免中性线断开，在中性线上不允许装熔断器或开关，有时还采用机械强度较高的导线作为中性线。但必须指出，这时负载的相电压虽然能够对称，但由于负载阻抗不对称，负载的相电流也不对称，因此中性线电流一般不为0。

8.3.8 湿度引起的电气故障

湿度即空气中水汽含量多少，湿度通常有两种表示法：绝对湿度和相对湿度。绝对湿度是指单位体积湿空气中含有的水气量，即空气中的水汽密度；相对湿度是指空气中实际的水气压与同温度下的饱和水气压之比，用百分数表示。

1. 湿度偏高，降低了电气设备绝缘强度

空气的湿度增加，一方面使空气的绝缘强度降低；另一方面，空气中的水分附着在绝缘材料的表面，使电气设备的绝缘电阻降低，特别是当空气中的水分渗透到绝缘材料内部或溶解到绝缘油（如变压器油）中时，导致材料的绝缘性能下降，设备的泄漏电流增加，甚至造成绝缘击穿，产生电气故障。

2. 湿度与长霉

潮湿的空气有利于霉菌孢子发芽生长，如果空气不对流，将使霉菌生长大大加快。因此，在湿度相同、气温相等的情况下，室内设备长霉比室外设备要严重得多。霉菌对电工产品的影响主要有以下几个方面：

（1）霉菌细胞中含有大量的水分，当菌丝呈网状布满绝缘体的表面时，产品的绝缘性能将大大降低。对一些多孔性绝缘材料，霉菌根部还能深入到材料的内部，导致绝缘击穿。

（2）霉菌的生长使电工产品表面形成霉斑，甚至长出绒毛，影响产品的外观和标识。

（3）霉菌在代谢过程中，往往会分泌出一些酸性物质，如二氧化碳、醋酸、柠檬酸等。这些物质与绝缘材料相互作用后会导致产品绝缘性能下降，特别是对印制电路板和精密仪表等的影响较大。

（4）霉菌分泌出的一些酸性物质，对金属起腐蚀作用。一些极细的导线，如仪表、继电器的线圈等，在潮湿地区常因长霉而被腐蚀，在常年湿度较高的地区，霉菌对电工产品的影响是比较严重的。

3. 湿度与金属腐蚀

金属腐蚀是一种常见的现象，电气设备中的导电金属、导磁硅钢片、金属外壳等受到腐蚀后，将严重降低设备的性能和使用寿命，甚至造成电气故障。

电工产品中的金属腐蚀除引起一般破坏作用外，还会使导电金属和电接触材料产生一层晦暗膜。大气湿气形成的水膜和腐蚀生成的晦暗膜，是导致接触电阻增大的重要原因之一。

8.3.9 大气压引起的电气故障

大多数电气设备都是按海拔高度不超过 1000m 的环境条件设计制造的，当这些设备应用于海拔超过 1000m 的地区时，由于环境空气密度降低，大气压降低，对电气设备工作性能将有一定的影响，这也是高海拔地区电气设备发生故障的原因之一。

1. 大气压与电气绝缘强度

空气的击穿电压近似与大气电压成正比，在高海拔地区，以空气为主绝缘的电气设备的电气绝缘强度将下降，其下降程度约为海拔每升高 100m，绝缘强度下降 1%。因此，高海拔地区电气设备容易发生击穿故障。

2. 大气压与开关的灭弧能力和开断能力

高空中大气压降低，空气密度下降，电弧散热慢，电弧不易熄灭。因此，高海拔地区的开关设备的分断能力必然下降。为了不致产生故障，通常情况下应降低开关的分断电流。一般海拔高度每升高 100m，开关的分断电流应降低 1%。

3. 大气压与设备温升

大气压降低，空气密度小，空气的热传导能力和对流换热能力降低，电气设备的温升相应增加。

8.4 故障排查方法

电气故障现象是多种多样的，同一类故障可能有不同的故障现象，不同类故障也可能是同一种故障现象，这种故障现象的同一性和多样性，给查找故障带来了一定的难度。但是，故障现象是查找电气故障的基本依据，是查找电气故障的起点，因而要对故障现象仔细观察分析，找出故障现象中最主要的、最典型的方面，理清故障发生的时间、地点、环境等。

设备发生故障后，检修人员要向操作人员或运行人员现场了解设备发生故障的详细情况，并查看设备运行、检修记录，主要工作内容包括：有无进行过操作、有无调整过运行方式、有无更改过接线或更换过零部件，以及当时的环境温度及气候情况等；故障发生之前有无什么征兆，有无频繁起动、过载，电压是否过高或过低等情况；了解设备发生故障全过程的现象，如当时的信号、灯光、声响、电压、电流、功率的变化情况，继电保护和自动装置的动作情况以及当时的天气情况等。通过了解设备运行情况及运行人员对具体情况的介绍，再结合相应手段对故障进行分析排查，达到排除故障的目的，电气设备故障分析排查主要有以下方法。

8.4.1 通过感观分析排查

1. 眼观

（1）看现场。仔细观察设备的现状，如：设备的外形、颜色有无异常、熔断器是否熔断、电气回路有无烧伤、烧焦；有无开路、短路、机械部分有无损坏；更改过的接线有无错误；更换过的零部件是否与装置实际技术要求相符合等。

当电路存在接触不良故障时，在电源电压作用下，常产生火花并伴随着一定的声响。因为火花和声音一般比较弱，在环境光线较为明亮、噪声稍大的场所，常不易察觉，此时，应在比较黑暗和安静的情况下，观察电路有无火花产生，聆听是否有放电时的“嘶嘶”声或“劈啪”声。如果有火花产生，则可以肯定，产生火花的地方存在接触不良或放电击穿的故障。但如果没有火花产生，则不一定就接触良好。

对于电动机的绝缘故障，可在黑暗处或夜晚时间，用500V或1000V兆欧表摇测电动机故障相对地绝缘，同时仔细观察故障点发生电火花的具体部位。

（2）看图样和有关技术资料。必须认真查阅故障装置的原理图和与故障设备有关的电气原理图，必要时还要查阅安装接线图。首先要弄清设备的电气原理，依据安装接线图，找出元器件的具体位置；一定要在理论依据指导下排除故障。熟悉有关电气原理图和接线图后，根据故障现象依据图样仔细分析故障可能产生的原因和部位，然后逐一检查，做到有的放矢。

2. 耳听

仔细听电气设备运行中的声响：电气设备在运行中会有一定的噪声，但其噪声一般较均匀且有一定的规律，噪声的强度也较低。当运行的设备发生故障后，其噪声通常也会发生变化，用耳细听往往可以区别和正常设备运行噪声的差异。利用听觉判断电气设备故障是一件比较抽象的工作，主要凭借经验和细心倾听。可用耳朵紧贴设备外壳，必要时可用螺丝刀或金属听音棒倾听。如变压器，正常运行时的声音为较低的嗡嗡声，当变压器过负荷时会发出低沉的嗡嗡声；当变压器内部发生故障时，根据故障的类型不同会发出与故障相对应的声音，变压器的铁芯夹件松动会发出内部震动的声音，线圈短路会发出吱吱的电弧声音。

对于电动机绝缘故障，可将兆欧表（500V或1000V）与被测电动机分开一定的距离，兆欧表引线加长的长度以电动机处听不到兆欧表工作时发出的声音为佳。一人操作兆欧表，摇测故障相对地绝缘，另一人在电动机旁静听放电声音，根据发声部位寻找接地点。

3. 鼻嗅

利用人的嗅觉器官，根据电气设备发生故障时的气味判断故障。如电气设备过热、短路、击穿故障，则有可能闻到烧焦味、焦油味、火烟味和塑料、橡胶、油漆、润滑油等受热挥发的臭味。对于注油设备，内部短路、过热或进水受潮其油样的气味也会发生变化，如出现酸味、臭味等。作为一个职业电工，要养成用灵敏的嗅觉和利用嗅觉的习惯。在进入配电间隔、电气设备周围、作业现场都应该有本能的嗅觉。及时的发现故障，将故障消除在萌芽状态，以减少损失。

4. 手触摸

如果设备过载，则整体温度就会上升；如局部短路或机械摩擦，则出现局部过热；如电动机机械卡阻或动平衡不好，其震动幅度就会加大等等。对于设备震动，手感的灵敏度往往要比听觉还高。对于能触摸、且触及到的零部件及连接头以及接线桩头上的导线是否紧固，用手适当扳动也能发现问题。当然，手模的实际操作应注意设备是否带电，并且要遵守有关安全规程和掌握设备的特点，还要掌握触摸的方法和技巧，该摸的地方摸，不该摸的地方切不要乱摸，用力也要适当，以免危及人身安全和损坏设备。一般用手摸的时候要用手指的背部而不要用手心，万一设备外壳带电时，由于人的本能，手背比手心容易自然摆脱带电的设备。

8.4.2 通过简单动作排查

1. 弹压活动部件法

弹压活动部件法主要用于活动部件，如接触器的衔铁、行程开关的滑轮臂、按钮、开关等。通过反复弹压活动部件，使活动部件动作灵活，同时也使一些接触不良的触头通过摩擦达到接触导通的目的。例如，对于长期没有使用的控制系统，在启用前，应采用弹压活动部件法全部动作一次，以消除动作卡滞与触头氧化现象，对于因环境条件污物较多或潮气较大而造成的故障，也应使用这一方法。一般情况下，弹压活动部件法可用于故障范围的确定，而不常用于故障的排除，需要排除故障还需要进一步采取措施。

2. 电路敲击法

电路敲击法基本与弹压活动部件法相同，二者的区别主要是前者是在断电的过程中进行的，而后者主要是带电检查。电路敲击法可用一只小的橡皮锤，轻轻的敲击工作中的元件。如果电路故障突然排除，或者故障突然出现，都说明被敲击元件附近或该元件本身存在接触不良现象。对于正常电气设备，一般能经住一定幅度的冲击，即使工作没有异常现象，如果在一定程度的敲击下，发生了异常现象，也说明该电路存在故障隐患，应及时查找并排除。

8.4.3 通过仪器仪表测量分析排查

用仪器、仪表对电气设备的有关电路参数进行测量，这是排除电气设备故障最主要的方法，也是最直接的方法。根据仪表、仪器测量某些电气设备参数的值，与正常的数值进行对比，如测量电压、测量电流、测量电阻、测量相位、测量波形等来确定故障原因和具体部位，以达到排除故障的目的。

1. 测量电压法

用万用表交流、直流挡或交直流电压表测量电源电压或设备上的电压。若发现所测处的电压与实际值或正常值不符，则可能是故障可疑处。电路在工作时，不同点之间的电压也不同，如果在电压不同的两点之间接入一个电阻固定的支路时，支路中就会有电流通过，通过并接在支路中的电压表的读数，可读出此时的电压值。测量时，由于电压表并联于电路中，因此其内阻的大小是电压表的一个重要参数。内阻越大对电路的影响就越小，测量误差也就越小。一般先测电源电压，然后测支路电压，如果两点之间的电压不为0，则可以肯定两点之间接触不良或有一定的阻值。如：接触器线圈两端电压为电源电压而接触器不动作，则线圈回路肯定不通。测量电压法又分为电压降法和对地电位法。

（1）电压降法。采用电压降法时，应在回路带电的情况下测量。用万用表的电压挡或电压表（选用万用表或电压表时，应注意表的内阻应大于2000Ω/V）。具体测量方法是将用万用表的表笔一端固定在回路的负电源（或正电源）端上，另一端分别从回路的正电源（或负电源）一侧往回路的负电源（或正电源）端测量电压。应用电压降法检查故障的原理如图8.1、图8.2所示。

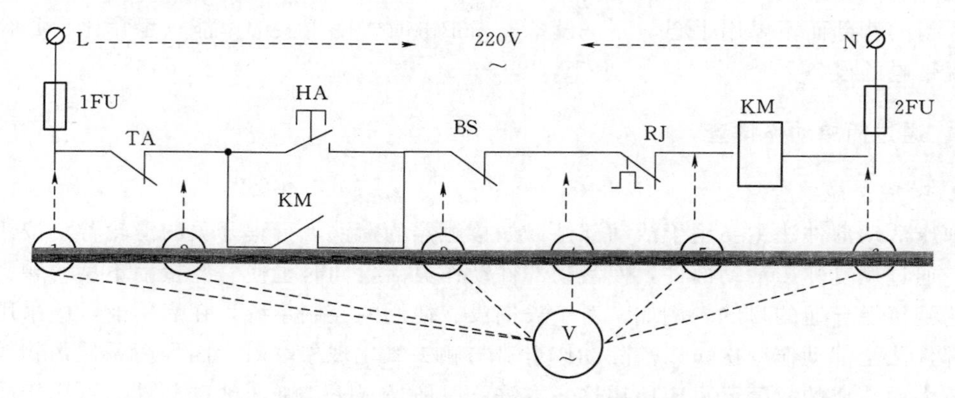

图8.1　断路器保护回路电压降法检查故障示意图

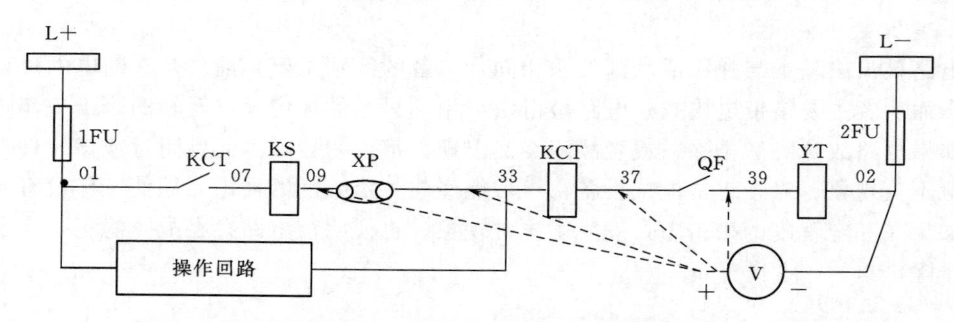

图8.2　交流电动机启动、停止控制回路电压降法检查故障示意图

当发现该回路或设备上电压表指示值过小或无指示时（与设备或回路在正常时的电压不相符），则表明该回路或设备有开路故障，或者该回路或该设备存在低阻短路故障。总之，故障可能在此回路或此元件，应对其进行重点检查。

（2）对地电位法。电路在不同的状态下，电路中各点具有不同的电位分布，因此。可以通过测量并分析电路中某点的电位情况，来确定电路故障的类型和部位。

采用对地电位法时，应在回路带电情况下测量。在测量各点电位时，可将电压表的一端接地（或控制、保护屏的金属外壳），电压表的另一端测量回路中的各点；如果被测点为正极性，则应将电压表的"＋"端触及该点，而电压表的"－"端接地。如图8.3所示：在01或02处若测得的电压值为110V（即回路额定电压的1/2），则证明正、负电源是正常的；然后分别测量07、09、33、37、对地电压。当发现某点上电压表指示值过小或无指示时（与设备或回路在正常时的电压不相符），则表明故障可能在此回路或此元件，应重点检查。

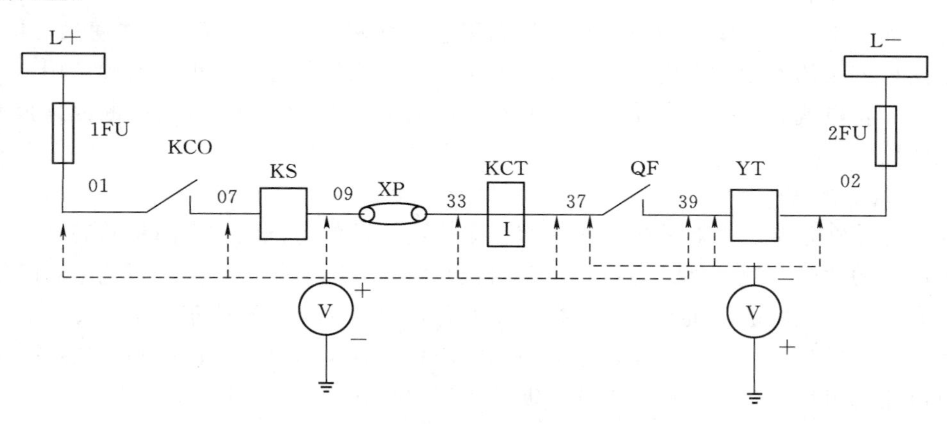

图 8.3 对地电位法检查故障示意图

对地电位法要注意该回路中电压降的极性分界，回路中电压降的极性分界是以该回路中最大的降压元件为分界的。如图 8.3 中该回路中最大的降压元件为 YT，YT 左侧 39、37、09、07、01 均为正极性，右侧 02 为负极性。或者说，该回路中最大的降压元件为电阻值最大的电气元件。

在图 8.3 中电压表读数之所以会指示回路额定电压的 1/2 值，是因为一般在直流系统中，安装有绝缘监察装置，其原理如图 8.4 所示。

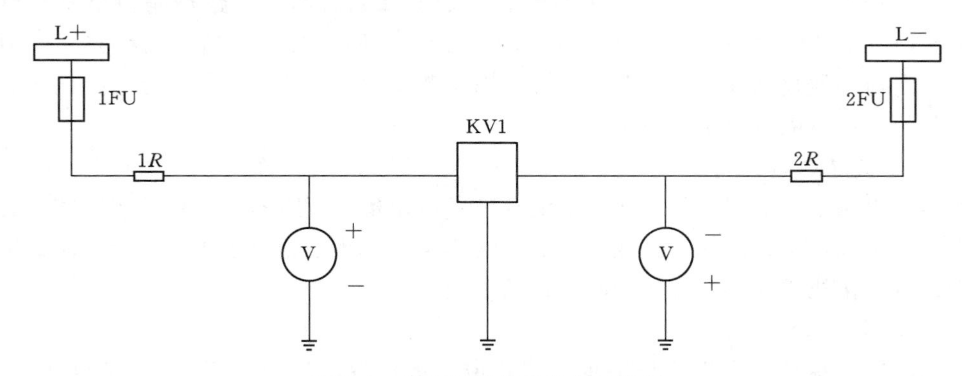

图 8.4 直流系统绝缘监察示意图

图 8.4 中直流绝缘监察继电器 KV1 线圈的公共端接地。因为，绝缘监察继电器 KV1 线圈的电阻远远小于电压表的内阻，所以在测量 01 或 02 处时电压值为 110V（即回路额定电压的 1/2），只是在测量负对地电压时，地电位为正；测量正对地电压时，地电位为负。在利用对地电位法时，应注意区别。

2. 测量电流法

用钳形电流表或万用表交流电流挡测量主电路及有关控制回路的工作电流。若所测的电流值与工作电流不符，则该相或该回路是故障的可疑处。电路正常工作时的电流大小，反映了电路的工作状态。在电路中串接电流表，即可读出电路的电流。电流表采用的是灵敏度较高、量程较小的电流表。为了扩大电流表的量程，可在电流表上并联一个阻值很小的电阻，将电流表量程扩大。

由于测量电流需要断开线路，将电流表串接到线路中，因此带来一些使用上的不便，影响了这种方法的使用。但电流法有其他方法所不能比拟的优点，就是能确定用电设备的工作状态。将电流表串接到电路中，然后在不同的地方进行短接，即可判断故障范围，注意不能短路。

3. 测量电阻法

任何电路在正常状态和故障状态下都会呈现出不同的阻抗状态，阻抗状态从一个方面反映了电路的故障情况，如低阻抗（负载阻抗）状态、高阻抗（断路）状态、0阻抗（短路）状态。如果电路的阻抗与负载阻抗发生变化，以至于电路不能正常工作，那就是电路中的元件参数发生了变化。因此，电路不同的阻抗反映了电路不同的故障，所以我们首先应测量电路的阻抗来分析、确定电路是断路、短路或元件参数故障。

电阻测量的原理是：在被测线路两端加一电源后，被测线路流过的电流与其电阻成反比，这样在测量回路中串接一电流表，就可以直接在电流表的刻度盘上标出电阻的大小。利用电阻表进行测量，主要判断线路是否通断：例如测量熔断器管座两端，如果阻值小于0.5Ω，就认为正常；如果阻值为数欧，则认为接触不良，需要进行处理；如果阻值超过10kΩ，则认为断线不通。

（1）电路电阻法：断开电源后，用万用表欧姆挡测量有关部位的电阻值。若测电阻值与设备原有的电阻值相差很大，则该部位极有可能就是故障点。

（2）绝缘电阻法：断开电源，用兆欧表测量电气元器件或线路对地和相间的绝缘电阻。低压电气的绝缘电阻一般不低于0.5MΩ。绝缘电阻值过小是造成相线与地、相线与相线、相线与中线之间漏电和短路的主要原因，若发现某回路或设备绝缘电阻值与正常值相比，其值过小时则可能是故障可疑点。

4. 测量相位法

用相位表测量交流回路的电压、电流相位，与设备或回路的理论相位相比较。实践证明，带有极性或功率方向的回路或设备的接线错误，用测量相位法快速简捷，能直接有效地发现设备的接线错误，而且能判断错误的类型。

5. 测量波形法

用示波器观察晶闸管的触发脉冲、UPS或变频电源的输出波形，能直接观察到波形是否畸变、导通角的导通角度、三相全波整流的输出是否缺相，同时还能观测电压值。用示波器观察波形很直观，能给检修人员在同一时间里提供波形和参数的变化情况。

6. 非接触测温法

温度异常时，元件性能常发生改变，同时，元件温度异常也反映了元件本身的工作情况，如过负荷、内部短路等，因此可以用测温法判断电路的工作情况。

8.4.4 通过低压验电器检查电路分析排查

低压验电器（测电笔）除能检验物体是否带电外，还能区别交流电和直流电以及直流电的正负极等，而且也能检查、测量判断电气设备和电气回路的故障。

（1）区别交流电和直流电。在用低压验电器测量设备或电气回路是否带电，当设备或电气回路带交流电，氖管里的两个电极同时发亮；当设备或电气回路带直流电，氖管里的两个电极只有一个亮（一端发亮），这是因为交流电的正负极是相互交变的，而直流电的正负极是固定不变的。

（2）区别直流电的正负极。根据直流电单向流动和电子流由负极向正极流动的原理，可以确定用低压验电器测量直流电的正负极。将低压验电器接触被测电源，如果氖管的靠笔尖端（测电端）的一极发光，说明测量的为电源负极，如果发亮的是靠握笔的一端，则说明测的是电源的正极。因为，电子是由负极向正极移动的，氖管的负极发射出电子，所以，氖管的负极发亮。

（3）判断电气设备是漏电还是感应电。用低压验电器触及电气设备的外壳（如电动机、变压器的壳体）时，若氖管亮，则是相线与壳体相接触，有漏电现象；但，有时用低压验电器触及单相电动机或单相用电设备外壳以及测量较长的交流回路线路时，虽然它们的绝缘电阻很高，但低压验电器却显示带电，这些现象都是电磁感应产生的感应电压。判断感应电压时，在低压验电器的氖管上并接一只1500pF的小电容（耐压应大于250V），在测量时，氖管仍然发亮，则说明设备或回路有漏电现象；如果氖管不亮或微亮，则说明设备或回路有感应电压。

（4）判断直流电路中的断路故障点。泵站和变电站的控制、保护回路一般都采用直流电源，在这些回路出现断路故障时，应用低压验电器查找故障十分方便，并且快速、准确。根据在直流电路中正负电压的分界线是以该回路中的最大降压元件为分界，先测量降压元件的两端，如在正极端（或负极端）测得到负电（或正电），说明故障点在正极回路（或负极回路）。再逐一对正极回路（或负极回路）上的元件两端进行测量，如测试到元件两端或回路两端分别是正负电时，说明断路故障点就在该元件上。

（5）判断直流系统接地故障。直流系统为泵站电气设备的控制、保护电源，正常运行时，不允许接地。如果发生一点接地后不及时排除，会引起两点接地，造成设备误跳闸或设备发生故障时保护拒绝跳闸，极易酿成电气设备事故。用低压验电器可以快速、准确的找出直流接地故障点。

首先断开直流系统绝缘监察装置的人为接地点，如果直流接地点在各开关之后与负荷之间（包括负荷本身），则可通过接地点在通电前后电位的变化而引起低压验电器氖管发光变化来确定接地点在哪一个回路。

合上直流电源（蓄电池）总开关，再依次对每一个回路进行开合试验，在该回路断开时，一只手触及保护屏或控制屏的金属部分（大地），将低压验电器触及直流母线的正极（或负极）端，如果氖管亮，可能是直流负极（或正极）接地。如果该回路的电源开关在断开时低压验电器的氖管亮，合上时氖管熄灭，则证明直流接地点发生在该回路。这样就可以把接地范围从几十个回路缩小到一个回路，再用甩负载（拆线头）的方法找出具体接地故障点。

8.4.5 通过对电路及其设备的分析排查

任何电气设备都处在一定的状态下工作，对状态可以简单的划分为：工作状态和不工作状态，或运行状态和停止状态。查找电气故障应根据设备的不同状态进行分析，这就要求对设备的工作状态作更详细、更具体的划分。状态划分的越细，对查找电气故障越有利。对于一种设备或一种装置，其中的部件和零件可能处于不同的运行状态，查找其中的电气故障必须将各种运行状态区别清楚。

1. 对比法

对比法一般为两个相同的电路或电气元件，通过故障电路和非故障电路的比较，可以精确查找故障位置。

如果电路中有两个或两个以上的相同部分时，可以对两部分的工作情况作一对比。因为两部分同时发生相同故障的可能性较小，因此通过比较，可以方便的测出各种情况下的参数差异，通过合理分析，可以方便地确定故障范围和故障情况。例如，根据相同元件的发热情况、振动情况、电流、电压、电阻及其他数据，可以确定该元件是否过负荷、电磁部分是否损坏、线圈绕组是否有匝间短路、电源部分是否正常等。使用这一方法时应特别注意，两电路部分工作状况必须完全相同时才能互相参照，否则不能比较，至少是不能完全比较。

2. 交换法

当有两台或两台以上的电气控制系统时，可把系统分为几个部分，将各系统的部件进行交换。当换到某一部分时，电路恢复正常工作，而将故障换到其他设备上时，其他设备出现了相同的故障，说明故障就在该部分。当只有一台设备时，而控制电路内部又存在相同元件时，可以利用元件替换法查找故障。

对于值得怀疑的元件，可采用替换的方法进行验证。如果故障依旧，说明故障点怀疑不准，可能该元件没有问题。但如果故障排除，则与该元件相关的电路部分存在故障，应加以确认。

3. 单元分割法

一个复杂的电路总是由若干个回路组成的，泵站电气二次回路按功能分有控制回路、信号回路、保护回路、监测回路、遥控、遥信等，并且每个回路还有许多条支回路，查找电气故障时，可以将这些单元分割开来，然后根据故障现象，将故障范围限制于其中一个单元或几个单元。电路复杂，范围很广，对于不掌握排除电气回路故障方法的人来说，就像大海捞针。因此，首先要从故障现象分析故障与哪个回路有关，确定故障所在的回路。回路确定后，再分析故障可能在哪一条支回路，然后逐项检查该支回路中的有关的电气元件，此时，可以利用元件交换法等进一步缩小故障范围，准确查出故障位置。

4. 短接法

短接法可分为直接短接法和间接短接法。不能越过降压元器件进行直接短接或多支路互为短接，否则会产生短路故障或电路动作紊乱。在用短接法排除电气回路或电气设备故障时，一定要将主回路的电源断开，以免引起主设备误启动，造成其他后果。

（1）直接短接法。用一根绝缘良好的导线，或单极开关、试验按钮，把所怀疑的开路触点或某段线路直接短接，如在短接过程中控制电路被接通，则说明被短接的元件或线路段有开路故障。特别要指出的是，用该方法时，最好用带熔断器的刀闸来短接，并且只能短路电路中没有电压降的元件，否则会发生短路事故。短接法查找故障的原理如图 8.5 所示。

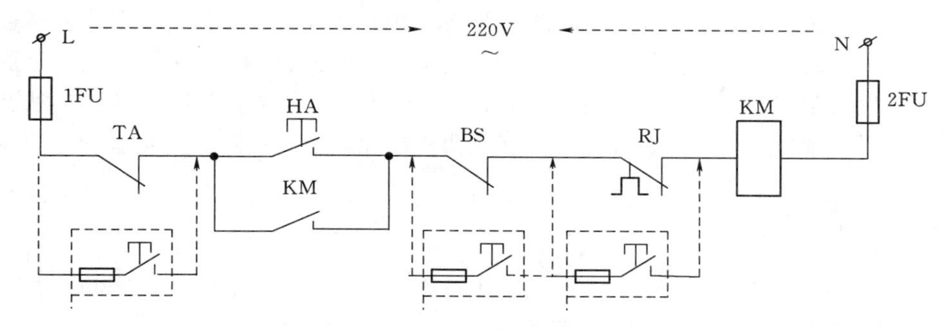

图 8.5　短接法查找交流电动机启动、停止控制回路故障示意图

（2）间接短接法。

1）使用万用表的欧姆挡，不能使用兆欧表。因为兆欧表显示电阻的单位是 mΩ 级，只适宜测量大电阻和电气设备的绝缘电阻，不宜测量是否通路的小电阻。采用该方法测量时必须断开回路或设备电源，否则将损坏检测表计。具体测量部位如图 8.6、图8.7 所示。

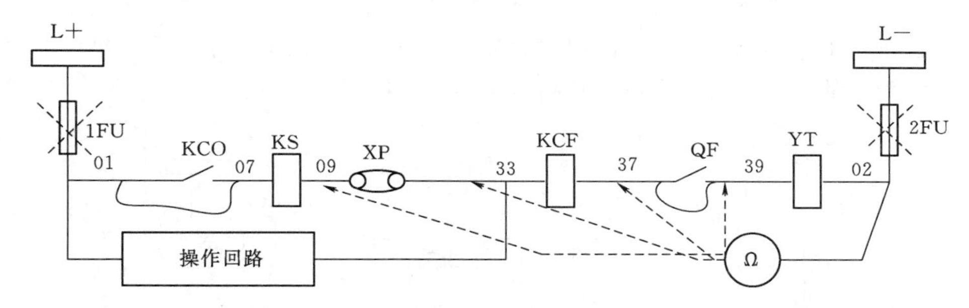

图 8.6　断路器保护回路导通法检查故障示意图

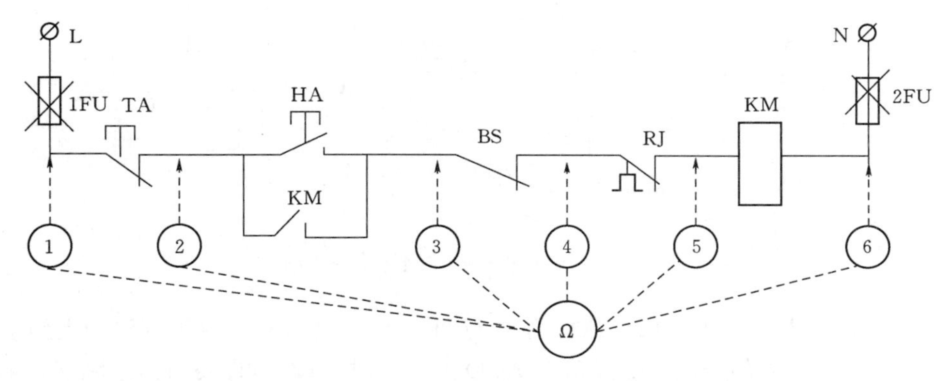

图 8.7　交流电动机启动、停止控制回路导通法检查故障示意图

用万用表的欧姆挡分段测量线路或元件的正常阻值，当发现某电气元件不通或阻值与正常值相差较大时，则此元件可能就是故障元件，应仔细检查，如损坏需及时更换。使用导通法时，必须注意被测元件有无旁路，否则会造成误判断，如有旁路，必须将旁路拆开。

2）灯泡法。利用一只小功率灯泡，灯泡的电压等级要与故障电路的电压等级相符

(一般为220V、功率不大于15W)，做成检测灯，用此检测灯两端引线分别跨接怀疑的常开按钮、接点、触点等；可将检测灯的一端固定在N端的熔断器下方，另一端分别从N端向L端分段检测按钮、接点、触点等，如图8.8所示。当检测按钮、接点、触点的一端检测灯不亮，而检测到另一端灯亮时，则证明可能此按钮、接点、触点有开路故障。

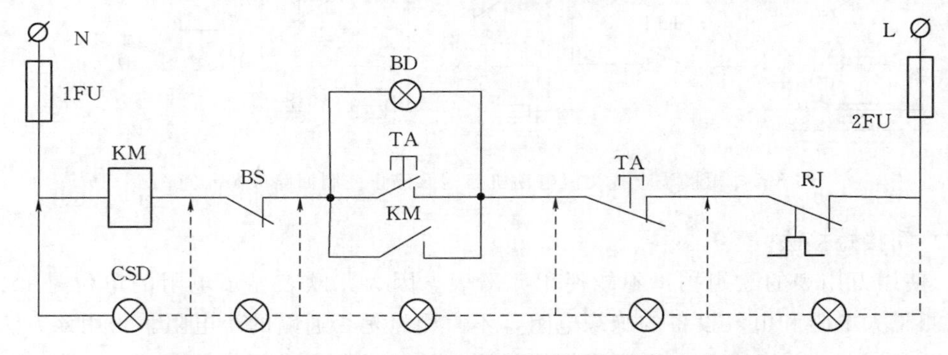

图8.8 用灯泡法检测交流电动机控制回路故障示意图

严禁利用灯泡法检测保护和控制回路故障，因为灯泡的阻值较小，当利用灯泡法检测保护和控制回路故障时，可能会造成断路器误动作。如图8.9所示。

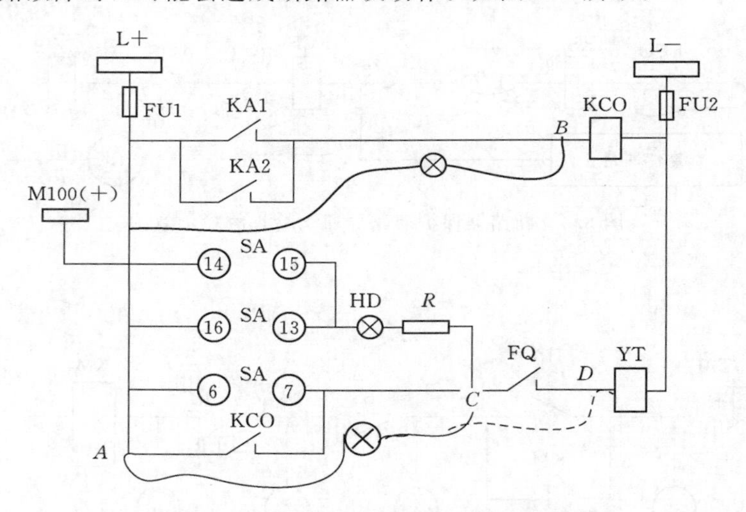

图8.9 用灯泡法检测控制回路示意图

在图8.9的电路中，当利用灯泡检测A点与B点的电压时，由于灯泡的电阻值大大低于KCO的阻值，大部分电压会降落在KCO上；这时，KCO将会动作于跳闸；如果检测A点与C点或A点与D点的电压时，可能会造成跳闸线圈YT动作，这是不允许的。

8.5 故障排除注意事项

在排除电气设备故障时，除遵守电业工作安全规程以外，还应该注意以下几点：

(1) 至少有两人参加，一人负责监护，一人负责检查操作；工作人员必须明确工作目的和工作方法，熟悉二次回路，按照符合实际接线的图样进行工作。

（2）必须停用保护时，停用的时间要尽可能短。并经调度部门同意。雷雨或恶劣天气不得退出保护。

（3）如果要进行保护整组试验时，应事先查明是否与运行断路器有联动关系，如一组保护跳多台断路器时，应先切除跳其他设备的压板后才允许进行试验。

（4）测量二次回路的电压时，必须使用高内阻的电压表。如果使用万用表测量电压，则万用表电压挡的内阻不得小于2000Ω。禁止使用灯泡、低阻线圈等代替电压表测量二次回路电压。以免在测量过程中引起回路参数改变，造成装置误跳或误合，酿成事故。

（5）如果在运行中的电源回路上测量电流，须事先核实电流表及其引线是否良好，严防在测量过程中切换电流挡位，以防电流回路开路造成人身或设备事故。测量电流的工作应在电流端子上进行。不允许用缠绕的方法引线，工作时应站在绝缘垫上，穿戴好必要的防护用品。

（6）工作使用的工具应大小适中，绝缘符合要求，并使金属外露部分尽可能少，以防发生短路。

（7）工作中拆动的紧固件、二次线、压板等，应先核对图样并做好记录或在设备上标上明显的标记（如在拆动的二次线或螺栓等套上显眼的塑料管或夹子等）。工作完后应按顺序及时恢复，并进行详细的全面检查。

（8）更换元器件一定要和原元件型号、规格、性能相符。特别要提醒的是在更换微机保护插件板时，不但要注意插件的型号、规格、性能相符，还要检查新插件与原插件内存的数据和软压板的I/O是否相符。否则，也会造成保护装置误动作。

（9）在泵站、变电站的二次回路上工作结束后，应将处理的内容、更改的接线、调整后的保护数据等进行详细记录，以便有据可查。

第9章 变压器常见故障分析及处理

泵站用变压器有主变压器和站用变压器两种，主变压器容量大，一旦发生故障，所需修复时间长，影响大。主变压器通常选用油浸式变压器，站用变压器一般选用干式变压器。近年来，随着先进材料的使用和制造技术的提高，变压器可靠性有了明显的提高，但由于使用方法、运行维护及外界因素的影响，仍然会发生意想不到的故障。油浸变压器故障按范围常被分为内部故障和外部故障两种。

内部故障主要有绕组故障、铁芯故障、电压分接开关、引线以及内部金具造成的故障等，主要表现为过热性故障、放电性故障及绝缘受潮等多种类型。放电故障主要类型有：各相绕组之间发生的相间短路、绕组的线匝之间发生的匝间短路、绕组或引出线通过外壳发生的接地故障等。

外部故障为变压器油箱、冷却装置、电压分接开关的传动装置、继电器、温度计、外部绝缘套管及其引出线上发生的各种故障，其主要类型有：绝缘套管闪络或破碎而发生的接地（通过外壳）短路，引出线之间发生相间故障等而引起变压器内部故障或绕组变形等。

另外，如从回路划分主要有电路故障、磁路故障和油路故障；若从变压器的主体结构划分，可分为绕组故障、铁芯故障、油质故障和附件故障；从故障易发区位划分，如绝缘故障、铁芯故障、分接开关故障等。

变压器本身影响最严重、目前发生概率最高的是变压器出口短路故障，同时还存在变压器渗漏故障、油流带电故障、保护误动故障等。

所有这些不同类型的故障，有的反映的是过热故障，有的反映的是放电故障，有的既反映过热故障同时又存在放电故障，而变压器渗漏故障在一般情况下可能不存在热或电故障的特征，因此，很难以某一范畴规范划分变压器故障的类型。

而干式电力变压器避免了由于运行中发生故障而导致变压器油发生火灾和爆炸的危险，不会像油浸式变压器那样存在渗漏油的问题，更无变压器油老化的问题，通常干式变压器运行维护和检修工作量大为减少，甚至可以免维护，同时干式变压器由于无油，其附件很少，也无密封的问题，出现故障的情况要少得多。

9.1 故障成因

（1）雷击。雷击会造成过电压，导致绝缘部分击穿。目前，除非明确属于雷击事故，一般的冲击故障均被列为“线路涌流”。

（2）线路涌流。线路涌流（或称线路干扰）在导致变压器故障的所有因素中被列为首位。这一类中包括合闸过电压、电压峰值、线路故障、闪络以及其他输配电方面的异常现象。

(3) 工艺、制造不良。在变压器故障分析排查结果中，仅有很小比例的故障归咎于工艺或制造方面的缺陷。例如出线端松动或无支撑、垫块松动、焊接不良、铁芯绝缘不良、材料质量缺陷、抗短路强度不足以及油箱中留有异物等。

(4) 绝缘老化。油浸式变压器的绝缘油与空气相接触时，就会因吸湿、氧化等作用，温度的上升将引起绝缘油热分解和氧化，进而产生异常气体并溶解或滞留于绝缘油中，使变压器线圈的绝缘性能变差；另外，过负荷运行、三相不平衡造成其他相电压升高也会造成绝缘老化。据统计，在变压器造成故障的起因中，绝缘老化占很高比例。由于绝缘老化的因素，变压器的平均寿命常常会低于预期寿命。

(5) 过载。这一类包括了确定是由过负荷导致的故障，仅指那些长期处于超过铭牌功率工作状态下的变压器。过负荷经常会发生在发电厂或用电部门持续缓慢提升负荷的情况下，最终造成变压器超负荷运行，过高的温度导致了绝缘的过早老化，变压器的绝缘工作温度超过允许值后，每超过 8℃其使用寿命就减少一半。当变压器的绝缘纸板老化后，强度降低，外部故障的冲击力就可能导致绝缘破损，进而发生故障。

(6) 受潮。受潮这一类别包括由雨水、管道渗漏、顶盖渗漏、水分沿套管或配件侵入油箱以及绝缘油中存在水分等。

(7) 维护不良。据统计，保养不够被列为第四位导致变压器故障的因素。这一类包括与外界导体连接松动发热、对附件及继电器等检查维护不当、未装控制器或装的不正确、冷却剂泄漏、污垢淤积以及腐蚀等。

(8) 破坏或操作不当。破坏通常确定为明显的故意破坏行为，该情况一般较少；操作不当会造成操作过电压，导致绝缘损坏。

(9) 长期自然老化、自然灾害或其他外界因素的影响。

9.2 常见故障分析

9.2.1 几种常见故障的直接分析

几乎所有的故障一开始都是经直观检查发现的，它是发现故障的最开始和必经的步骤。对于运行中的变压器，通过日常的巡检对发生下列异常现象，可直观地诊断出一些比较明显的故障性质。

(1) 温度过高或声音异常。其原因可能是过负荷运行、环境温度超过 40℃、冷却系统故障、漏油引起油量不足等。有关变压器声音异常故障，后面有专门介绍。

(2) 振动、响声异常及有放电声。其原因可能是电压过高或频率波动、紧固件松动、铁芯紧固不良、分接开关动作机构异常、偏磁现象等，外部接地不良或未接地的金属部分出现静放电，瓷件、套管表面黏附污秽引起局部火花、电晕等。

(3) 气味异常或干燥剂变色。其原因可能是套管接线端子不良或接触面氧化使触头过热产生异味和变色，漏磁通、涡流使油箱局部过热，风扇、油泵过热烧毁产生的异味，过负荷造成温升过高，外部电晕、闪络产生的臭氧味，干燥剂装置密封老化或受损导致受潮变色等。

（4）渗漏油导致油位计指示大大低于正常位置。变压器外表闪闪发光或附着黑色液体的现象可能是出现了渗漏油，其原因可能是阀门、密封圈部位的管路焊接不好或密封不良漏油，油位计损坏漏油，以及内部故障引起温度升高油体积膨胀导致渗漏油甚至喷油等。

（5）瓦斯继电器的气室内有气体或瓦斯动作。其原因可能是内部局部放电，铁芯不正常，导电部分过热。

（6）防爆装置的防爆膜破裂、外伤及有放电痕迹。其原因可能如瓦斯、差动等继电器动作，一般为内部故障。

（7）瓷件、瓷套管表面出现龟裂、外伤和放电痕迹。其原因可能是过电压或机械力引起。

1）首先检查外部清洁情况，高、低压套管是否有裂纹和放电现象。

2）检查所有密封情况是否完好或漏油。

3）检查变压器油位是否超过上限或低于下限，油是否变质。

4）检查油温是否过高。

5）检查变压器运行声音是否正常，是否有杂质和异常现象。

（8）用摇表测高低压对地电阻，根据高低压电压等级选用摇表的测量挡，每伏工作电压不小于1000Ω。10kV变压器高压侧对地电阻在20℃时，$R_{20} \geqslant 10\text{m}\Omega$，如其电阻$R_{20} < 10\text{m}\Omega$且$R_{20} \geqslant 0$，说明绝缘电阻降低。降低的原因，多数是油变质或含水量过高，除需对油进行过滤外，还要对线圈进行干燥。如不是油的因素引起的，而是由绝缘老化产生的，则需要进行大修。

（9）如果测量绝缘电阻都达到规定要求，还要用万用表量测高、低压每相线电阻之差和三相线电阻平均值之比不能超过2%。

（10）如测量高压线圈电阻极大，这说明是高压线圈断线或高压分接开关故障所致。如低压绕组电阻误差与三相线电阻平均值之比大于2%，除了某相线圈局部短路影响外，还须对套管引线是否断路或接触不良等原因进行检查。

（11）如果油温过高，首先要分析一下引起油温过高的原因：是否过负荷、三相负荷是否平衡或是否单相运行。如果是由这两个原因引起的，要进一步分析是由单相运行或是由长期过负荷运行致使变压器绝缘老化，使机械强度降低；同时，因温度升高使绕组电阻增加所致，使铜损也随之增加，铜损增加也继续加大温升。这样，经过一段时间就会使绝缘老化直至击穿。同时由于高温使变压器油变质，降低绝缘等级致使变压器全部损坏。如果通过直观分析，还不能准确的判断故障原因，就要借助仪表进行内部检查。

上述检查和分析可以确定变压器故障的部位和故障原因，同时也是确定一台变压器能否继续进行使用的比较简单有效的方法。

9.2.2　几种常见故障的综合分析

1. 综合分析的几种情况

（1）正常停电状态下进行的交接、检修验收或预防性试验中一项或几项指标超过标准。

（2）运行中出现异常而被迫停电进行检修和试验。

（3）运行中出现其他异常（如出口短路）或发生事故造成停电，但尚未解体（吊芯或吊罩）。

对变压器故障的综合判断，还必须结合变压器的运行情况、历史数据、故障特征，通过采取针对性的色谱分析及电气检测手段等各种有效的方法和途径，科学而有序地对故障进行综合分析判断。

2. 油色谱分析判断有异常

（1）检测变压器绕组的直流电阻。

（2）检测变压器铁芯的绝缘电阻和铁芯接地电流。

（3）检测变压器的空载损耗和空载电流。

（4）检查变压器油泵及相关附件运行中的状态。用红外测温仪器在运行中检测变压器油箱表面温度分布及套管端部接头温度。

（5）进行变压器绝缘特性试验，如绝缘电阻、吸收比、极化指数、介质损耗等。

（6）绝缘油的击穿电压、油介质损耗、油中含水量等检测。

（7）变压器运行或停电后的局部放电检测。

（8）交流耐压试验检测。

3. 气体继电器动作报警后

应进行油色谱分析和气体继电器中的气体分析，必要时可按如图9.1所示的综合判断程序进行。

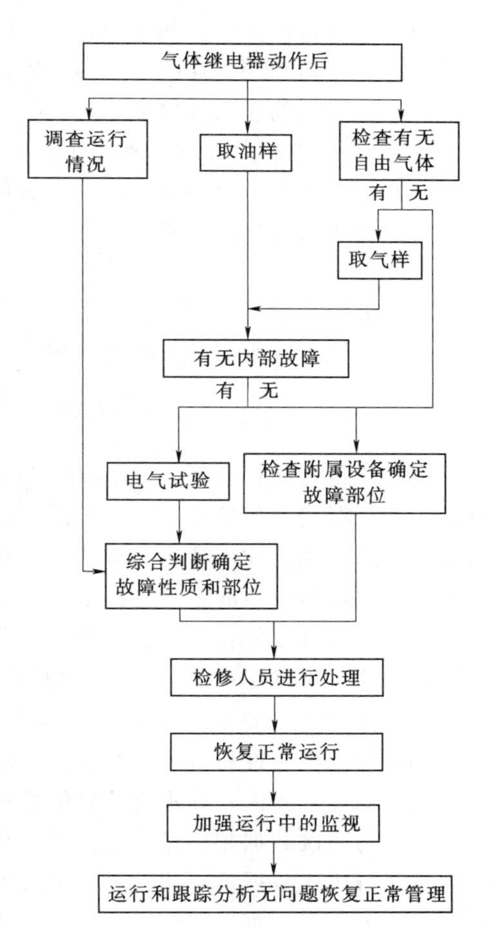

图9.1 气体继电器动作后处理流程

4. 变压器振动及噪声异常时的检测

（1）振动检测。

（2）噪声检测。

（3）油色谱分析。

（4）变压器阻抗电压测量。

5. 对中小型变压器检测判断常采用的方法

（1）检测直流电阻。用电桥测量每相高、低压绕组的直流电阻，观察其相间阻值是否平衡，是否与制造厂出厂数据相符；若不能测相电阻，可测线电阻，从绕组的直流电阻值即可判断绕组是否完整，有无短路和断路情况，以及分接开关的接触电阻是否正常。若切换分接开关后直流电阻变化较大，说明问题出在分接开关触点上，而不在绕组本身。上述测试还能检查套管导杆与引线、引线与绕组之间连接是否良好。

（2）检测绝缘电阻。用兆欧表测量各绕组间、绕组对地之间的绝缘电阻值和吸收比，根据测得的数值，可以判断各侧绕组的绝缘有无受潮，彼此之间以及对地有无击穿与闪络的可能。

（3）检测介质损耗因数 $\tan\delta$。测量绕组间和绕组对地的介质损耗因数 $\tan\delta$，根据测试结果，判断各侧绕组绝缘是否受潮、是否有整体劣化等。

（4）取绝缘油样作简化试验。用闪点仪测量绝缘油的闪点是否降低，绝缘油有无炭粒、纸屑，并注意油样有无焦臭味，同时可测油中的气体含量，用上述方法判断故障的种类、性质。

（5）空载试验。对变压器进行空载试验，测量三相空载电流和空载损耗值，磁路有无短路，以及绕组短路故障等现象。

9.2.3　需进行试验分析的几种情况

1. 变压器出口短路后需进行的试验

（1）油色谱分析。

（2）变压器绕组直流电阻检测。

（3）短路阻抗试验。

（4）绕组的频率响应试验。

（5）空载电流和空载损耗试验。

2. 判断变压器绝缘是否受潮需进行的试验

（1）绝缘特性试验：如绝缘电阻、吸收比、极化指数、介质损耗、泄漏电流等。

（2）变压器油的击穿电压、油介质损耗、含水量、含气量（500kV级时）试验。

（3）绝缘纸的含水量检测。

3. 绝缘是否老化需进行的试验

（1）油色谱分析。特别是油中一氧化碳和二氧化碳的含量及其变化。

（2）变压器油酸值检测。

（3）变压器油中糠醛含量检测。

（4）油中含水量检测。

（5）绝缘纸或纸板的聚合度检测。

9.2.4　故障分析需注意的几个方面

（1）与设备结构联系。熟悉和掌握变压器的内部结构和状态是变压器故障诊断的关键，如变压器内部的绝缘配合、引线走向、绝缘状况、油质情况等。又如变压器的冷却方式是风冷还是强迫油循环冷却方式等，再如变压器运行的历史、检修记录等等，这些内容都是诊断故障时重要的参考依据。

（2）与外部条件相结合。诊断变压器故障的同时，一定要了解变压器外部条件是否构成影响，如是否发生过出口短路，电网中的谐波或过电压情况是否构成影响，负荷率如何，负荷变动幅度如何，等等。

（3）与规程标准相对照。与规程规定的标准进行对照，假如发生超标情况必须查明原因，找出超标的原因，并进行认真的处理和解决。

（4）与历次数据相比较。仅以是否超标准为依据进行故障判断，往往不够准确，需要考虑与本身历次数据进行比较才能了解潜伏性故障的起因和发展情况。例如，试验结果尽管数值偏大，但一直比较稳定，应该认为仍属正常；但试验结果虽未超标而与上次相比却增加很多，就需要认真分析，查明原因。

（5）与同类设备相比较（横向比较）。同容量或相同运行状态的变压器，如果有一台变压器发现异常并进行处理，而同一地点的其他变压器异常也可以结合该台变压器进行分析，有利于准确判断故障。

（6）与自身不同部位相比较（纵向比较）。对变压器本身的不同部位进行检查比较。如变压器油箱箱体温度分布是否变化均匀，局部温度是否有突变。又如用红外成像仪检查变压器套管或油枕温度，以确定是否存在缺油故障等。再如测绕组绝缘电阻时，分析高对中、低、地，中对高、低、地与低对高、中、地是否存在明显差异，测绕组电阻、测套管 C 及 $\tan\delta$ 时，三相间有无异常不同，这些也有利于对故障部位的准确判断。

9.3　通过声音变化判断排除变压器故障

户外配电变压器在正常运行或出现故障时会发出不同的声响，当变压器受电后，电流通过铁芯产生交变磁通，就会发出“嗡嗡”的均匀电磁声，音响的强弱正比于负荷电流的大小。常见的异常声响所代表的现象、成因及处理方法见表 9.1。

表 9.1　　变压器故障现象、成因及处理

序号	声音	现象及成因	处理方法	备注
1	“吱吱”声	（1）当分接开关调压之后，响声加重，以双臂电桥测试其直流电阻值，均超过出厂原始数据的 2%，属接触不良，系触头有污垢而引起。 （2）终端杆引至跌落式熔断器的引下线采用裸铝或裸铜绞线，但张力不够，再加上瓷瓶扎线松弛所致。在黄昏和黎明时可见小火花发出“吱吱”声，这与变压器内部发出的“吱吱”声有明显区别	（1）旋开分接开关的风雨罩，卸下锁紧螺丝，用扳手把分接开关的轴左右往复旋转 10～15 次，即可消除这种现象，修后立即装配还原。 （2）利用节假日安排停电检修，将故障排除	
2	“噼啪”的清脆击铁声	这是高压瓷套管引线，通过空气对变压器外壳的放电声，是变压器油箱上部缺油所致	用清洁干燥的漏斗从注油器孔插入油枕里，加入经试验合格的同号变压器油（不能混油使用），补油量加至油面线温度＋20℃为宜，然后上好注油器。否则，油受热膨胀会产生溢油现象。如条件允许，应采用真空注油法以排除线圈中的气泡。对未用干燥剂的变压器，应检查注油器内的排气孔是否畅通无阻，以确保安全运行	
3	沉闷的“噼啪”声	这是高压引线通过变压器油而对外壳放电，属对地距离不够（＜30mm）或绝缘油中含有水分	另从三相三线开关中接出 3 根 380V 的引线，分别接在配电变压器高压绕组 A、B、C 端子上，从而产生零载电流，该电流不仅流过高压线圈产生了铜损，同时也产生了磁通，磁通通过线圈芯柱、铁芯上下轭铁、螺栓、油箱还产生了铁损，铜损和铁损产生的热能使变压器油、线圈、铁质部件的水分受到均匀加热而蒸发出来，均通过油枕注油器孔排出箱外	

续表

序号	声音	现象及成因	处理方法	备注
4	“吱啦吱啦”的如磁铁吸动小垫片的响声	这往往由于新组装或吊芯检修时的疏忽大意，没将螺钉或铁垫上紧或掉入小号铁质部件，在电磁力作用下所致	待变压器吊芯检修时加以排除	
5	“唧哇唧哇”声	当刮风、时通时断、接触时发生弧光和火花，但声响不均，时强时弱，系经导线传递至变压器内发出之声。可配合电压表的指示值进行判断，若B相缺电，则电压大致为 $u_{1-2}=230\text{V}$，$u_{1-3}=400\text{V}$，$u_{2-3}=230\text{V}$，$u_{1-0}=230\text{V}$，$u_{2-0}=0\text{V}$，$u_{3-0}=230\text{V}$	立即安排停电检修。一般发生在高压架空线路上，如导线与隔离开关的连接、耐张段内的接头、跌落式熔断器的接触点以及丁字形接头出现断线、松动，导致氧化、过热。待故障排除后，才允许投入运行	
6	声响减弱	变压器停运后送电或新安装竣工后投产验收送电，往往发现电压不正常，这是高压瓷套管引线较细，运行发热断线，又由于经过长途运输、搬运不当或跌落式熔断器的熔丝熔断及接触不良。从电压表看出，如一相高、两相低和指示为 0（指照明电压），造成两相供电，当变压器受电后，电流通过铁芯产生的交变磁通大为减弱，故从变压器内发出音响较小的“嗡嗡”均匀电磁声	高压线圈的直流电阻值测试。若变压器设置有分接开关，应测量每一挡的数据，分Ⅰ、Ⅱ、Ⅲ进行 AB、AC、CA 直流电阻值的测量，并注意将运行中的一档放在最后测量，测完之后不再切换。仪表用惠斯登或凯尔文及国产双臂电桥，待自感消逝，指针稳定后进行测试。各个绕组测试值之差，以不超过出厂原始数据的±2%为合格，否则应属接触不良。接触不良会使电阻值增大，是由于触头有污垢所致。此时，旋开风雨罩，卸下锁紧螺丝，用扳手把分接开关的轴左右往复旋转 10～15 次，可消除这种现象，修后立即装配还原。 低压线圈的直流电阻值测量：ab、bc、ca 的不平衡率应为±1%。 跌落式熔断器的接触不良，产生于熔断器上的上触头，原因是压力不够而引起。用拉闸杆迫使上触头往下压紧，且与熔芯接触可靠	
7	微弱的嘶叫声	在变压器的容量较小时（100kVA 以下），受个别电器设备的启动电流冲击，例如，26kW 直流弧焊机的起弧，又如 22kW、250kg 空气锤的驱动等，经导线传递至变压器内而发出的微弱嘶叫声	如保护、监视装置，以及其他电器元件无异常预兆，这应属正常现象	

续表

序号	声音	现象及成因	处理方法	备注
8	特殊噪声	由于负载和周围环境温度的变化，使油枕的油面线发生变化，因此，水蒸气伴随空气一并被吸入油枕内，凝成水珠，促使内部氧化生锈，随着积聚程度加剧，会落到油枕的下部。铁锈通过油枕与油盖的连通管，堆积在部分轭铁上，从而在电磁力的作用下产生振动，发出特殊噪声。这还会导致变压器运行油机械杂质增多，使油质恶化	油枕与集泥器的清洁是同时进行的，应根据变压器的负荷情况，温升状况来决定。使用经验证明，每两年清洁一次效果较好。 清理完毕用清洁干燥漏斗从注油器孔插入油枕里，加入经试验合格的同号变压器油（不能混油使用），补油量加至油面线温度＋20℃为宜，然后上好注油器。否则，油受热膨胀，会产生溢油现象。如条件允许，应采用真空注油法，以排除线圈中的气泡	
9	断续放电声	变压器的铁芯接地，一般采用吊环与油盖焊死或用铁垫脚方法。当脱焊或接触面有油垢时，导致连接处接触不良，而铁芯及其夹件金属均处在线圈的电场中，从而感应出一定电位，在高压测试或投入运行时，其感应电位差超过其间的放电电压时，即会产生断续放电声	吊芯检查。把接地脱焊面清除干净，重新电焊或把油泥消除至清洁为止，保持良好的接触状态。同时应以500V摇表测试，铁芯与变压器外壳要接地良好	
10	“虎啸”声	当低压线路短路时，会导致短路电流突然激增而造成这种“虎啸”声	变压器本体的检查与测试，从外观检查着手，结合电气设备故障检查方法进行排查处理	可用直观检查法、仪表试验查法和更换熔丝法排查
11	“咕嘟咕嘟”的像烧开水的沸腾声	变压器线圈发生层间或匝间短路，短路电流骤增，或铁芯产生强热，导致起火燃烧，致使绝缘物被烧坏	先断开低压负荷开关，使变压器处于空载状态下，然后切断高压电源，断开跌落式熔断器。解除运行系统，安排吊芯大修	

9.4　通过电气试验分析排查变压器故障

由于变压器故障类型多，原因复杂，且故障类型还可互相转换。因此定期或在发现有异常现象时，应进行电气预防性试验来综合分析，以确定故障的部位和性质。

9.4.1　绕组类故障

测量绕组连同套管的直流电阻，以判断绕组的断线、导线断股或脱焊、匝间断路、分接头接触不良等故障。测量所有分接头的电压比，以判断绕组间和绕组内匝间是否有短路故障；测量额定电压下的空载电流和空载损耗，以判断变压器是否存在绕组短路故障；测量变压器额定电流下的阻抗，以判断是否存在出口或内部短路故障。

9.4.2　绝缘类故障

测量绕组的绝缘电阻和吸收比，以判断变压器是否存在绝缘击穿或大范围受潮等故障；测量绕组连同套管的直流泄漏电流，以判断变压器绝缘是否受潮或有局部缺陷故障；测量绕组连同套管一起的介质损耗角正切值 $\tan\delta$，以判断变压器绝缘老化、受潮等整体状况类故障；进行绕组连同套管一起的交流耐压试验，以判断变压器绝缘类故障。

除此之外还有变压器绝缘油简化试验，通过此试验也一样可以检测变压器的内部故障。

变压器故障的检测技术是准确诊断故障的主要手段，根据《电力设备预防性试验规程》(DL/T 596）规定的试验项目及试验顺序，主要包括油中气体的色谱分析、直流电阻检测、绝缘电阻及吸收比、极化指数检测、绝缘介质损失角正切检测、油质检测、局部放电检测及绝缘耐压试验等。

在变压器故障诊断中应综合各种有效的检测手段和方法，对得到的各种检测结果要进行综合分析和评判。因为不可能具有一种包罗万象的检测方法，也不可能存在一种面面俱到的检测仪器，只有通过各种有效的途径和利用各种有效的技术手段，包括离线检测的方法、在线检测的方法；包括电气检测、化学检测、甚至超声波检测、红外成像检测等等，只要是有效的，在可能条件下都应该进行相互补充、验证和综合分析判断，才能取得较好的故障诊断效果。

9.4.3　变压器故障时油中气体色谱检测

目前，在变压器故障诊断中，单靠电气试验方法往往很难发现某些局部故障和发热缺陷，而通过变压器油中气体的色谱分析这种化学检测的方法，对发现变压器内部的某些潜伏性故障及其发展程度的早期诊断非常灵敏而有效，这已为大量故障诊断的实践所证明。

油色谱分析的原理是基于任何一种特定的烃类气体的产生速率随温度而变化，在特定温度下，往往有某一种气体的产气率会出现最大值；随着温度升高，产气率最大的气体依次为 CH_4、C_2H_6、C_2H_4、C_2H_2。这也证明在故障温度与溶解气体含量之间存在着对应的关系。而局部过热、电晕和电弧是导致油浸纸绝缘中产生故障特征气体的主要原因。

变压器在正常运行状态下，由于油和固体绝缘会逐渐老化、变质，并分解出极少量的气体（主要包括 H_2、CH_4、C_2H_6、C_2H_4、C_2H_2、CO、CO_2 等多种气体）。当变压器内部发生过热性故障、放电性故障或内部绝缘受潮时，这些气体的含量会迅速增加。

这些气体大部分溶解在绝缘油中，少部分上升至绝缘油的表面，并进入气体继电器。经验证明，油中气体的各种成分含量的多少和故障的性质及程度直接有关。因此在设备运行过程中，定期测量溶解于油中的气体成分和含量，对于及早发现充油电力设备内部存在的潜伏性故障有非常重要的意义和现实的成效，《电力设备预防性试验规程》(DL/T 596—1996）中已将变压器油的气体色谱分析放到了首要的位置，并通过近些年的普遍推广应用和经验积累取得了显著的成效。

1. 根据色谱分析数据进行变压器内部故障诊断

(1) 分析气体产生的原因及变化。

(2) 判定有无故障及故障类型：如过热、电弧放电、火花放电和局部放电等。

（3）判断故障的状况：如热点温度、故障回路严重程度以及发展趋势等。

（4）提出相应的处理措施：如能否继续运行，以及运行期间的技术安全措施和监视或是否需要吊心检修等。若需加强监视，则应缩短下次试验的周期。

2. 特征气体产生的原因

一般情况下，变压器油中是含有溶解气体的，新油含有气体最大值约为CO100μL/L、$CO_2$35μL/L、$H_2$15μL/L、$CH_4$2.5μL/L。运行油中有少量的CO和烃类气体。但是，当变压器有内部故障时油中溶解气体的含量就大不相同了。变压器内部故障时产生的特征气体及其产生的原因见表9.2。

表9.2　　特征气体及其产生的原因

特征气体	产生的原因	特征气体	产生的原因
H_2	电晕放电、油和固体绝缘热分解、水分	CH_4	油和固体绝缘热分解、放电
CO	固体绝缘受热及热分解	C_2H_6	固体绝缘热分解、放电
CO_2	固体绝缘受热及热分解	C_2H_4	高温热点下油和固体绝缘热分解、放电
烃类气体	油温升至500℃以上，开始产生烃类气体；800℃以上，烃类气体增加明显	C_2H_2	强弧光放电、油和固体绝缘热分解

油中各种气体成分可以从变压器中取油样经脱气后用气相色谱分析仪分析得出。根据这些气体的含量、特征、成分比值（如三比值）和产气速率等方法判断变压器内部故障。

但在实际应用中不能仅根据油中气体含量简单作为划分设备有无故障的唯一标准，而应结合各种可能的因素进行综合判断。因此，《电力设备预防性试验规程》（DL/T 596）专门列出油中溶解气体含量的注意值，这些注意值是根据对国内19个省市6000多台次变压器的实地统计而制定的，见表9.3。

表9.3　　规程中对油中溶解气体含量的注意值及统计依据

设　备	气体组分	注意值/(μL/L)	6000台·次中超过注意值的比例/%
变压器和电抗器	总烃	150	5.6
	乙炔	5	5.7
	氢气	150	3.6

注　（500kV变压器为乙炔注意值1）规程要求，对运行设备的油中H_2与烃类气体含量（体积分数）超过表9.3数值时应引起注意。

3. 三比值法

三比值法是指变压器内溶解气体中乙炔和乙烯、甲烷和氢气、乙烯和乙烷的比值。根据充油电气设备内油、绝缘在故障下裂解产生气体组分含量的相对浓度与温度的相互依赖关系，从5种特征气体中选取两种溶解度和扩散系数相近的气体组成三对比值，以不同的编码表示，根据编码规则（表9.4）和故障类型判断方法作为诊断故障性质的依据。这种方法消除了油的体积效应的影响，使判断充油电气设备故障类型的主要方法，并可以得出对故障状态较可靠的诊断。三比值法故障类型见表9.5。

表 9.4　　　　三比值法编码规则

特征气体的比值	比值范围编码		
	C_2H_2/C_2H_4	CH_4/H_2	C_2H_4/C_2H_6
<0.1	0	1	0
≥0.1～<1	1	0	0
≥1～3	1	2	1
>3	2	2	2

表 9.5　　　　三比值法故障类型

序号	故障性质	比值范围编码			典型例子
		C_2H_2/C_2H_4	CH_4/H_2	C_2H_4/C_2H_6	
1	无故障	0	0	0	正常老化
2	低能量局部放电	0 (但无意义)	1	0	由于不完全浸渍引起含气孔穴中的放电，或过分饱和或高温度引起的孔穴中的放电
3	低于 150℃的热故障	0	0	1	一般性的绝缘导线过热
4	150～300℃低温过热故障	0	2	0	引线夹件螺丝松动
5	300～700℃中温过热故障	0	2	1	由于磁通集中引起的铁芯局部过热
6	高于 700℃高温过热故障	0	0，1，2	2	热点温度增加，从铁芯中的小热点，铁芯短路，由于涡流引起的铜过热，接头或接触不良、焊接不良（形成丝炭）及铁芯和外壳的环流、铁芯多点接地
7	低能放电	2	0，1	0，1，2	引线时电位未固定的部件之间连续火花放电，分接抽头引线和油隙闪络，不同电位之间的油中火花放电或悬浮之间火花放电
	低能放电并过热		2	0，1，2	
8	电弧放电	1	0，1	0，1，2	绕组匝间，层间短路，相间闪络，分接头引线间油隙闪络，引线对箱壳放电，绕组熔断，分接开关飞弧，因环路电流引起电弧，引对接地待放电等
	电弧放电并过热		2	0，1，2	

9.5　变压器故障分析排查应注意的问题

变压器为静止电力设备，油浸式电力变压器大部分安装在室外，经常受到各种气候条件的影响，同时变压器所带负荷经也会经常变化，易造成故障发生。变压器故障分析排查时应结合变压器运行时的声音、气味、油位、油色、油温等，并依据变压器技术文件及往年检修资料进行，对每次故障分析排查及处理结果应在检修资料中有详细记录。

（1）由于变压器内部故障的形式和发展是比较复杂的，往往与多种因素有关，这就特别需要进行全面分析。首先要根据历史情况和设备特点以及环境等因素，确定所分析的气体究竟是来自外部还是内部。所谓外部的原因，包括冷却系统潜油泵故障、油箱带油补焊、油流继电器接点火花，注入油本身未脱净气等。如果排除了外部的可能，在分析内部故障时，也要进行综合分析。例如，绝缘预防性试验结果和检修的历史档案、设备当时的运行情况，包括温升、过负荷、过励磁、过电压等，及设备的结构特点，制造厂同类产品有无故障先例、设计和工艺有无缺陷等。

(2) 根据油中气体分析结果，对设备进行诊断时，还应从安全和经济两方面考虑，对于某些过热故障，一般不应盲目地建议吊罩、吊芯，进行内部检查修理，而应首先考虑这种故障是否可以采取其他措施，如改善冷却条件、限制负荷等来予以缓和或控制其发展，有些过热性故障即使吊罩、吊芯也难以找到故障源。对于这一类设备，应采用临时对策来限制故障的发展，只要油中溶解气体未达到饱和，即使不吊罩、吊芯修理，仍有可能安全运行一段时间，以便观察其发展情况，再考虑进一步的处理方案。这样的处理方法，既能避免热性损坏，又能避免人力、物力的浪费。

(3) 关于油的脱气处理的必要性，要分几种情况区别对待：当油中溶解气体接近饱和时，应进行油脱气处理，避免气体继电器动作或油中析出气泡发生局部放电；当油中含气量较高而不便于监视产气速率时，也可考虑脱气处理后，从起始值进行监测。油的脱气并不是处理故障的手段，少量的可燃性气体在油中并不危及安全运行，因此，在监视故障的过程中，过分频繁的脱气处理是不必要的。

(4) 在分析故障的同时，应广泛采用新的测试技术。例如电气或超声波法的局部放电的测量和定位、红外成像技术检测、油及固体绝缘材料中的微量水分测定，以及油中金属微粒的测定等，以利于寻找故障线索，分析故障原因，并进行准确诊断。

9.6 变压器典型事故处理

9.6.1 变压器自行跳闸后的处理

为了变压器的安全运行及操作，变压器高、中、低压各侧都装有断路器，同时还装设了必要的继电保护装置。当变压器的断路器自动跳闸后，运行人员应立即清楚、准确地向值班调度员报告情况；不应慌乱、匆忙或未经慎重考虑即行处理。待情况清晰后，要迅速详细向调度员汇报事故发生的时间及现象、跳闸断路器的名称、编号、继电保护和自动装置的动作情况及表针摆动、频率、电压、潮流的变化等，并在值班调度员的指挥下沉着、迅速、准确地进行处理。

1. 事故处理流程及要求

(1) 将直接对人员生命有威胁的设备停电。

(2) 将已损坏的设备隔离。

(3) 运行中的设备有受损伤的威胁时，应停用或隔离。

(4) 站用电气设备事故恢复电源。

(5) 电压互感器保险熔断或二次开关掉闸时，将有关保护停用。

(6) 现场规程中明确规定的操作，可无须等待值班调度员命令，变电站当值运行人员可自行处理，但事后必须立即向值班调度员汇报。

2. 改变运行方式使供电恢复正常，并查明变压器自动跳闸的原因

（1）如有备用变压器，应立即将其投入，以恢复向用户供电，然后再查明故障变压器的跳闸原因。

（2）如无备用变压器，则只有尽快根据掉牌指示，查明何种保护动作。在查明变压器跳闸原因的同时，应检查有无明显的异常现象，如有无外部短路、线路故障、过负荷、明显的火光、怪声、喷油等。如确实证明变压器两侧断路器跳闸不是由于内部故障引起，而是由于过负荷、外部短路或保护装置二次回路误动造成，则变压器可不经外部检查重新投入运行。

如果不能确定变压器跳闸是由于上述外部原因造成的，则必须对变压器进行内部检查。主要应进行绝缘电阻、直流电阻的检查。经检查判断变压器无内部故障时，应将瓦斯保护投入到跳闸位置，将变压器重新合闸，整个过程应慎重行事。

如经绝缘电阻、直流电阻检查判断变压器有内部故障，则需对变压器进行吊芯检查。

9.6.2　变压器气体保护动作后的处理

变压器运行中如发生局部发热，在很多情况下，没有表现为电气方面的异常，而首先表现出的是油气分解的异常，即油在局部高温作用下分解为气体，逐渐集聚在变压器顶盖上端及瓦斯继电器内。区别气体产生的速度和产气量的大小，实际上是区别过热故障的大小。

1. 轻瓦斯动作后的原因及处理

（1）轻瓦斯动作发出信号后，首先应停止音响信号，并检查瓦斯继电器内气体的多少，判明原因。

（2）非变压器故障原因。如：空气侵入变压器内（滤油后）；油位降低到气体继电器以下（浮子式气体继电器）或油位急剧降低（挡板式气体继电器）；瓦斯保护二次回路故障（如气体继电器接线盒进水、端子排或二次电缆短路等）。如确定为外部原因引起的动作，则恢复信号后，变压器可继续运行。

（3）主变压器故障原因。如果不能确定是由于外部原因引起瓦斯信号动作，同时又未发现其他异常，则应将瓦斯保护投入跳闸回路，同时加强对变压器的监护，认真观察其发展变化。

2. 重瓦斯保护动作的原因及处理

（1）行中的变压器发生瓦斯保护动作跳闸，或者瓦斯信号和瓦斯跳闸同时动作，则首先考虑该变压器有内部故障的可能，对这种变压器的处理应十分谨慎。

（2）故障变压器内产生的气体是由于变压器内不同部位判明瓦斯继电器内气体的性质、气体集聚的数量及速度程度是由不同的过热形式造成的。因此，对判断变压器故障的性质及严重程度是至关重要的。

（3）集聚的气体是无色无臭且不可燃的，则瓦斯动作的原因是因油中分离出来的空气引起的，此时可判定为属于非变压器故障原因，变压器可继续运行。

（4）气体是可燃的，则有极大可能是变压器内部故障所致，对这类变压器，在未经检

查并试验合格前，不允许投入运行。

变压器瓦斯保护动作是一种内部事故的前兆，或本身就是一次内部事故。因此，对这类变压器的强送、试送、监督运行都应特别小心，事故原因未查明前不得强送。

9.6.3 变压器差动保护动作后的处理

差动保护是为了保证变压器的安全可靠的运行，即当变压器本身发生电气方面的故障（如层间、匝间短路）时尽快地将其退出运行，从而减少事故情况下变压器损坏的程度。规程规定，对容量较大的变压器，如并列运行的 6300kV·A 及以上、单独运行的 10000kV·A 及以上的变压器，要设置差动保护装置。与瓦斯保护相同之处是这两种保护动作都比较灵敏、迅速，都是保护变压器本身的主要保护。与瓦斯保护不同之处在于瓦斯保护主要是反映变压器内部过热引起油气分离的故障，而差动保护则是反映变压器内部（差动保护范围内）电气方面的故障。差动保护动作，则变压器两侧（三绕组变压器则是 3 侧）的断路器同时跳闸。

1. 运行中的变压器差动保护动作后采取的措施

（1）首先拉开变压器各侧闸刀，对变压器本体进行认真检查，如油温、油色、防爆玻璃、瓷套管等，确定是否有明显异常。

（2）对变压器差动保护区范围的所有一次设备进行检查，即变压器高压侧及低压侧断路器之间的所有设备、引线、铝母线等，以便发现在差动保护区内有无异常。

（3）对变压器差动保护回路进行检查，看有无短路击穿以及有人误碰等情况。

（4）对变压器进行外部测量，以判断变压器内部有无故障，测量项目主要是遥测绝缘电阻。

2. 差动保护动作后的处理

（1）经过上述步骤检查后，如确实判断差动保护是由于外部原因，如保护误碰、穿越性故障引起误动作等，则该变压器可在重瓦斯保护投跳闸位置情况下试投。

（2）如不能判断为外部原因时，则应对变压器进行更进一步的测量分析，如测量直流电阻、进行油的简化分析或油的色谱分析等，以确定故障性质及差动保护动作的原因。

（3）如果发现有内部故障的特征，则须进行吊芯检查。

（4）当重瓦斯保护与差动保护同时动作开关跳闸，应立即向上级主管部门汇报，不得强送。

（5）对差动保护回路进行检查，防止误动引起跳闸的可能。

除上述变压器两种保护外还有定时限过电流保护、零序保护等。

当主变压器由于定时限过电流保护动作跳闸时，首先应解除音响，然后详细检查有无越级跳闸的可能，即检查各出线开关保护装置的动作情况，各信号继电器有无掉牌，各操作机构有无卡死等现象。如查明是因某一出线故障引起的越级跳闸，则应拉开出线开关，将变压器投入运行，并恢复向其余各线路送电；如果查不出是否越级跳闸，则应将所有出线开关全部拉开，并检查主变压器其他侧母线及本体有无异常情况，若查不出明显的故障，则变压器可以空载试投送一次，运行正常后再逐路恢复送电。当在送某一路出线开关时，又出现越级跳主变压器开关，则应将其停用，恢复主变压器和其余出线的供电。若检查中发现某侧母线有明显故障征象，而主变压器本体无明显故障，则可切除故障母线后再试合闸送电，若检查时发现主变压器本体有明显的故障征兆时，不允许合闸送电，应汇报上级听候处理。当零序保护动作时，一般是系统发生单相接地故障而引起的，事故发生后，立即汇报调度听候处理。

9.6.4　变压器着火事故处理

变压器着火，应首先断开电源，停用冷却器，迅速使用灭火装置。若油溢在变压器顶盖上面着火，则应打开下部油门放油至适当油位；若是变压器内部故障而引起着火，则不能放油，以防变压器发生严重爆炸的可能。一旦变压器故障导致着火事故，后果将十分严重，因此要高度警惕，作好各种情况下的事故预想，提高应付紧急状态和突发事故下解决问题的应变技能，将事故的影响降低到最小的范围。

1. 变压器油着火的条件和特性

绝缘油是石油分馏时的产物，主要成分是烷族和环烷族碳氢化合物。用于电气设备的绝缘油的闪点不得低于135℃，所以正常使用时不存在自燃及火烧的危险性。因此，如果电气故障发生在油浸部位，因电弧在油中不接触空气，不会立即成为火焰，电弧能量完全为油所吸收，一部分热量使油温升高，一部分热量使油分子分解，产生乙炔、乙烯等可燃性气体，此气体亦吸收电弧能量而体积膨胀，因受外壳所限制，使压力升高。但是当电弧点燃时间长，压力超过了外壳所能承受的极限强度就可能产生爆炸。这些高温气体冲到空气中，一遇氧气即成明火而发生燃烧。

2. 防范要求

(1) 变压器着火事故大部分是由本体电气故障引起，作好变压器的清扫维修和定期试验是十分重要的措施。如发现缺陷应及时处理，使绝缘经常处于良好状态，不致产生可将绝缘油点燃起火的电弧。

(2) 变压器各侧开关应定期校验，动作应灵活可靠；变压器配置的各类保护应定期检查，保持完好。这样，即使变压器发生故障，也能正确动作，切断电源，缩短电弧燃烧时间。主变压器的重瓦斯保护和差动保护，在变压器内部发生放电故障时，能迅速使开关跳闸，因而能将电弧燃烧时间限制得最短，使在油温还不太高时，就将电弧熄灭。

(3) 定期对变压器油作气相色谱分析，发现乙炔或氢烃含量超过标准时应分析原因，甚至进行吊芯检查找出问题所在。在重瓦斯动作跳闸后不能盲目强送，以免事故扩大发生爆炸和大火。

(4) 变压器周围应有可靠的灭火装置。

3. 变压器防火保护的几种灭火系统

(1) 水喷雾灭火系统。利用水喷雾灭火是将着火的变压器从外部喷水降温而实现熄灭火焰。水喷雾灭火系统的构成主要有储水池、水泵、阀门水管道、喷水头及火焰探测器和控制器等。这种灭火方法在实际应用中存在如下几个问题：

1) 喷头易发生堵塞，长期不用时突然使用，水管铁锈冲至喷头可能会发生堵塞，影响灭火功能。

2) 管道必须沿变压器排列，检修变压器时，必须先拆管道，因此很不方便。

3）必须在变压器附近设置储水池，且水要定期更换，否则时间太长水要变质发臭，造成污染。

4）除上述外还需要大功率水泵，因此，成本高，维护工作量大。

（2）卤代烷灭火系统。卤代烷灭火的原理是返催化，即将原进行的化学反应中止而熄灭火焰。采用卤代烷方式灭火，只有在变压器油外溢着火时才有效，且这种灭火介质喷出后，会破坏大气中的臭氧层，因此从环保的角度出发，这种灭火方式终将可能被淘汰。

（3）氮气搅拌灭火系统。氮气搅拌灭火系统结构简单、动作可靠、方便易行、不污染环境、灭火效果显著，且造价低，维护方便。DDM 油浸变压器充氮灭火器装置是目前比较先进可靠的一种变压器灭火设备。DDM 油浸电力变压器充氮灭火装置主要用于变电站容量在 10000kV·A 以上的大容量电力变压器的灭火消防。

4. 系统灭火工作原理

当变压器发生火灾时，由火灾探测器和瓦斯继电器动作信号启动灭火装置，该装置同时接收到启动投运的两组信号后，首先快速将排油阀立即打开，将油箱中油降低于顶盖下方 25cm 左右，缓解变压器本体内压力防止爆炸，同时控流阀关闭，将油枕与本体隔离，防止“火上浇油”。

经排油阀打开数秒后，氮气从变压器底部充入本体，使变压器油上下充分搅拌，迫使油温降至燃点以下，实现迅速灭火，充氮时间可持续 10min 以上，以使变压器充分冷却，阻止重燃。系统结构及灭火工作流程如图 9.2 所示。

9.6.5 变压器短路故障及措施

变压器短路故障主要指变压器出口短路、内部引线或绕组间对地短路及相与相之间发生的短路而导致的故障。电力变压器在发生出口短路时的电动力和机械力的作用下，绕组的尺寸或形状发生不可逆的变化，产生绕组变形。绕组变形包括轴向和径向尺寸的变化，器身位移、绕组扭曲、鼓包和匝间短路等，是电力系统安全运行的一大隐患。变压器绕组变形后，有的会立即发生损坏事故，更多的则是仍能继续运行一段时间，运行时间的长短取决于变形的严重程度和部位。

变压器正常运行中由于受出口短路故障的影响，遭受损坏的情况较为严重。据统计，一些地区 110kV 及以上电压等级的变压器遭受短路故障电流冲击直接导致损坏的事故，约占全部事故的 50%以上，这类故障的案例很多，特别是变压器低压出口短路时形成的故障一般要更换绕组，严重时可能要更换全部绕组。

1. 出口短路对变压器的影响

（1）短路电流引起绝缘过热故障。变压器突发短路时，其高、低压绕组可能同时通过为额定值数倍甚至 10 多倍的短路电流，它将产生很大的热量，使变压器严重发热。当变压器承受短路电流的能力不够，热稳定性差，会使变压器绝缘材料严重受损，而形成变压器击穿及损毁事故。

（2）短路电动力引起绕组变形故障。变压器受短路冲击时，如果短路电流小，继电保护正确动作，绕组变形将是轻微的，如果短路电流大，继电保护延时动作甚至拒动，变形

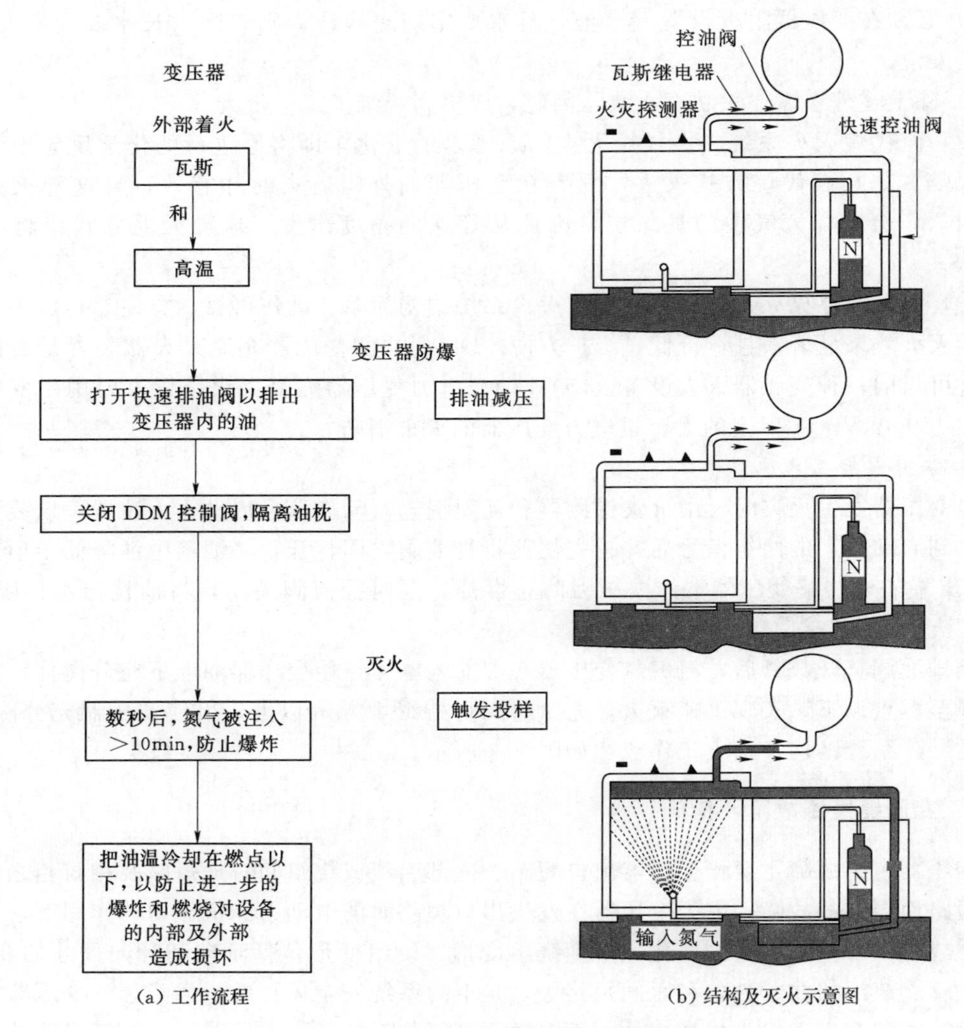

(a) 工作流程　　(b) 结构及灭火示意图

图 9.2　变压器充氮灭火装置结构及工作流程

将会很严重，甚至造成绕组损坏。对于轻微的变形，如果不及时检修，恢复垫块位置，紧固绕组的压钉及铁轭的拉板、拉杆，加强引线的夹紧力，在多次短路冲击后，由于累积效应也会使变压器损坏。因此诊断绕组变形程度、制定合理的变压器检修周期是提高变压器抗短路能力的一项重要措施。

绕组受力状态如图 9.3、图 9.4 所示。由于绕组中漏磁的存在，载流导线在漏磁作用下受到电动力的作用，特别是在绕组突然短路时，电动力最大。漏磁通常可分解为纵轴分量和横轴分量，纵轴磁场使绕组产生辐向力，而横轴磁场使绕组受轴向力。轴向力使整个绕组受到张力 P_1，在导线中产生拉伸应力。而内绕组受到压缩力 P_2，导线受到挤压应力。

轴向力的产生分为两部分，一部分是由于绕组端部漏磁弯曲部分的辐向分量与载流导体作用而产生，它使内、外绕组都受压力，由于绕组端部磁场 B' 最大因而压力也最大，但中部几乎为 0，绕组的另一端力的方向改变。轴向力的另一部分是由于内外安匝不平衡所产生的辐向漏磁与载流导体作用而产生，该力使内绕组受压，外绕组受拉，安匝不平衡越大，该轴向力也越大。

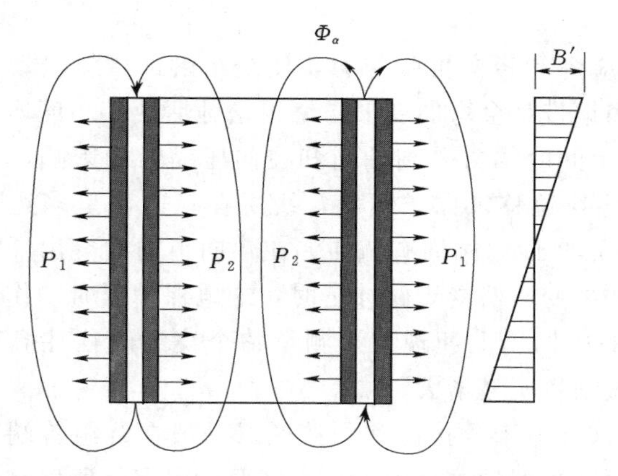

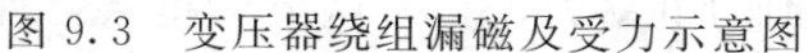
图 9.3　变压器绕组漏磁及受力示意图

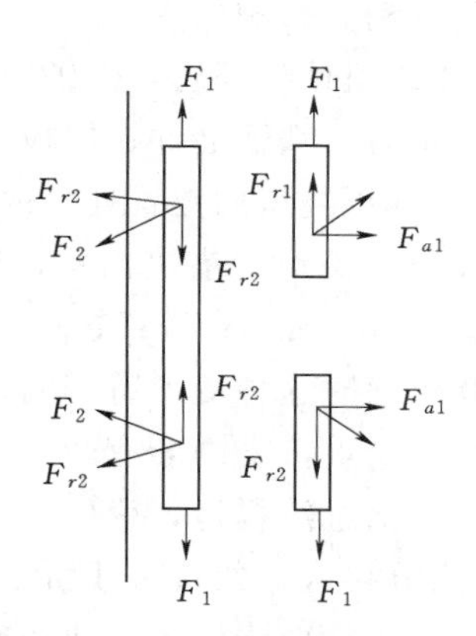

图 9.4　变压器绕组受力分析图

因此，变压器绕组在出口短路时，将承受很大的轴向和辐向电动力。轴向电动力使绕组向中间压缩，这种由电动力产生的机械应力，可能影响绕组匝间绝缘，对绕组的匝间绝缘造成损伤；而辐向电动力使绕组向外扩张，可能失去稳定性，造成相间绝缘损坏。电动力过大，严重时可能造成绕组扭曲变形或导线断裂。

对于由变压器出口短路电动力造成的影响，判断主变压器绕组是否变形，过去只采取吊罩检查的方法，目前可以采用绕组变形测试仪进行分析判断，取得了一些现场经验，如有些地区选用 TDT－1 型变压器绕组变形测试仪进行现场测试检查，通过对主变压器的高、中、低压三相的 9 个绕组分别施加 1～10kHz 高频脉冲，由计算机记录脉冲波形曲线并储存。通过彩色喷墨打印，将波形绘制出图，显示正常波形与故障后波形变化的对比和分析，试验人员根据该仪器特有的频率和波形，能准确判断主变压器绕组变形情况。

对于变压器的热稳定及动稳定，在给定的条件下，仍以设计计算值为检验的依据，但计算值与实际值究竟有无误差，尚缺少研究与分析，一般情况下是以设计值大于变压器实际承受能力为准。目前逐步开展的变压器突发短路试验，将为检验设计、工艺水平提供重要的依据。变压器低压侧发生短路时，所承受的短路电流最大，而低压绕组的结构一般采用圆筒式或螺旋式多股导线并绕，为了提高绕组的动稳定能力，绕组内多采用绝缘纸筒支撑，但有些厂家仅考虑变压器的散热能力，对于其动稳定，则只要计算值能够满足要求，便将支撑取消，于是当变压器遭受出口短路时，由于动稳定能力不足，而使绕组变形甚至损坏。

2. 绕组变形的特点

通过检查发生故障或事故的变压器事故分析，发现电力变压器绕组变形是诱发多种故障和事故的直接原因。一旦变压器绕组已严重变形而未被诊断出来仍继续运行，则极有可能导致事故的发生，轻者造成停电，重者将可能烧毁变压器。致使绕组变形的原因，主要是绕组结构机械强度不足、绕制工艺粗糙、承受正常容许的短路电流冲击能力和外部机械冲击能力差。因此变压器绕组变形主要是受到内部电动力和外部机械力的影响，而电动力的影响最为突出，如变压器出口短路形成的短路冲击电流及产生的电动力将使绕组扭曲、变形甚至崩溃。

（1）受电动力影响的变形。

1）高压绕组处于外层，受轴向拉伸应力和径向扩张应力，使绕组端部压钉松动、垫块飞出，严重时，铁轭夹件、拉板、紧固钢带都会弯曲变形，绕组松弛后使其高度增加。

2）中、低压绕组的位置处于内柱或中间时，常受到轴向和径向压缩力的影响，使绕组端部紧固压钉松动，垫块位移；匝间垫块位移，撑条倾斜，线饼在径向上呈多边形扭曲。若变形较轻，如35kV线饼外圆无变形，而内圆周有扭曲，在辐向上向内突出，在绕组内衬是软纸筒时这种变形特别明显。如果变压器受短路冲击时，继电保护延时动作超过2s，变形更加严重，线饼会有较大面积的内凹、上翘现象。测量整个绕组时往往高度降低，如果变压器继续投运，变压器箱体振动将明显增大。

3）绕组分接区、纠接区线饼变形。这是由于分接区和纠接区（一般在绕组首端）安匝不平衡，产生横向漏磁场，使短路时线饼受到的电动力比正常区要大得多，所以易产生变形和损坏。特别是分接区线饼，受到有载分接开关造成的分接段短路故障时，绕组会变形成波浪状，而影响绝缘和油道的通畅。

4）绕组引线位移扭曲。这是变压器出口短路故障后常发生的情况，由于受电动力的影响，破坏了绕组引线布置的绝缘距离。如引线离箱壁距离太近，会造成放电，引线间距离太近，因摩擦而使绝缘受损，会形成潜伏性故障，并可能发展成短路事故。

（2）受机械力影响的变形。变压器绕组整体位移变形，这种变形主要是在运输途中，受到运输车辆的急刹车或运输船舶撞击晃动所致。据有关报道，变压器器身受到大于3g（g为重力加速度）加速的冲击，将可能使线圈整体在径向上向一个方向明显位移。

3. 技术改进和降低短路事故的措施

基于上述，为防止绕组变形，提高机械强度，降低短路事故率，可采取如下技术改进和减少短路事故的措施。

（1）技术改进措施。

1）电磁计算方面：在保证性能指标、温升限值的前提下，综合考虑短路时的动态过程。从保证绕组稳定性出发，合理选择撑条数、导线宽厚比及导线许用应力的控制值，在进行安匝平衡排列时根据额定分接和各级限分接情况整体优化，尽量减小不平衡安匝。考虑到作用在内绕组上的轴向内力约为外绕组的两倍，因此尽可能使作用在内绕组上的轴向外力方向与轴向力的方向相反。

2）绕组结构方面：绕组是产生电动力又直接承受电动力的结构部件，要保证绕组在短路时的稳定性，就要针对其受力情况，使绕组在各个方向有牢固的支撑。具体做法如在内绕组内侧设置硬绝缘筒，绕组外侧设置外撑条，并保证外撑条可靠压在线段上。对单螺旋低压绕组首末端均端平一匝以减少端部漏磁场畸变。对等效轴向电流大的低压和调压绕组，针对其相应的电动力，采取特殊措施固定绕组出头，并在出头位置和换位处采用适当形状的垫块，以保证绕组稳定性。

3）器身结构方面：器身绝缘是电动力传递的中介，要保证在电动力作用下，各方向均有牢固的支撑和减小相关部件受力时的压强。在设计时，采用整体相套装结构，内绕组硬绝缘筒与铁芯柱间用撑板撑紧，以保证内绕组上承受的压应力均匀传递到铁芯柱上；合理布置压钉位置和选择压钉数量，并设计副压板，以减小压钉作用到绝缘压板上的压强和压板的剪切应力。

4）铁芯结构方面：轴向电动力最终作用在铁芯框架结构上，如果铁芯固定框架出现局部结构失稳和变形，将导致绕组失稳而变形损坏。因此，设计铁芯各部分结构件时，强度要留有充分的裕度，各部件间尽量采用无间隙配合和互锁结构，使变压器器身成为一个坚固的整体。

5）工艺控制：对一些关键工序，如垫块预处理、绕组绕制、绕组压装、相套装、器身装配时预压力控制等方面，进行严格的工艺控制，以保证设计要求。

（2）减少短路事故的措施。

1）优化选型要求：应选用能顺利通过短路试验的变压器并合理确定变压器的容量，合理选择变压器的短路阻抗。

2）优化运行条件：要提高电力线路的绝缘水平，特别是提高变压器出线一定距离的绝缘水平，同时提高线路安全走廊和安全距离要求的标准，降低近区故障影响和危害，包括重视电缆的安装检修质量，对重要变电站的中、低压母线，考虑全封闭，以防小动物侵害；提高对开关质量的要求，防止发生拒分等。

3）优化运行方式：确定运行方式要核算短路电流，并限制短路电流的危害。如采取装备用电源自投装置后开环运行，以减少短路时的电流和简化保护配置；对故障率高的非重要出线，可考虑退出重合闸保护；提高快速切出故障设备的能力，压缩保护时间；220kV 及以上电压等级的变压器尽量不直接带 10kV 的地区电力负荷等。

4）提高运行管理水平：要防止误操作造成的短路冲击，要加强变压器的适时监测和检修，及时发现变压器的变形情况，保证变压器的安全运行。

9.6.6 变压器放电故障及排除措施

根据放电的能量密度的大小，变压器的放电故障常分为局部放电、火花放电和高能量放电 3 种类型。

1. 放电故障对变压器绝缘的影响

放电对绝缘有两种破坏作用：①由于放电质点直接轰击绝缘，使局部绝缘受到破坏并逐步扩大，导致绝缘击穿；②放电产生的热、臭氧、氧化氮等活性气体的化学作用，使局部绝缘受到腐蚀，介质损耗增大，最后导致热击穿。

（1）绝缘材料电老化是放电故障的主要形式。

1）局部放电引起绝缘材料中化学键的分离、裂解和分子结构的破坏。

2）放电点热效应引起绝缘的热裂解或促进氧化裂解，增大了介质的电导和损耗，产生恶性循环，加速老化过程。

3）放电过程生成的臭氧、氮氧化物遇到水分生成硝酸化学反应腐蚀绝缘体，导致绝缘性能劣化。

4）放电过程的高能辐射，使绝缘材料变脆。

5）放电时产生的高压气体引起绝缘体开裂，并形成新的放电点。

（2）固体绝缘的电老化。固体绝缘的电老化的形成和发展是树枝状，在电场集中处产生放电，引发树枝状放电痕迹，并逐步发展导致绝缘击穿。

（3）液体浸渍绝缘的电老化。如局部放电一般先发生在固体或油内的小气泡中，而放电过程又使油分解产生气体并被油部分吸收，如产气速率高，气泡将扩大、增多，使放电增强，同时放电产生的蜡沉积在固体绝缘上使散热困难、放电增强、出现过热，促使固体绝缘损坏。

2. 放电故障的类型与特征

（1）变压器局部放电故障。在电压的作用下，绝缘结构内部的气隙、油膜或导体的边缘发生非贯穿性的放电现象称为局部放电。局部放电刚开始时是一种低能量的放电，变压器内部出现这种放电时，情况比较复杂，根据绝缘介质的不同，可将局部放电分为气泡局部放电和油中局部放电；根据绝缘部位来分，有固体绝缘中空穴、电极尖端、油角间隙、油与绝缘纸板中的油隙和油中沿固体绝缘表面等处的局部放电。

（2）局部放电的原因。

1）当油中存在气泡或固体绝缘材料中存在空穴或空腔，由于气体的介电常数小，在交流电压下所承受的电场强度高，但其耐压强度却低于油和纸绝缘材料，在气隙中容易首先引起放电。

2）外界环境条件的影响：如油处理不彻底下降使油中析出气泡等，都会引起放电。

3）制造质量不良：如某些部位有尖角高而出现放电，带进气泡、杂物和水分，或因外界气温、漆瘤等，它们承受的电场强度较高。

4）金属部件或导电体之间接触不良而引起的放电：局部放电的能量密度虽不大，但若进一步发展将会形成放电的恶性循环，最终导致设备的击穿或损坏，而引起严重的事故。

（3）放电产生气体的特征。放电产生的气体，由于放电能量不同而有所不同。如放电能量密度在10^{-9}C（放电能量密度是指，每个微放电中输运的电荷量q，单位C）以下时，一般总烃不高，主要成分是氢气，其次是甲烷，氢气占氢烃总量的80%～90%；当放电能量密度为10^{-8}～10^{-7}C时，则氢气相应降低，而出现乙炔，但乙炔这时在总烃中所占的比例常不到2%，这是局部放电区别于其他放电现象的主要标志。

随着变压器故障诊断技术的发展，人们越来越认识到，局部放电是变压器诸多有机绝缘材料故障和事故的根源，因而该技术得到了迅速发展，出现了多种测量方法和试验装置，亦有离线测量的。

（4）测量局部放电的方法。

1）电测法。利用示波器、局部放电仪或无线电干扰仪，查找放电的波形或无线电干扰程度。电测法的灵敏度较高，测到的是视在放电量，分辨率可达几皮库。

2）超声测法。利用检测放电中出现的超声波，并将声波变换为电信号，录在磁带上进行分析。超声测法的灵敏度较低，大约几千皮库，它的优点是抗干扰性能好，且可"定位"。有的利用电信号和声信号的传递时间差异，可以估计探测点到放电点的距离。

3）化学测法。检测溶解油内各种气体的含量及增减变化规律，此法在运行监测上十分适用，简称“色谱分析”。化学测法对局部过热或电弧放电很灵敏，但对局部放电灵敏度不高。而且重要的是观察其趋势，例如几天测一次，就可发现油中含气的组成、比例以及数量的变化，从而判定有无局部放电或局部过热。

3. 变压器火花放电故障

（1）悬浮电位引起火花放电。高压电力设备中某金属部件，由于结构上原因，或运输过程和运行中造成接触不良而断开，处于高压与低压电极间并按其阻抗形成分压，而在这一金属部件上产生的对地电位称为悬浮电位。具有悬浮电位的物体附近的电场强度较集中，往往会逐渐烧坏周围固体介质或使之炭化，也会使绝缘油在悬浮电位作用下分解出大量特征气体，从而使绝缘油色谱分析结果超标。悬浮放电可能发生于变压器内处于高电位的金属部件，如调压绕组，当有载分接开关转换极性时的短暂电位悬浮；套管均压球和无载分接开关拨钗等电位悬浮。处于地电位的部件，如硅钢片磁屏蔽和各种紧固用金属螺栓等，与地的连接松动脱落，导致悬浮电位放电。变压器高压套管端部接触不良，也会形成悬浮电位而引起火花放电。

（2）油中杂质引起火花放电。变压器发生火花放电故障的主要原因是油中杂质的影响。杂质由水分、纤维质（主要是受潮的纤维）等构成。水的介电常数 ε 约为变压器油的40倍，在电场中，杂质首先极化，被吸引向电场强度最强的地方，即电极附近，并按电力线方向排列。于是在电极附近形成了杂质“小桥”，如图 9.5 所示。如果极间距离大、杂质少，只能形成断续“小桥”，如图 9.5（a）所示。“小桥”的导电率和介电常数都比变压器油大，从电磁场原理得知，由于“小桥”的存在，会畸变油中的电场。因为纤维的介电常数大，使纤维端部油中的电场加强，于是放电首先从这部分油中开始发生和发展，油在高场强下游离而分解出气体，使气泡增大，游离又增强。而后逐渐发展，使整个油间隙在气体通道中发生火花放电，所以，火花放电可能在较低的电压下发生。

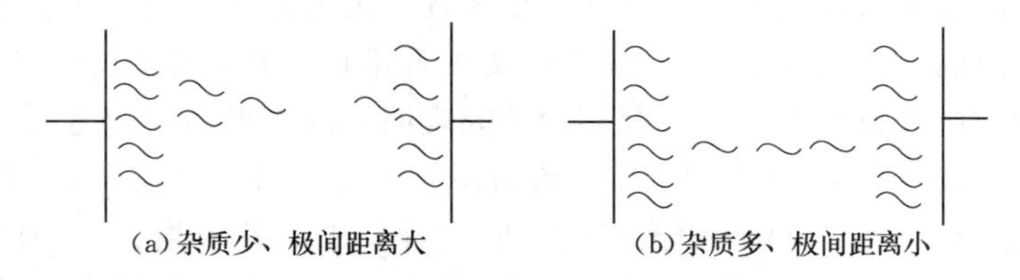

图 9.5 电极间形成导电“小桥”

如果极间距离不大，杂质又足够多，则“小桥”可能连通两个电极，如图 9.5（b）所示，这时，由于“小桥”的电导较大，沿“小桥”流过很大电流（电流大小视电源容量而定），使“小桥”强烈发热，“小桥”中的水分和附近的油沸腾汽化，造成一个气体通道——“气泡桥”——而发生火花放电。如果纤维不受潮，则因“小桥”的电导很小，对于油的火花放电电压的影响也较小，反之，则影响较大。因此杂质引起变压器油发生火花放电，与“小桥”的加热过程相联系。当冲击电压作用或电场极不均匀时，杂质不易形成“小桥”，它的作用只限于畸变电场，其火花放电过程，主要决定于外加电压的大小。

（3）火花放电的影响。一般来说，火花放电不致很快引起绝缘击穿，主要反映在油色谱分析异常、局部放电量增加或轻瓦斯动作，比较容易被发现和处理，但对其发展程度应引起足够的重视。

4. 变压器电弧放电故障

电弧放电是高能量放电，常以绕组匝层间绝缘击穿为多见，其次为引线断裂或对地闪络和分接开关飞弧等故障。

(1) 电弧放电的影响。电弧放电故障由于放电能量密度大，产气急剧，常以电子崩形e冲击电介质，使绝缘纸穿孔、烧焦或炭化，使金属材料变形或熔化烧毁，严重时会造成设备烧损，甚至发生爆炸事故，这种事故一般事先难以预测，也无明显预兆，常以突发的形式暴露出来。

(2) 电弧放电的气体特征。出现电弧放电故障后，气体继电器中的 H_2 和 C_2H_2 等含量常高达几千微升/升（$\mu L/L$），变压器油亦炭化而变黑。油中特征气体的主要成分是 H_2 和 C_2H_2，其次 C_2H_6 和 CH_4。当放电故障涉及固体绝缘时，除了上述气体外，还会产生 CO 和 CO_2。

综上所述，3种放电的形式既有区别又有一定的联系，区别是指放电能级和产气组分，联系是指局部放电是其他两种放电的前兆，而后者又是前者发展后的一种必然结果。由于变压器内出现的故障，常处于逐步发展的状态，同时大多不是单一类型的故障，往往是一种类型伴随着另一种类型，或几种类型同时出现，因此，更需要认真分析，具体对待。

9.6.7　变压器绝缘故障及处理措施

目前应用最广泛的电力变压器是油浸变压器和干式树脂变压器两种，电力变压器的绝缘即是变压器绝缘材料组成的绝缘系统，它是变压器正常工作和运行的基本条件，变压器的使用寿命是由绝缘材料（即油纸或树脂等）的寿命所决定的。实践证明，大多变压器的损坏和故障都是因绝缘系统的损坏而造成。据统计，因各种类型的绝缘故障形成的事故约占全部变压器事故的85%以上。对正常运行及注重维护管理的变压器，其绝缘材料具有很长的使用寿命。国外根据理论计算及实验研究表明，当小型油浸配电变压器的实际温度持续在95℃时，理论寿命将可达400年。设计和现场运行的经验表明，维护得好的变压器，实际寿命能达到50～70年；而按制造厂的设计要求和技术指标，一般把变压器的预期寿命定为20～40年。因此，保护变压器的正常运行和加强对绝缘系统的合理维护，很大程度上可以保证变压器具有相对较长的使用寿命，而预防性和预知性维护是提高变压器使用寿命和提高供电可靠性的关键。

油浸变压器中，主要的绝缘材料是绝缘油和绝缘纸、纸板和木块等固体绝缘材料，就是这些材料受环境因素的影响发生分解，从而降低或丧失了绝缘强度。

1. 固体纸绝缘故障

固体纸绝缘是油浸变压器绝缘的主要部分之一，包括绝缘纸、绝缘板、绝缘垫、绝缘卷、绝缘绑扎带等，其主要成分是纤维素，化学表达式为（$C_6H_{10}O_6$）$_n$，式中 n 为聚合度。一般新纸的聚合度为1300左右，当下降至250左右，其机械强度已下降了一半以上，极度老化致使寿命终止的聚合度为150～200。绝缘纸老化后，其聚合度和抗张强度将逐渐降低，并生成水、CO、CO_2，其次还有糠醛（呋喃甲醛）。这些老化产物大都对电气设备有害，会使绝缘纸的击穿电压和体积电阻率降低、介损增大、抗拉强度下降，甚至腐蚀设备中的金属材料。固体绝缘具有不可逆转的老化特性，其机械和电气强度的老化降低都是不能恢复的。变压器的寿命主要取决于绝缘材料的寿命，因此油浸变压器固体绝缘材料，应既具有良好的电绝缘性能和机械特性，而且长年累月的运行后，其性能下降较慢，即老化特性好。

（1）纸纤维材料的性能。绝缘纸纤维材料是油浸变压器中最主要的绝缘组件材料，纸纤维是植物的基本固体组织成分，组成物质分子的原子中有带正电的原子核和围绕原子核运行的带负电的电子，与金属导体不同的是绝缘材料中几乎没有自由电子，绝缘体中极小的电导电流主要来自离子电导。纤维素由碳、氢和氧组成，这样由于纤维素分子结构中存在 HO^-，便存在形成水的潜在可能，使纸纤维有含水的特性。此外，这些氢氧根可认为是被各种极性分子（如酸和水）包围着的中心，它们以氢键相结合，使得纤维易受破坏；同时纤维中往往含有一定比例（约7%左右）的杂质，这些杂质中包括一定量的水分，因纤维呈胶体性质，使这些水分尚不能完全除去。这样也就影响了纸纤维的性能。

极性的纤维不但易于吸潮（水分使强极性介质），而且当纸纤维吸水时，使氢氧根之间的相互作用力变弱，在纤维结构不稳定的条件下机械强度急剧变坏，因此，纸绝缘部件一般要经过干燥或真空干燥处理和浸油或绝缘漆后才能使用，浸漆的目的是使纤维保持润湿，保证其有较高的绝缘和化学稳定性及具有较高的机械强度。同时，纸被漆密封后，可减少纸对水分的吸收，阻止材料氧化，还可填充空隙，以减少可能影响绝缘性能、造成局部放电和电击穿的气泡。但也有的认为浸漆后再浸油，可能有些漆会慢慢溶入油内，影响油的性能，对油漆的使用应予以注意。

当然，不同成分纤维材料的性质及相同成分纤维材料的不同品质，其影响大小及性能也不同。变压器大多绝缘材料都是用纸质材料（如纸带、纸板、纸压制成型件等）作绝缘的。因此在变压器制造和检修中选择好纤维原料的绝缘纸材料是非常重要的。纤维纸的特殊优点是实用性强、价格低、使用加工方便，在温度不高时成型和处理简单灵活，且重量轻，强度适中，易吸收浸渍材料（如绝缘漆、变压器油等）。

（2）纸绝缘材料的机械强度。油浸变压器选择纸绝缘材料最重要的因素除纸的纤维成分、密度、渗透性和均匀性以外，还包括机械强度的要求，包括耐张强度、冲压强度、撕裂强度和坚韧性。

1）耐张强度：要求纸纤维受到拉伸负荷时，具有能耐受而不被拉断的最大应力。

2）冲压强度：要求纸纤维具有耐受压力而不被折断的能力的量度。

3）撕裂强度：要求纸纤维发生撕裂所需的力符合相应标准。

4）坚韧性：是纸折叠或纸板弯曲时的强度能满足相应要求。

判断固体绝缘性能可以通过取样测量纸或纸板的聚合度，或利用高效液相色谱分析技测量油中糠醛含量，以便于分析变压器内部存在故障时，是否涉及固体绝缘或是否存在引起线圈绝缘局部老化的低温过热，或判断固体绝缘的老化程度。对纸纤维绝缘材料在运行及维护中，应注意控制变压器额定负荷，要求运行环境空气流通、散热条件好，防止变压器温升超标和箱体缺油。还要防止油质污染、劣化等造成纤维的加速老化，而损害变压器的绝缘性能、使用寿命和安全运行。

(3) 纸纤维材料的劣化，主要包括以下 3 个方面。

1) 纤维脆裂。当过度受热使水分从纤维材料中脱离，更会加速纤维材料脆化。由于纸材脆化剥落，在机械振动、电动应力、操作波等冲击力的影响下可能产生绝缘故障而形成电气事故。

2) 纤维材料机械强度下降。纤维材料的机械强度随受热时间的延长而下降，当变压器发热造成绝缘材料水分再次排出时，绝缘电阻的数值可能会变高，但其机械强度将会大大下降，绝缘纸材将不能抵御短路电流或冲击负荷等机械力的影响。

3) 纤维材料本身的收缩。纤维材料在脆化后收缩，使夹紧力降低，可能造成收缩移动，使变压器绕组在电磁振动或冲击电压下移位摩擦而损伤绝缘。

2. 液体油绝缘故障

液体绝缘的油浸变压器是 1887 年由美国科学家汤姆逊发明的，1892 年被美国通用电气公司等推广应用于电力变压器，这里所指的液体绝缘即是变压器油绝缘。

(1) 油浸变压器的特点。

1) 提高了电气绝缘强度，缩短了绝缘距离，减小了设备的体积。

2) 提高了变压器的有效热传递和散热效果，提高了导线中允许的电流密度，减轻了设备重量，它是将运行变压器器身的热量通过变压器油的热循环，传递到变压器外壳和散热器进行散热，从而提高了有效的冷却降温水平。

3) 由于油浸密封而降低了变压器内部某些零部件和组件的氧化程度，延长了使用寿命。

(2) 变压器油的性能。运行中的变压器油除必须具有稳定优良的绝缘性能和导热性能以外，需具有的性质标准见表 9.6。其中绝缘强度、黏度、凝点和酸价等是绝缘油的主要性质指标。

表 9.6　变压器油性质标准

<table>
<tr><th>序号</th><th>项　目</th><th>运行限值</th><th>序号</th><th>项　目</th><th>运行限值</th></tr>
<tr><td>1</td><td>外观</td><td>透明无杂质或悬浮物</td><td>7</td><td>界面张力 (25℃)
/(mN/m)</td><td>≥19</td></tr>
<tr><td>2</td><td>水溶性酸 pH 值</td><td>≥4.2</td><td>8</td><td>tanδ/%(90℃)</td><td>≤4 (300kV 及以下)</td></tr>
<tr><td>3</td><td>酸价/(mgKOH/g 油)</td><td>≤0.1</td><td rowspan="2">9</td><td rowspan="2">体积电阻率
(90℃)/(Ω·m)</td><td rowspan="2">≥1×10¹⁰ (500kV)
≥3×10⁹ (330kV 及以下)</td></tr>
<tr><td>4</td><td>闪点/℃</td><td>≥135</td></tr>
<tr><td>5</td><td>水分/(mg/L)</td><td>66～110kV≤35
220kV≤25</td><td>10</td><td>油中含气体量
(体积分数)/%</td><td><3</td></tr>
<tr><td>6</td><td>标准油杯中
击穿电压/kV</td><td>15kV 以下≥25
15～35kV≥30
60～220kV≥35</td><td>11</td><td>油泥与沉淀物
(质量分数)/%</td><td><0.02</td></tr>
</table>

从石油中提炼制取的绝缘油是各种烃、树脂、酸和其他杂质的混合物，其性质不都是稳定的，在温度、电场及光合作用等影响下会不断地氧化。正常情况下绝缘油的氧化过程进行得很缓慢，如果维护得当甚至使用 20 年还可保持应有的质量而不老化，但混入油中

的金属、杂质、气体等会加速氧化的发展，使油质变坏，颜色变深，透明度浑浊，所含水分、酸价、灰分增加等，使油的性质劣化。

（3）变压器油劣化的原因。变压器油质变坏，按轻重程度可分为污染和劣化两个阶段。

污染是油中混入水分和杂质，这些不是油氧化的产物，污染油的绝缘性能会变坏，击穿电场强度降低，介质损失角增大。

劣化是油氧化后的结果，当然这种氧化并不仅指纯净油中烃类的氧化，而是存在于油中杂质将加速氧化过程，特别是铜、铁、铝金属粉屑等。

氧来源于变压器内的空气，即使在全密封的变压器内部仍有容积为0.25%左右的氧存在，氧的溶解度较高，因此在油中溶解的气体中占有较高的比率。

变压器油氧化时，作为催化剂的水分及加速剂的热量，使变压器油生成油泥，其影响主要表现在：在电场的作用下沉淀物粒子大；杂质沉淀集中在电场最强的区域，对变压器的绝缘形成导电的"桥"；沉淀物并不均匀而是形成分离的细长条，同时可能按电力线方向排列，这样无疑妨碍了散热，加速了绝缘材料老化，并导致绝缘电阻降低和绝缘水平下降。

（4）变压器油劣化的过程。油在劣化过程中主要阶段的生成物有过氧化物、酸类、醇类、酮类和油泥。

早期劣化阶段：油中生成的过氧化物与绝缘纤维材料反应生成氧化纤维素，使绝缘纤维机械强度变差，造成脆化和绝缘收缩。生成的酸类是一种黏液状的脂肪酸，尽管腐蚀性没有矿物酸那么强，但其增长速率及对有机绝缘材料的影响是很大的。

后期劣化阶段：是生成油泥，当酸侵蚀铜、铁、绝缘漆等材料时，反应生成油泥，是一种黏稠而类似沥青的聚合型导电物质，它能适度溶解于油中，在电场的作用下生成速度很快，黏附在绝缘材料或变压器箱壳边缘，沉积在油管及冷却器散热片等处，使变压器工作温度升高，耐电强度下降。

油的氧化过程是由两个主要反应条件构成的：①变压器中酸价过高，油呈酸性；②溶于油中的氧化物转变成不溶于油的化合物，从而逐步使变压器油质劣化。

（5）变压器油质分析、判断利维护处理。

1）绝缘油变质：包括它的物理和化学性能都发生变化，从而使其电性能变坏。通过测试绝缘油的酸值、界面张力、油泥析出、水溶性酸值等项目，可判断是否属于该类缺陷，对绝缘油进行再生处理，可能消除油变质的产物，但处理过程中也可能去掉了天然抗氧剂。

2）绝缘油进水受潮，由于水是强极性物质，在电场的作用下易电离分解，而增加了绝缘油的电导电流，因此，微量的水分可使绝缘油介质损耗显著增加。通过测试绝缘油的微水，判断是否属于该类缺陷。对绝缘油进行压力式真空滤油，一般能消除水分。

3）绝缘油感染微生物细菌：例如在主变压器安装或吊芯时，附在绝缘件表面的昆虫和安装人员残留的汗渍等都有可能携带细菌，从而感染了绝缘油，或者绝缘油本身已感染微生物。主变压器一般运行在40～80℃的环境下，非常有利于这些微生物的生长、繁殖。由于微生物及其排泄物中的矿物质、蛋白质的绝缘性能远远低于绝缘油，从而使得绝缘油介质损升高。这种缺陷采用现场循环处理的方法很难处理好，因为无论如何处理，始终有一部分微生物残留在绝缘固体上。处理后，短期内主变压器绝缘会有所恢复，但由于主变压器运行环境非常有利于微生物的生长、繁殖，这些残留微生物还会逐年生长繁殖，从而使某些主变压器绝缘逐年下降。

4）含有极性物质的醇酸树脂绝缘漆溶解在油中。在电场的作用下，极性物质会发生偶极松弛极化，在交流极化过程中要消耗能量，所以使油的介质损耗上升。虽然绝缘漆在出厂前经过固化处理，但仍可能存在处理不彻底的情况。主变压器运行一段时间后，处理不彻底的绝缘漆逐渐溶解在油中，使之绝缘性能逐渐下降。该类缺陷发生的时间与绝缘漆处理的彻底程度有关，通过一两次吸附处理可取得一定的效果。

5）油中只混有水分和杂质。这种污染情况并不改变油的基本性质。对于水分可用干燥的办法加以排除；对于杂质可用过滤的办法加以清除；油中的空气可通过抽真空的办法加以排除。

6）两种及两种以上不同来源的绝缘油混合使用。油的性质应符合相关规定；油的比重相同、凝固温度相同、黏度相同、闪点相近；且混合后油的安定度也符合要求。对于混油后劣化的油，由于油质已变，产生了酸性物质和油泥，因此需用油再生的化学方法将劣化产物分离出来，才能恢复其性质。

3. 干式树脂变压器的绝缘与特性

干式变压器（这里指环氧树脂绝缘的变压器）主要使用在具有较高防火要求的场所，如高层建筑、机场、油库等。

（1）树脂绝缘的类型。环氧树脂绝缘的变压器根据制造工艺特点可分为环氧石英砂混合料真空浇注型、环氧无碱玻璃纤维补强真空压差浇注型和无碱玻璃纤维绕包浸渍型 3 种。

1）环氧石英砂混合料真空浇注绝缘。这类变压器是以石英砂为环氧树脂的填充料，将经绝缘漆浸渍处理绕包好的线圈，放入线圈浇注模内，在真空条件下再用环氧树脂与石英砂的混合料滴灌浇注。由于浇注工艺难以满足质量要求，如残存的气泡、混合料的局部不均匀及可能导致局部热应力开裂等，这样绝缘的变压器不宜用于湿热环境和负荷变化较大的区域。

2）环氧无碱玻璃纤维补强真空压差浇注绝缘。环氧无碱玻璃纤维补强是用无碱玻璃短纤维玻璃毡为绕组层间绝缘的外层绕包绝缘。其最外层的绝缘绕包厚度一般为 1～3mm 的薄绝缘，经环氧树脂浇注料配比进行混合，并在高真空下除去气泡浇注，由于绕包绝缘的厚度较薄，当浸渍不良时易形成局部放电点，因此要求浇注料的混合要完全，真空除气泡要彻底，并掌握好浇注料的低黏度和浇注速度，以保证浇注过程中对线包浸渍的高质量。

3）无碱玻璃纤维绕包浸渍绝缘。无碱玻璃纤维绕包浸渍的变压器是在绕制变压器线圈的同时，完成线圈层间绝缘处理和线圈浸渍的，它不需要上述两种方式浸渍过程中的绕组成型模具，但要求树脂黏度小，在线圈绕制和浸渍的过程中树脂不应残留微小气泡。

（2）树脂变压器的绝缘特点及维护。树脂变压器的绝缘水平与油浸变压器相差并不显著，关键在于树脂变压器温升和局部放电这两项指标上。

1）树脂变压器的平均温升水平比油浸变压器高，因此，相应要求绝缘材料耐热的等级更高，但由于变压器的平均温升并不反映绕组中最热点部位的温度，当绝缘材料的耐热等级仅按平均温升选择，或选配不当，或树脂变压器长期过负荷运行，就会影响变压器的使用寿命。由于变压器测量的温升往往不能反映变压器最热点部位的温度，因此，有条件时最好能在变压器最大负荷运行下，用红外测温仪检查树脂变压器的最热点部位，并有针对性地调整风扇冷却设备的方向和角度，控制变压器局部温升，保证变压器的安全运行。

2）树脂变压器局部放电量的大小与变压器的电场分布、树脂混合均匀度及是否残存气泡或树脂开裂等因素有关，局部放电量的大小影响树脂变压器的性能、质量及使用寿命。因此，对树脂变压器进行局部放电量的测量、验收，是对其工艺、质量的综合考核，在对树脂变压器交接验收及大修后应进行局部放电的测量试验，并根据局部放电是否变化，来评价其质量和性能的稳定性。

随着干式变压器越来越广泛的应用，在选择变压器的同时，应对其工艺结构、绝缘设计、绝缘配置了解清楚，选择生产工艺及质量保证体系完善、生产管理严格、技术性能可靠的产品，确保变压器的产品质量和耐热寿命，才能提高变压器的安全运行和供电可靠性。

4. 影响变压器绝缘故障的主要因素

影响变压器绝缘性能的主要因素有温度、湿度、油保护方式和过电压、短路电动力等。

（1）温度的影响。电力变压器为油、纸绝缘，在不同温度下油、纸中含水量有着不同的平衡关系曲线。一般情况下，温度升高，纸内水分要向油中析出，反之，则纸要吸收油中水分。因此，当温度较高时，变压器内绝缘油的微水含量较大，反之，微水含量就小。

温度不同时，使纤维素解环、断链并伴随气体产生的程度有所不同。在一定温度下，CO 和 CO_2 的产生速度恒定，即油中 CO 和 CO_2 气体含量随时间呈线性关系。在温度不断升高时，CO 和 CO_2 的产生速率往往呈指数规律增大。因此，油中 CO 和 CO_2 的含量与绝缘纸热老化有着直接的关系，并可将含量变化作为密封变压器中纸层有无异常的判据之一。

变压器的寿命取决于绝缘的老化程度，而绝缘的老化又取决于运行的温度。如油浸变压器在额定负载下，绕组平均温升为 65℃，最热点温升为 78℃，若平均环境温度为 20℃，则最热点温度为 98℃；在这个温度下，变压器可运行 20～30 年，若变压器超载运行，温度升高，促使寿命缩短。

（2）湿度的影响。水分的存在将加速纸纤维素降解，因此，CO 的产生与纤维素材料的含水量也有关。当湿度一定时，含水量越高，分解出的 CO_2 越多。反之，含水量越低，分解出的 CO 就越多。

绝缘油中的微量水分是影响绝缘特性的重要因素之一。绝缘油中微量水分的存在，对绝缘介质的电气性能与理化性能都有极大的影响，水分可导致绝缘油的火花放电电压降低，介质损耗因数 $\tan\delta$ 增大，促进绝缘油老化，绝缘性能劣化，含水量和放电电压及介质损耗关系分别如图 9.6、图 9.7 所示。而设备受潮，不仅造成绝缘击穿电压降低（图 9.8），导致电力设备的运行可靠性和寿命降低，更可能导致设备损坏甚至危及人身安全。

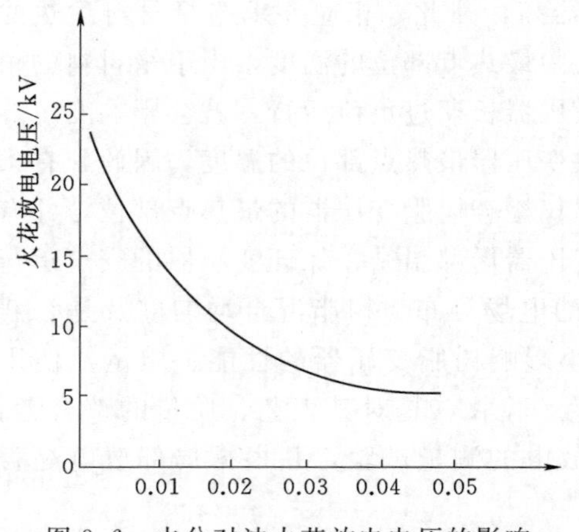

图9.6　水分对油火花放电电压的影响

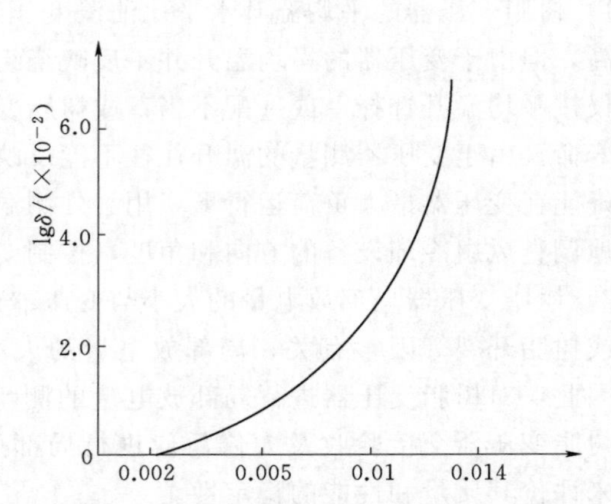

图9.7　水分对油介质损耗因数 tanδ 的影响

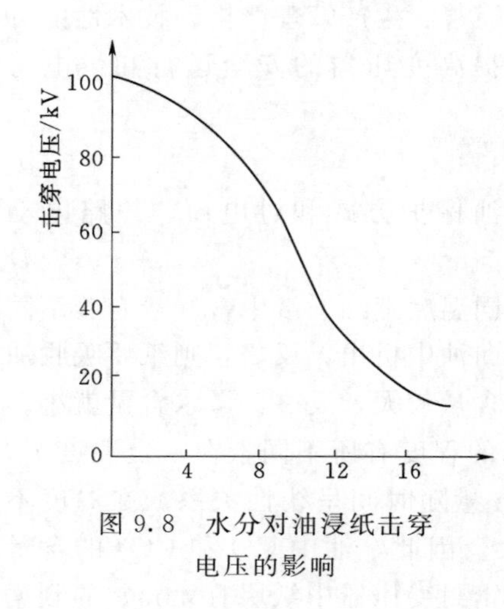

图9.8　水分对油浸纸击穿电压的影响

(3) 油保护方式的影响。变压器油中氧的作用会加速绝缘分解反应，而含氧量与油保护方式有关。另外，油保护方式不同，使CO和CO_2在油中解和扩散状况不同。如CO的溶解小，使开放式变压器CO易扩散至油面空间，因此，开放式变压器一般情况CO的体积分数不大于300×10^{-6}。密封式变压器，由于油面与空气绝缘，使CO和CO_2不易挥发，所以其含量较高。

(4) 过电压的影响。

1) 暂态过电压的影响。三相变压器正常运行产生的相、地间电压是相间电压的58%，但发生单相故障时主绝缘的电压对中性点接地系统将增加30%，对中性点不接地系统将增加73%，因而可能损伤绝缘。

2) 雷电过电压的影响。雷电过电压由于波头陡，引起纵绝缘上电压分布很不均匀，可能在绝缘上留下放电痕迹，从而使固体绝缘受到破坏。

3) 操作过电压的影响。由于操作过电压的波头相当平缓，所以电压分布近似线性，操作过电压波由一个绕组转移到另一个绕组上时，约与这两个绕组间的匝数成正比，从而容易造成主绝缘或相间绝缘的劣化和损坏。

(5) 短路电动力的影响。出口短路时的电动力可能会使变压器绕组变形、引线移位，从而改变了原有的绝缘距离，使绝缘发热，加速老化或受到损伤造成放电、拉弧及短路故障。

综上所述，掌握电力变压器的绝缘性能及合理的运行维护，直接影响到变压器的安全运行、使用寿命和供电可靠性，电力变压器是电力系统中重要而关键的主设备，作为变压器的运行维护人员和管理者必须了解和掌握电力变压器的绝缘结构、材料性能、工艺质量、维护方法及科学的诊断技术，并进行优化合理的运行管理。

5. 反事故措施

(1) 变压器加油应采用真空注油，以排除气泡。油质应化验合格，并作好记录。

(2) 变压器投入运行后，重瓦斯保护应接入跳闸回路，并应采取措施防止误动作。当发现轻瓦斯告警信号时，要及时取油样判明气体性质，并检查原因及时排除故障。

(3) 对变压器渗漏油的故障要及时加以处理。

(4) 防爆装置应按要求安装在正确的位置，防爆板应采用适当厚度的层压板或玻璃纤维布板等脆性材料。

(5) 加强管理和建立正常的巡视检查制度。

(6) 重视安全教育，进行事故预案演练，提高安全意识。

第10章　GIS组合电器常见故障分析及处理

10.1　GIS常见故障成因及对策

10.1.1　常见故障

1. 气体泄漏

气体泄漏是较为常见的故障，使GIS需要经常补气，严重者将造成GIS被迫停运。

2. 水分含量高

SF_6气体水分含量增高通常与SF_6气体泄漏相联系，因泄漏的同时，外部的水汽也向GIS其室内渗透，致使SF_6气体的含水量增高，SF_6气体水分含量高是引起绝缘子或其他绝缘件闪络的主要原因。

3. 内部放电

运行经验表明，GIS内部不清洁、运输中的意外碰撞和绝缘件质量低劣等都可能引起GIS内部发生放电现象。

4. 元器件故障

GIS元器件包括断路器、隔离开关、接地开关、避雷器、互感器、套管、母线等。运行经验表明，其内部元件故障时有发生，各种元件的故障率见表10.1。

表10.1　GIS各元件故障率

元件名称	开关	盆式绝缘子	母线	电压互感器	断路器	其他
故障率/%	30	26.6	15	1.6	0	6.7

注　开关包括隔离开关和接地开关。

5. GIS的特有故障

如GIS绝缘系统的故障等，GIS的故障率比常规电气设备低一个数量级，但GIS事故后的平均停电检修时间则比常规电气设备长。

一般情况下，GIS设备的故障多发生在新设备投入运行的一年之内，以后趋于平稳。

10.1.2　故障原因

1. 制造工艺及质量的影响

（1）车间清洁度差。GIS制造厂的制造车间清洁度差，特别是总装配车间，将金属微粒、粉末和其他杂物残留在GIS内部，留下隐患，导致故障。

（2）装配误差大。在装配过程中，使一可动元件与固定元件发生摩擦，从而产生金属粉末和残屑并遗留在零件的隐蔽地方，在出厂前没有清理干净。

(3) 不遵守工艺规程。在GIS零件的装配过程中，不遵守工艺规程，存在把零件装错、漏装及装不到位的现象。

(4) 制造厂选用的材料质量不合格。当GIS存在上述缺陷时，在投入运行后，都可能导致GIS内部闪络、绝缘击穿、内部接地短路和导体过热等故障。

2. 安装质量的影响

(1) 不遵守工艺规程。安装人员在安装过程中不遵守工艺规程，金属件有划痕、凸凹不平之处未得到处理。

(2) 现场清洁度差。安装现场清洁度差，导致绝缘件受潮，被腐蚀；外部的尘埃、杂物等侵入GIS内部。

(3) 装错、漏装。安装人员在安装过程中有时会出现装错、漏装的现象。例如屏蔽罩内部与导体之间的间隙不均匀或漏装、螺栓、垫圈没有装或紧固不紧。

(4) 异物没有处理。安装工作有时与其他工程交叉进行。例如土建工程、照明工程、通风工程没有结束，为了赶工期，强行进行GIS设备的安装工作，可能造成异物存在于GIS中而没有处理，有时甚至将工具遗留在GIS内部，留下隐患。

上述缺陷都可能导致GIS内部闪络、绝缘击穿、导体过热等故障。

3. 运行操作不当

在GIS运行中，由于操作不当也会引起故障。例如将接地开关合到带电相上，如果故障电流很大，即使快速接地开关也会损坏。

4. 过电压的影响

运行中，GIS可能受到雷电过电压、操作过电压等的作用。雷电过电压往往使绝缘水平较低的元件内部发生闪络或放电；隔离开关切合小电容电流引起的高频暂态过电压可能导致GIS对地（外壳）闪络。

10.1.3 故障对策

1. 严格进行预防性试验

(1) 测量主回路的导电电阻：测量值不应超过产品技术条件规定值的1.2倍。

(2) 主回路的耐压试验：主回路的耐压试验程序和方法，应按产品技术条件的规定进行，试验电压值为出厂试验电压的80%。

(3) 密封性试验。

1) 采用灵敏度不低于1×10^{-6}（体积比）的检漏仪对各气压室密封部位、管道接头等处进行检测时，检漏仪不应报警。

2) 采用收集法进行气体泄漏测量时，以24h的漏量换算，每一个气室年漏气率不应大于1%，值得注意的是测量应在GIS充气24h后进行。

(4) 测量SF_6气体微量水含量。微量水含量的测量也应在GIS充气24h后进行，测量结果应符合如下规定：①有电弧分解的隔室应小于150μL/L；②无电弧分解的隔室应小于250μL/L。

(5) GIS内部各元件的试验。对能分开的元件，应按《电气装置安装工程　电气设备交接试验标准》(GB 50150) 进行相应试验，试验结果应符合规定的要求。

(6) GIS 的操动试验。当进行 GIS 的操动试验时，连锁与闭锁装置动作应准确可靠。电动、气动或液压装置的操动试验，应按产品技术条件的规定进行。

(7) 气体密度继电器、压力表和压力动作阀的校验。气体密度继电器及压力动作阀的动作值，应符合产品技术条件的规定。压力表指示值的误差及其变差，均应在产品相应等级的允许误差范围内。

2. 认真进行日常巡视

巡视检查中发现问题的初步分析和对策见表 10.2。

表 10.2　巡视检查中发现问题的初步分析和对策

序号	巡视发现的问题	初步分析	对策
1	GIS 外壳表面漆出现局部漆膜颜色加深、焦黑起泡	内部有过热或有放电现象	此部分应立即停电检修
2	环氧树脂浇注的绝缘子外露部分有颜色异常焦黑、裂纹	绝缘子曾有放电或遭受机械损伤	此部分应立即停电检修
3	从 GIS 内部发出异常的声响而且较大	内部部件松动或存在放电现象	停电检修
4	机构内部有烧焦的气味或痕迹	内部有过热或有放电现象	找出故障部位，更换损坏的元件或电线
5	GIS 的高压开关（断路器、隔离开关、接地开关）分、合指示不正确、不到位	可能是机构的原因，也可能是本体三相传动的原因	仔细查找，分清是机械原因还是电气原因
6	操作机构输出轴外露的传动装配上的卡圈或开口销脱落	原先没装配好	重新装配
7	GIS 的外露紧固件有松懈、脱落	原先没装配好	重新紧固
8	GIS 的钢构件和底架生锈腐蚀绝缘子外表面漆落较严重	原先表面没处理好	维护时表面重新刷漆处理
9	汇控柜内有烧焦的气味、痕迹；发现线头有脱落	局部有过热或有放电现象	找出故障部位，更换损坏的元件或电线
10	汇控柜面板模拟线上各高压开关分、合指示（或信号灯）与 GIS 相对应开关的实际状态不相符	辅助开关切换不到位	检修相应的操作机构
11	汇控柜的报警装置发出报警信号	根据报警单元上的文字提示决定	针对文字提示查找原因，采取对策
12	气室 SF_6 气压短时降至 0	防爆片已破裂	立即停电检修
13	避雷器全电流测量显示值超过 0.8mA	阀片老化加剧	密切注意全电流的变化

3. 认真做好检修工作

GIS 运行规程规定，GIS 设备的小修周期一般为 3～5 年，大修周期一般为 8～10 年。检修人员应熟悉检修项目、技术规程、检修工艺及流程等。

10.2 GIS设备典型故障及处理

10.2.1 GIS设备漏气故障及处理

GIS设备漏气故障通常发生在组合电器的密封面、焊接点和管路接头处。

(1) 当SF_6气体压力下降较快时，一般判断为气室漏气（但应先排除密度控制器是否为太阳直晒造成的），漏气的原因主要有：焊接件质量有问题，焊缝漏；铸件表面漏气（有针孔或砂眼）；密封圈老化或密封部位的螺栓、螺纹松动；气体管路连接处漏气；密度继电器故障等。

1) 对于SF_6气体泄漏，通常先用检漏仪对漏气间隔进行检测，找出漏气点。

2) 焊缝漏气，将SF_6气体回收后进行补焊。

3) 密封接触面漏气，通常在回收SF_6气体后更换密封圈。

4) 检查二次接线或二次元件是否有故障。补气后如故障不能消除，应从密度控制器、继电器、接线及后续报警元件逐一查找。

5) 密度控制器类故障。密度控制器发报警信号、密度控制器指针不指示、漏油等均需更换。密度控制器带温度补偿功能，可直接根据其读数判断压力是否在合格范围。但应注意避免密度控制器被太阳直晒，否则易产生误判，密度控制器如图10.1所示。

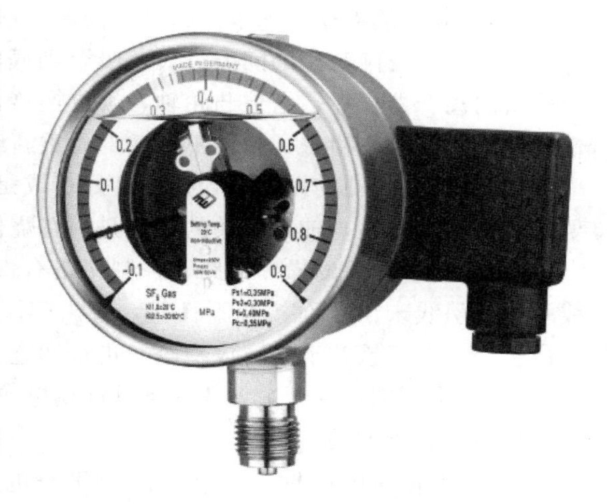

图10.1 密度控制器

(2) 当GIS任一间隔发出“补充SF_6气体”的信号时，允许保持原运行状态，但应迅速到该间隔的现场控制屏上判明为哪一气室需补气，然后立即汇报值班长或站所负责人，通知检修人员处理，并根据要求做好安全措施。

(3) 当GIS任一间隔发出“补充SF_6气体”的信号同时，又发出“SF_6气室紧急隔离”的信号时，则认为发生大量漏气情况，将危及设备安全。此间隔不允许继续运行，应立即汇报值班长或站所负责人，并断开与该间隔相连接的开关，将该间隔和带电部分隔离。在情况危急时，运行人员可在值班长指导下，先行对需隔离的气室内的设备停电，然后及时将处理情况向上级主管部门汇报。

(4) GIS发生故障，造成气体外逸的措施。

1) 所有人员应迅速撤离现场。

2) 在事故发生15min以内，所有人员不准进入现场（抢救人员除外）；15min以后，4h以内任何人员进入室内都必须穿防护衣，戴手套及防毒面具；4h以后进入室内虽然可不用上述措施，但在清扫时仍须采取上述安全措施。

3）室外GIS设备发生爆炸或严重漏气等事故时，人员接近设备要谨慎，应选择从上风侧接近设备，穿安全防护服并佩带隔离式防毒面具、手套和护目眼镜；对室内安装运行的GIS设备，为防止SF_6气体漫延，必须将通风机全部开启15min以上，进行强力排换，待含氧量和SF_6气体浓度符合标准，并采取充分措施准备后，才能进入事故设备装置室进行检查。

4）若故障时有人被外逸气体侵袭，应立即清洗后送医院诊治。

10.2.2　GIS开关拒动故障及处理

1. 断路器拒绝合闸

（1）如果在计算机监控系统操作票上发出某断路器合闸命令后，开关没有合闸，同时计算机返回信息有“××QF断路器合闸失败”信息。

（2）检查及处理。

1）将此开关的两侧刀闸拉开，检查开关的合闸闭锁条件是否满足，控制回路和合闸回路是否有问题，合闸电源电压是否正常，合闸线圈端电压达不到规定值（最低操作电压为85%额定电压），此时应调整电源并加粗电源线。

2）检查开关的操作机构本体是否有问题，或者气体压力降低至闭锁合闸回路。合闸铁芯上的掣子与合闸掣子的间隙过大，吸合到底时，合闸掣子仍不能解扣，调整此间隙。凸轮轴上的离合器损坏，卡住凸轮轴，须更换离合器。机构或本体有其他卡阻现象，要进行慢动作检查或解体检查，找出不灵活部位重新组装调试。

3）检查开关的辅助接点是否接触良好，或是开关的位置继电器接触良好，如接触不良要进行调整，并检查辅助开关的触点是否有烧伤，有烧伤要予以更换。

4）仔细检查开关的操作回路、控制回路有没有接通，需检查何处断路，例如线圈的接线端子处引线未压紧而接触不良等，查出问题后进行针对性处理，合闸线圈断线或烧坏，应更换，合闸铁芯卡住，应检查并进行调整。

5）对于是同期点的开关，要检查其同期电源是否正常，同期装置是否正常。

（3）检查分析方法。

1）按合闸按钮电磁铁不动作：应分别查电源-连接线-合闸回路的各电气元件-电磁铁。

2）按合闸按钮电磁铁动作，而储能保持掣子不脱扣：应先观察合闸掣子是否为储能保持掣子充分让开空间，如未让开说明合闸掣子有问题；如已让开而棘轮又未动，说明棘轮在合闸弹簧储能后未使合闸拉杆偏过中心位置或棘轮与储能保持掣子的摩擦转角或摩擦力过大（如储能保持掣子的滚针轴承坏），可先更换储能保持掣子或轴承试验。

3）如棘轮转动过程中停止，应是储能轴卡滞或传动卡滞，可根据合闸的程度和具体情况逐一排除离合器→轴承→油缓冲→传动拐臂→本体内部件是否存在问题，并修复或更换。

2. 断路器拒绝跳闸

（1）如果在计算机监控系统操作票上发出某开关分闸命令后，开关没有分闸，同时计算机返回信息有“××QF断路器跳闸失败”信息。

(2) 检查及处理。

1) 到现场就地检查开关远方操作不成功的原因，检查开关本体是否有异常现象。

2) 检查开关操作机构是否有问题，分闸电磁铁顶杆与分闸掣子的间隙过大，铁芯吸合到底时，分闸掣子仍不能解扣，调整此间隙。分闸电磁铁铁芯有卡滞现象，调整电磁铁铁芯。

3) 在检查机构、本体等无异常的情况下，在开关现场就地控制柜上进行断开开关操作，检查开关是否分闸正常、控制回路是否接通；如控制回路未接通检查何处断路、辅助开关未转换或接触不良等，并检查辅助开关的触点是否有烧伤，有烧伤要予以更换。如仍存在问题，则联系上级主管部门，将与之串联的开关断开，做好安全措施。

4) 分闸回路参数配合不当，分闸线圈端电压达不到规定数值（不低于65%额定操作电压），应重新调整。分闸线圈断线或烧坏应予以更换。

5) 联系专业检修人员检查处理。

(3) 检查分析方法。

1) 按分闸按钮电磁铁不动作，应分别查电源-连接线-分闸回路的各电气元件-电磁铁。

2) 按分闸按钮电磁铁动作，而分闸保持掣子不脱扣，应先观察分闸掣子是否为分闸保持掣子充分让开空间，未让开，说明分闸掣子有问题；如已让开而不能脱扣，说明大拐臂的滚子与分闸保持掣子的摩擦转角或摩擦力过大（如分闸保持掣子的滚针轴承坏），可先更换分闸保持掣子或轴承试验。

3) 如分闸过程中停止，应为输出轴卡滞或传动卡滞，可根据分闸的程度和具体情况逐一排除轴承→油缓冲→传动拐臂→本体内部件是否存在问题，并修复或更换。

3. 刀闸拒绝合闸（分闸）

(1) 在刀闸现地控制柜上执行刀闸合闸（分闸）操作后，现地控制柜上刀闸的相应位置指示与实际不符合，且中控室返回信息显示也不正确，在刀闸本体检查时发现有一相或两相未在合闸（分闸）位置。

(2) 处理方法。

1) 立即停止其他的操作。

2) 汇报站所长以及相关部门紧急处理。

3) 做好刀闸检查处理相应的安全措施。

4. 二次元件烧坏

(1) 原理有误，需更改原理并更换烧坏的元件。

(2) 接线有误，需更改接线并更换烧坏的元件。

(3) 元件质量有问题，更换元件。

(4) 操作不当或其他意外情况所导致，分析原因并更换元件。

5. 空合（机构完成合闸动作，而本体未合闸或合闸不能保持）

(1) 凸轮与拐臂滚子间隙过大，调整此间隙。

(2) 合闸保持掣子损坏或磨损严重，不能合闸保持，更换合闸掣子。

(3) 与合闸保持掣子扣接的滚轮（大拐臂上的）内的滚针轴承损坏，更换滚针轴承。

（4）分闸掣子不复位（复位弹簧失效或分闸掣子卡滞）或分闸掣子损坏，更换复位弹簧或分闸掣子，有卡滞的要查明卡滞原因并修复。

6. 合闸弹簧不储能或储能不到位

（1）存在问题及处理。

1）控制电机的自动空气开关在“分”位置或储能回路电源断线。

2）检查控制回路，是否有接错、断路，进行针对性处理。

3）接触器触点接触不良，更换接触器。

4）行程开关切断过早，应予调整，并检查行程开关触点是否烧坏，有烧伤要予以更换。

5）储能电机烧坏，更换电机。

6）检查机构储能部分，有无卡阻、零部件破损等现象，如有予以排除。

（2）具体分析方法。

1）弹簧机构无能量而电机不动作，应分别查找：电源、行程开关、接触器、电机、连接导线。

2）手动储能而无法转动储能工具，说明棘爪轴卡滞或储能轴卡滞。

3）如电机转动、棘爪动而不储能，则先观察棘轮有无崩齿现象。

4）观察储能过程中有无异常声响或金属屑掉出，如有，一般是储能轴内的部件有故障。

10.2.3　气体微水超标及处理

气体微水超标易造成绝缘子或其他绝缘件闪络，微水超标的主要原因是通过密封件泄漏渗入的水进入到 SF_6 气体中。经过多年的运行，气体中含水量持续上升无疑是外部水蒸气向设备内部渗透的结果。大气中水蒸气分压力通常为设备中水汽分压力的几十倍甚至几百倍，在这一压力作用下，大气中的水汽会逐渐透过密封件进入气体绝缘设备。

1. 存在问题

（1）吸附剂安装不对。

（2）橡胶、绝缘子的气室可能会有烃气，用露点法仪器检测时，烃气干扰，导致测量误差。

（3）抽真空不足。

（4）存在空腔。

（5）保管不当，环境影响。

（6）部件受潮。

2. 对策

（1）保证运输安全、确保安装工艺正确。

（2）加吸附剂。

（3）抽真空应达到60Pa以内，国标133Pa，工业上用50%，67Pa。

（4）阴雨天湿度大不允许安装。

对于气体微水超标，通常处理办法是回收气体后，用氮气反复冲洗、干燥、抽真空，再充入新 SF_6 气体。超标不严重，可以干燥 SF_6 气体；超标严重，抽真空，更换或干燥 SF_6 气体，并更换吸附剂。

10.2.4 开关内部放电及处理

1. 动、静触头在合闸时偏移，引起接触不良

如静触头开距孔深度不够，在合闸向上运动时发生偏移，将静触头开距孔深度适当增加后正常。

2. 内部放电

由于制造工艺等原因，内部某些部件处于悬浮电位，导致电场强度局部升高，进而产生电晕放电，金属杂质和绝缘子中气泡的存在都会导致电晕放电或局部放电的产生，需要做好外壳接地，将内部清理干净，使用合格的绝缘子。

3. 设备内部绝缘放电

(1) 原因：①绝缘件表面破坏，绝缘件环氧树脂有气泡，内部有气孔，绝缘件浇注时有杂质等；②气室内湿度过大，绝缘件表面腐蚀；③绝缘件表面没有清理干净；④吸附剂安装不对，粉尘粘在绝缘件上；⑤密封胶圈润滑硅脂油过多，温度高时融化掉在绝缘件上；⑥绝缘件受潮。

(2) 处理：①原材料进厂时严格控制质量；②加工过程中控制工艺；③零部件装配时清理干净；④加强库房、存储过程管理，真空包装；⑤对于动、静触头接触不良或母线筒放电等故障，则必须停电解体后查明原因，针对不同故障更换相应的零部件。

4. 主回路导体异常

(1) 原因：①导体表面有毛刺或凸起；②导体表面没有擦拭干净；③导体内部有杂质；④导体端头过渡、连接部分倒角不好，导致电场不均匀；⑤屏蔽罩表面不光滑，对接口不齐；⑥螺栓表面不光滑；⑦螺栓为内六角的，六角内毛刺关系不大，但外表有毛刺时有害；⑧导线、母线断头堵头面放电，一般为球断头。

(2) 处理：①控制尖角、磕碰、毛刺、划伤等缺陷；②提高清洁度。

5. 罐体内部异常

(1) 原因：①罐体内部有凸起，焊缝不均匀；②盆式绝缘子与法兰面接触部分不正常；③罐体内没有清洁干净；④运动部件运动时可能脱落粉尘。

(2) 处理：①认真清理，打磨焊缝；②增加运动部件运动试验次数，增加磨合200次；③所有打开部件必须严格处理。

10.2.5 液压机构渗油及处理

液压机构渗油故障大多是由于液压机构密封圈老化，或安装位置偏移、或储压筒漏氮等原因引起。

对于液压机构渗漏油或打压频繁故障：停电后需将液压机构泄压，查明原因并更换相应的油密封件。

10.2.6 回路电阻异常及处理

1. 故障现象

(1) 电阻过大、发热，固定接触面面积过大。

(2) 接触面不平整、凸起。

(3) 接触面对口不平整、有凸起,接触不良。

(4) 镀银面有局部腐蚀。

(5) 触头弹簧装设不良。

(6) 插入式长度小,接触深度不够,插入式接触电阻大。

(7) 触头直径不合适,对接不好。

(8) 螺栓紧固程度不够。

(9) 材质本身杂质超标。

(10) 焊接部分不均匀,有气孔。

2. 对策

(1) 打磨。

(2) 涂防腐。

(3) 按缩紧力矩要求把紧螺丝。

10.3 故障处理流程及预防措施

10.3.1 故障处理流程

(1) 制定检修方案及措施,做好检修准备工作。

(2) 用 SF_6 气体处理车回收气体,并将气体液化。

(3) 用高纯氮气过滤 GIS 气室。

(4) 抽出氮气。

(5) 开启法兰盖。

(6) 工作人员暂时离开 GIS 室 30min,期间开通风机通风。

(7) 取出吸附剂,干燥或更换吸附剂。

(8) 用吸尘器吸收气室内的杂物。

(9) 解体清洗气室,处理故障。

(10) 详细检查后复装气室。

(11) 安装干燥或更新后的吸附剂。

(12) 封闭气室法兰盖。

(13) 对 GIS 抽真空达到合格。

(14) 测量氮气的含水量。

(15) 充入高纯氮气至压力达到 4Pa,如果水分不合格,重复充氮气、抽真空直至含水量合格。

(16) 如果抽真空不合格,充入高纯度的氮气与少量 SF_6 混合气体,进行漏气处理。

(17) 水分含量合格后,充入 5kPa 压力的 SF_6 气体,并进行漏气检查,测量水分含量并合格。

(18) 充入 SF_6 气体达到规定值,24h 后测量 SF_6 气体含水量并合格,检查 SF_6 漏气情况并合格。

（19）断路器操作机构试验，并进行最终检查，必要时进行耐压试验并合格。

10.3.2 故障预防措施

（1）加强设备检修工作。按规程要求每年对气体进行微水测试，对液压机构电动操作机构进行清洗、润滑，对主回路接触进行测试等工作。

（2）加强设备维护和清扫工作。要求值班人员认真巡视设备，发现问题及时处理并建立设备台帐，定期对设备进行清扫，以保证设备表面整洁。

（3）定期对液压机构进行解体大修。严格按工艺要求检修，使渗油现象明显减少，取得了较好效果。

（4）在有条件的情况下，采取局部放电、射线照相、红外定位技术等先进手段对本体进行检测，确保设备运行正常。

（5）对异常响声及时处理。当气室内部电气元件发生异常响声时应根据声音的变化判别是否屏蔽罩松动、内部有异物，当出现明显放电声时应采取停电措施。

（6）设备防爆膜破裂，说明内部出现严重的绝缘问题，电弧使设备部件损坏，引起内部压力超过标准，因此，必须进行停电处理。

第 11 章　高低压设备故障分析及排除

高低压成套配电设备因其可靠性高、安全性好、运行维护方便、结构紧凑等优点，在大中型泵站得到广泛应用。成套配电装置又叫成套配电柜，是以开关为主的成套电器，一般称开关柜，用于配电系统，作为接受与分配电能之用。根据电压高低，可分为高压开关柜和低压开关柜两大类。

高压开关设备是指用于电力系统发电、输电、配电、电能转换和消耗中起通断、控制或保护等，由制造厂成套供应的高压配电装置，由高压断路器、负荷开关、接触器、高压熔断器、隔离开关、接地开关、互感器及站用电变压器，以及控制、测量、保护、调节装置，内部连接件、辅件、外壳和支持件等组成的成套配电装置。这种装置的内部空间以空气或复合绝缘材料作为介质，用作接受和分配电网的三相电能。通常一个柜就构成一个单元回路（必要时也可用两个柜）。使用时可按设计的主回路方案，选用适合各种电路间隔的开关柜，组成整个高压配电装置。

低压开关设备是指按一定的线路方案将一次设备、二次设备组装而成的成套配电装置，是用来对线路、设备实施控制、保护。目前泵站常用低压开关柜型号很多，归纳起来主要有 GGD、GCK、GCS、MNS、MCS 等。

11.1　高　压　设　备

11.1.1　高压开关柜常见故障类型

高压开关柜故障多发生在绝缘、导电和机械等方面。

1. 拒动、误动故障

这种故障是高压开关柜最主要的故障，其原因可分为两类：①因操动机构及传动系统的机械故障造成，具体表现为机构卡涩，部件变形、位移或损坏，分合闸铁芯松动、卡涩，轴销松断，脱扣失灵等；②因电气控制和辅助回路造成，表现为二次接线接触不良，端子松动，接线错误，分合闸线圈因机构卡涩或转换开关不良而烧损，辅助开关切换不灵，以及操作电源、合闸接触器、微动开关故障等。

2. 开断与关合故障

这类故障是由断路器本体造成的，对少油断路器而言，主要表现为喷油短路、灭弧室烧损、开断能力不足、关合时爆炸等。对于真空断路器而言，表现为灭弧室及波纹管漏气、真空度降低、切出电容器组时重燃、陶瓷管破裂等。

3. 绝缘故障

绝缘故障形式一般有：环境条件恶劣破坏绝缘件性能、绝缘材料的老化破损、小动物侵入等原因造成的短路或击穿，主要表现为外绝缘对地闪络击穿，内绝缘对地闪络击穿，相间绝缘闪络击穿，雷电过电压闪络击穿，瓷瓶套管、电容套管闪络、污闪、击穿、爆炸，提升杆闪络，CT闪络、击穿、爆炸，瓷瓶断裂等。定期检修发现绝缘材料老化或破损立即更换，清除绝缘材料表面的污渍，电缆沟、开关室安装防护板防止小动物侵入，发生故障查找原因并立即整改。

4. 载流故障

载流故障是电力设备的主要故障，主要原因是设备触头连接、接头或触点接触不良或长时间氧化导致接触电阻增大，造成触头过热、烧融甚至短路。

5. 保护元件选用不当造成的故障

如熔断器额定电流选用不当，继电器整定时间不匹配等原因造成的事故，发生故障及时查找原因并更换合适的元器件。

6. 外力及其他故障

外力及其他故障包括环境温度、湿度及污染指数等的急剧变化、异物撞击、自然灾害等引起的故障以及意外故障等。应注意改善环境，如安装空调加热器、了解污染源并及时清除杂物以及做好设备的防护等方法解决。另外还包括不按规程操作，如未按操作规程操作造成的误分、误合或造成元器件损坏引起的故障，操作人员应了解产品操作规程，严格按规程操作。

11.1.2 高压断路器故障检查与判断

1. 断路器操作故障及原因

断路器是高压开关柜内的重要部件，其操作的可靠性直接关系到高压开关柜的安全运用。操动失灵表现为断路器手动或误动，由于高压断路器最基本、最重要的功能是正确动作并迅速切除电网故障，若断路器发生拖动或误动，将对电网构成严重威胁，主要是扩大事故影响范围可能使本来只有一个回路故障扩大为系统事故或大面积停电事故。导致失灵的主要原因有：操动机构缺陷、断路器本体机械缺陷、操作电源缺陷等。

操动机构包括电磁机构、弹簧机构和液压机构，现场统计表明，操动机构缺陷是操动失灵的主要原因，大约70%左右。对电磁与弹簧机构，其机构故障的主要原因是卡涩不灵活，卡涩既可能是因为原装配调整不灵活，也可能是因为维护不良导致；造成机构故障的另一个原因是锁扣调整不当，运行中断路器发生自跳故障多半是此类原因。各连接部位松动、变位，多半是由于螺钉未拧紧、销钉未上好或原防松结构有缺陷。值得注意的是松动、变位故障远多于零部件损坏，由此可见，防止松动的意义并不亚于防止零部件损坏。对液压机构其机械故障主要是密封不良造成的，因此保证高油压部位密封可靠是特别重要的。

对机构的电气缺陷所造成的故障主要是由辅助开关、微动开关缺陷造成的，辅助开关的故障多数为不切换，由此往往造成操作线圈烧坏。除此故障还有由于切换后接触不良造成拒动。微动开关主要是指液压机构等上的联销、保护开关。

断路器本体的电器缺陷造成断路器本体操动失灵的缺陷皆为机械缺陷，其中包括瓷瓶损坏、连接部位松动、零部件和异物卡涩等。

断路器的操作电源缺陷也是造成操动失灵的原因之一，在操作电源缺陷中，操作电压不足是最常见的缺陷，其原因多半是由于操作电源，在系统发生故障时电源电压大幅度降低，使实际操作电压低于规定的下限。

2. 断路器合闸失灵的几种情况

造成断路器合闸失灵的原因是多方面的。诸如合闸时操作方法不当，合闸母线电压质量达不到要求，控制回路断线以及机械故障等，但归纳起来不外乎有两方面的原因：电气二次回路故障和机械故障。当断路器出现拒合现象时，作为运行值班人员应能区分是电气二次回路故障还是操作机构的机械故障。区分二者的主要依据是看红、绿灯的指示，闪光变化情况以及合闸接触器和合闸铁芯的动作情况。

（1）当控制开关旋到“合闸”位置，红绿灯指示不发生变化，即绿灯仍闪光而红灯不亮，合闸电流表无摆动，事故音响喇叭响，此种现象已说明操作机构没有动作，问题主要在电气二次回路上。合闸保险熔断或接触不良。合闸母线电压太低，依据《高压断路器运行规程》要求，对于电磁机构操作的合闸电源，其合闸线圈通流时，端子电压不应低于额定电压的 80%，最高不得高于额定电压的 110%，如果合闸母线电压太高或太低，均会造成断路器拒合。合闸操作回路元件接触不良。例如，控制开关的接点、断路器的辅助开关触点、防跳继电器的触头接触不良，都会使合闸操作回路不通，从而使直流合闸接触器线圈不能带电吸合，启动合闸操作回路发生拒合现象。如果操作回路中接线端子松动，或者合闸接触器线圈断线等等同样会造成二次回路不通而发生拒合现象。

（2）当控制开关旋到“合闸”位置，绿灯灭，红灯不亮，控制开关返回到“合闸后”的位置时，红、绿灯皆不亮，同时发出事故音响信号，此时说明开关根本没合上，可能是在操作时，操作保险熔断或接触不良。如果没有发出事故音响信号，合闸电流表指示有摆动，线路上也有负荷电流，并且机械分合指针指在“合”位，则说明开关已在“合闸”位置，此时应检查一下灯泡、灯座和操作保险以及断路器的常开辅助接点是否接触不良，如果出现上述情况，运行操作人员应将断路器断开，消除故障后，再行合闸。

（3）当控制开关旋到“合闸”位置，绿灯灭后复亮或者闪光，合闸电流表有摆动，此种原因可能有两个方面：①合闸电源电压太低，导致操作机构未能把开关提升杆提起，传动机构动作未完成；②操作机构调整不当，如合闸铁芯超程或缓冲间隙不够，合闸铁芯顶杆调整不当等，遇到此种情况，应请专业检修人员修理。

（4）当控制开关旋到“合闸”位置时，绿灯灭，红灯亮以后又灭，绿灯闪光，合闸电流表有摆动，此情况说明开关曾合上过，因机构的机械故障，维持机构未能使断路器保持在合闸位置。如：合闸支架坡度较大或没有复位；脱扣机构扣入尺寸不够；四连杆机构未过死点；合闸电源电压过高等等。

（5）如果电磁操作机构在合闸时开关出现“跳跃”，此现象多属开关常闭辅助接点打开过早或是传动试验时，合闸次数过多，导致合闸线圈过热等原因而造成。

（6）合闸接触器（电磁机构）合闸（弹簧机构）不动作，属二次回路不通。可以使用仪表测量的方法，查出回路中的断线点。

（7）合闸接触器已动作（电磁机构），但合闸（弹簧机构）未动作。原因有：合闸熔断器熔断或接触不良，无合闸电源，合闸接触器触点接触不良或被灭弧罩卡住。

(8) 合闸铁芯已动作，若机构动作但仍合不上，一般为机械问题。若机构不动作，可能是合闸铁芯顶杆尺寸短、行程不够等。

3. 断路器常见的故障现象及排除

(1) 断路器分、合闸速度不符合要求故障的原因及排除。

1) 若分、合闸速度同时减慢，一般是运动部件装配不当或润滑不良，以致运动过程出现卡阻现象，应重新装配或加注润滑油脂。

2) 若合闸速度减慢或加快，应检查和调整分闸弹簧、触点压缩弹簧、合闸缓冲弹簧等。另外，合闸电压（或液压、气压及液、气流量）对合闸速度也有影响，在检修时应区别情况，找出原因，进行调整。

(2) 断路器红灯或绿灯不亮故障的原因及排除。

1) 指示灯损坏，应更换指示灯。

2) 指示灯回路接触不良，应检修指示灯回路。

3) 断路器的辅助触点接触不良，跳、合闸线圈开路或烧断，应检修断路器操作机构的辅助触点和跳、合闸线圈。

4) 控制母线的熔断器熔体熔断，应更换熔断器熔体。

(3) 断路器主回路电阻过大故障的原因及排除。

1) 各接触面接触不良、不清洁、有氧化层，压紧螺栓未拧紧，压紧弹簧垫或弹簧变形、损坏，接触面镀层磨损或脱落。应检查相应部分，并予以处理。

2) 接触面腐蚀或烧损，应检查接触面是否有尖角或凹凸不平的现象，用细锉刀、细砂布进行修复，若损伤严重，需更换触点。

3) 动触点端子松动，使接触电阻剧增。应首先确定引起电阻过大的主要原因，然后进行修整，必要时更换弹簧、触点等元件，直至测得断路器主回路电阻值符合要求为止。

(4) 断路器操作机构在电压偏低时不能分闸的故障原因及排除。

1) 定位止钉位置太低，应调高止钉位置。

2) 脱扣器松动，应拧紧脱扣器。

3) 脱扣器铁芯动作不灵活，应调换脱扣器的方向，使铁芯无卡住现象。

4) 分闸电压偏低，操作时当分闸线圈电压低于65%时，应调整到65%以上。

5) 各传动部分不灵活，应进行检查并加润滑油脂。

(5) 断路器操作机构在电压偏低时不能合闸的故障原因及排除。

1) 辅助开关切换过早，应调整辅助开关的连杆长度，使主触点接触后才能切换。

2) 合闸电压偏低，应加大电源容量或增大回路导线截面，以降低线路压降。

3) 各传动部分不灵话，应检查各传动部分并加注润滑油脂，以保证在低压下顺利合闸。

(6) 断路器操作机构分、合闸线圈烧毁故障的原因及排除。

1) 电压过高，应降低电源电压。

2) 线圈绝缘老化或受潮而降低耐压强度，导致内部绝缘击穿，从而烧毁线圈，应更换线圈或将线圈进行干燥处理。

3) 辅助开关的辅助触点未断开，线圈长期通电而烧毁，应调整辅助开关，保证准确无误地进行切换。

4）铁芯卡住，也会造成线圈长期通电烧毁，应消除卡住现象，使铁芯动作灵活。

（7）断路器操作机构跳闸铁芯上移后不复位故障原因及排除。

1）在分闸过程中控制回路的电压偏低、分闸线圈带电或操作人员操作不到位，使跳闸线圈铁芯能上移动作但没有完成分闸，应检查分闸线圈回路、找出断路器在运行过程中分闸线圈仍然带电的原因或降低电源电压，使铁芯在任何情况上移后都能顺利地复位。

2）铁芯在上移后不能复位可能是由于铁芯具有较大的剩磁，应考虑将铁芯改用不易产生剩磁的不锈钢。

（8）变配电所母线断路器跳闸故障的原因及排除。

1）故障原因：变配电所母线断路器跳闸主要是操作人员误操作、设备损坏或小动物侵入造成母线短路引起的，有时也有线路断路器的继电保护误动作而引起越级跳闸。

2）排除方法：如母线断路器跳闸，应先检查母线，在确定并消除故障后方可送电，严禁故障未排除就强行送电；如跳闸前母线上曾有人工作过，应对工作场所进行详细检查，是否有接地线未撤除或工作没有结束，避免误送电造成人身和设备事故。

4. 断路器故障的检查步骤

（1）先判定是否属于故障线路，保护后加速动作跳闸。对于没有保护后加速动作信号的线路断路器，操作时，如合于故障线路（特别是线路上有工作，工作完毕送电）时，断路器跳闸时无任何保护动作信号，若认为是合闸失灵，再次操作合闸，会引起严重事故。只要在操作时，能按规程的规定进行操作，同时注意表针的指示情况，就能正确判断区分。

区分的依据有：合闸操作时，有无短路电流引起的表计指示冲击摆动；有无照明灯突然变暗、电压表指示突然下降。若有上述现象，应立即停止操作，向上级汇报，查明情况。

（2）判明是否属于操作不当。应当检查有无漏装合闸熔断器，控制开关是否复位或未恢复到位，有无漏投同期并列位置（装有并列装置的），检查是否按自投装置的有关要求操作（装有自投装置的）等，如果是操作不当，应立即纠正，再继续操作。合闸操作时，如果并列装置的投入位置不对，也会合不上闸。例如联络线路上不带电，如并列装置投在“同期”位置上，而没有改投到“手动”位置，因为线路上没有电压，合闸回路不能接通，则合不上断路器。

（3）检查操作合闸电源电压是否过高或者过低，检查操作、合闸熔断器是否熔断或接触不良。对于弹簧操动机构，应检查弹簧储能情况。如果是上述问题，应调整处理正常后即可合闸送电。直流电压过低或过高，合闸都不可靠。电压过低，使合闸接触器及合闸线圈因电磁力过小，而使合闸不可靠。电压过高，对于电磁操动机构和弹簧操动机构，它们的机械动作可能因冲击反作用力过大，使机构不能保持住而合不上。检查合闸熔断器是否良好时，最好用万用表，在熔断器两端分别测量正、负极之间的电压，便于在检查时能发现合闸电源总保险是否熔断。

（4）如果以上情况都正常，应根据合闸操动时红、绿灯指示的变化情况，合闸电流表指示有无摆动，合闸接触器和合闸铁芯动作与否，判明故障范围。判断故障范围，主要是区分是电气二次回路故障，还是操动机构机械故障。缩小查找范围，直至查明并排除故障。

（5）如果在短时间内能够查明并自行排除故障，应采取相应的措施，排除故障后合闸送电。

（6）如果在短时间内不能查明故障，或者故障不能自行处理，可以先将负荷倒至备用电源带，或将负荷倒至旁路母线带以后，再检查处理故障。如无上述条件，又需要紧急送电时，在能保证断路器跳闸可靠的前提下，允许用手动接触器（电磁机构）进行合闸操作或手动按合闸铁芯（弹簧机构）进行合闸操作，恢复送电以后处理故障。如果断路器的问题较大，处理完毕才能合闸送电。

如果检查出的故障不能自行处理，或未能查明原因，应向上级汇报，通知检修人员检查处理。应注意，检查处理断路器操动机构问题，应拉开其两侧隔离开关或将手车拉至检修位置。

11.1.3 高压开关柜故障检测

虽然在高压开关柜安装和投入使用之前，相应的验收检查工作已经展开，但仍难免有先天性质量问题的设备投入运行，另外，由于外力及机器老化的原因，高压开关柜也很难保持永久的安全使用状态。作为补救措施，用户必须加强对高压开关柜的检测工作，及时发现并检出异常所在，加以维修维护，就能避免事故的发生。

1. 机械故障的检测

统计资料表明，开关柜机械故障发生的比例最高。这是因为与机械操作相关联的元件非常多，包括合、分闸回路串联有很多环节，而且开关的操作是没有规律的，有时候很长时间也不操作一次，有时候却要连续动作。另外，还受一年四季环境变化的影响，所以机械故障特别是拒动故障是发生概率最高的。

（1）要保证开关设备操作机构的可靠性，需经过考验验证。例如真空断路器制造厂在产品出厂前，往往要在标准规定的高低操作电压下进行机械操作数百次，如果有故障，就在出厂前进行处理。其次，开关柜内所有部件，特别是动作的部件包括各处的紧固螺钉、弹簧和拉杆，强度要满足要求，结构要可靠，要经得住长期运行的考验。

（2）要保证电气回路良好的连通性，合、分闸线圈、辅助开关等元件的性能都要有保证。因为是串联回路，回路中的各个开关、熔断器以及各个连接处要始终处于完好状态，直流操作电源也要始终处于正常状态。如果直流回路绝缘不良，发生一点接地或多点接地，就可能使开关发生误动，如果直流回路导通不好或电源不正常，就会发生拒动事故。

无论制造厂和运行单位，都应把工作做好做扎实，以使机械方面的故障降低到最少。

2. 绝缘水平的检测

电压等级越高，对绝缘水平的选取更为关注，对于中压等级，往往希望通过增加不多的费用，将绝缘水平取得略为偏高一点，使得运行更安全。

国家标准 GB 311.1《绝缘配合　第1部分：定义、原则和规则》推荐了冲击耐受电压试验方法，对于非自恢复绝缘为主的设备可采用3次法，非自恢复绝缘和自恢复绝缘组成的复合绝缘的设备可使用3/9次法，而复合绝缘的设备则一般采用15次法。目前高压开关柜的雷电冲击耐压试验多采用15次法，实际上在中压等级设备达到要求的外绝缘的最小空气尺寸，例如10kV等级设备的外绝缘净空气间隙为125mm的情况下，冲击耐受电压裕度较大，用3/9次法也可达到试验的目的。

在实际检测中，还需考虑到同样绝缘水平的产品，不同地方的运行情况相差很大。影响电气设备在运行中绝缘性能是否可靠的因素除了设备本身的绝缘水平外，还有过电压保护措施、环境条件、运行状况和设备随使用时间等，必须综合考虑这些因素的作用。

3. 导电回路检测

在运行设备中所发生的导电回路故障或事故表明，一旦存在导电回路接触不良，问题会随着时间的推移而不断加剧。隔离插头上往往装有紧固弹簧，受热后弹性变差，使接触电阻进一步加大，直至事故发生。为此，厂方也要严格型式试验中的温升试验项目，对于批量生产的品种，还应用额定电流下温升试验进行定期或不定期的抽试。尤其是大额定电流开关柜，宜对每台产品进行温升试验验证。

按规程规定，用大电流直流压降法测量回路电阻，就是防止导电回路事故的一种方法，但由于回路电阻测量的使用电流受到限制，即使测量结果合格，在运行中仍可能发生载流事故，不应完全依赖它。

产品投运后要对其载流量和稳定性做到心中有数，要确保设备的可靠、安全运行。在产品投运初期，加强监视是十分必要的，在高峰负荷以及夏季环境温度较高时，监视设备的运行状态尤其重要。例如可采用红外测温等方法来监视设备的发热情况，及时发现潜伏的不正常发热现象。

设备发生了故障，一般会认为是设备质量差、档次低造成的，于是往往在加强设备指标水平上下功夫。其实设备的绝缘水平等指标不可能也不应盲目地加强，对事故要具体分析，检查所发生的缺陷是否有普遍性，另外要在继电保护和运行环境方面做工作，同时要正确使用、合理检测开关设备，保证其在绝缘、导电、机械操作以及开断性能方面可靠安全，并在长期运行中经得起时间的考验。

11.1.4 高压电气元器件故障及排除

1. 熔断器

(1) 跌落式熔断器熔体熔断后熔体管不能迅速跌落故障原因及排除。

1) 转动轴转动不灵活或熔体管被异物卡阻，可用砂纸将转动轴研磨光滑并涂以润滑油脂，清理熔体管内的杂物。

2) 转动轴安装不符合要求，应重新安装，调整俯角，必须使转动轴与垂直线保持15°～30°，以利于熔体熔断后熔体管的跌落。

3) 熔体管与熔体不配套，熔体管太细，熔体熔所后不能顺利地从熔体管脱出，导致熔体管不能迅速脱落，应重新选用配套的熔体和熔体管。

(2) 跌落式熔断器熔体误熔断或熔体管误跌落故障原因及排除。

1) 熔体容量选得过小或下一级的容量选得过大而发生越级熔断，熔体容量一般应根据所保护变压器的短路电流合理选用，小型变压器高压侧熔体额定电流容量的选用见表11.1。对400kV·A以上的变压器，高压侧熔体的额定电流可按变压器高压侧额定电流的1.5倍选用。下一级的容量一般应比上一级低1～2个等级。

表11.1　　小型变压器高压侧熔体额定电流

变小器容量/(kV·A)		50	63	80	100	125	160	200	250	315
熔体额定电流/A	10kV	7.5	10	10	15	15	15	20	25	30
	6kV	15	20	20	20	25	30	40	50	60

2）熔断器装配不当造成熔体管误跌落。熔体管的长度应与熔断器固定接触部位的尺寸相配合。如果两者配合不当，一遇大风或受振就容易误跌落。因此，在装配时应适当调整熔体管两端铜套的距离，使之与熔断器的固定接触部分的尺寸相配合，并用绝缘棒轻轻碰及熔断器的操作环，以检验装配是否牢固。

3）熔断器上部静触点压力过小，应调整弹簧压力或更换弹簧。

4）熔断器上盖（鸭帽）内舐舌烧坏或磨损，使熔体管由于没有被挡住而跌落，应更换熔断器。

5）熔体本身质量不好，焊接处受温度和机械力作用而脱开，应更换质量好的熔体。

6）操作时未将熔体管合紧，在合上熔体管后，一定要用绝缘棒端勾头轻轻拉动操作环晃动几下，以确保合闸牢靠。

（3）跌落式熔断器熔体管烧坏故障原因及排除。

1）熔体管熔断后不能迅速跌落，应检查转动轴等部位是否有卡阻现象，安装的角度是否合适（熔体管轴线应与铅垂线成15°～30°）。若卡阻是由于熔体附件太粗卡住熔体管而引起，应更换合适的熔体。

2）由于熔断器规格选择不当，短路电流超过了熔断器的断流容量而烧坏熔体管，应根据短路电流合理选择熔断器规格。

2. 断路器

因高压断路器为高压开关设备的核心部件，其作用重要，结构复杂，因此，高压断路器已作为单独项进行分析，详见本章11.1.2节。

3. 隔离开关

（1）隔离开关不能分闸的故障原因及排除。

1）当隔离开关操作机构被冰冻结不能分闸时，应轻轻摇动几次，使冻结的冰松动后，才能进行拉闸操作。

2）支撑绝缘子及操作机构变形或移位，如果故障发生在接触部位，不得强行拉闸，避免支撑绝缘子损坏而引起严重事故。

（2）隔离开关不能合闸的故障原因及排除。

1）轴锁脱落、楔栓退出、铸铁断裂，使刀杆与操作机构脱节，应停电进行维修或更换损坏零件；如不允许停电，可临时用绝缘棒操作，但必须尽快安排检修。

2）传动机构松动，使动、静触点接触面不在一条直线上，造成隔离开关不能合闸，应重新调整，使三相触点合闸时的同期性基本一致，避免动、静触点相互撞击。调整方法如下：

首先，卸开静触点固定座的螺栓，调节固定座的位置，使动触点刀片刚好插入刀口。

动触点刀片插入静触点的深度不应小于刀片宽度的90%，但不可过大，以防止刀片冲击绝缘子。动刀片与静触点固定座的底部要保持3～5mm的间隙。

其次，通过调整交叉连杆（或拐臂）的长度和操作绝缘子上的调节螺钉长度，可使隔离开关动、静触点的距离符合要求，避免动、静触点相互撞击，使开关合闸时的触点保持同期。

调整合格，经试分合闸符合要求，才能投入正常运行。

（3）隔离开关误操作的原因及预防。隔离开关误操作主要是由于未严格执行倒闸操作票及监护制度而引起的，其预防措施主要如下：

1）预防隔离开关带负荷拉合闸的措施。

a. 在隔离开关与断路器之间装设机械联锁，一般采用连杆机构来保证在断路器处于合闸位置时，使隔离开关无法分闸。

b. 利用断路器操作机构上的辅助触点来控制电磁锁，使电磁锁能锁住隔离开关的操作把手，保证断路器未断开之前，隔离开关的操作把手不能操作。

c. 若隔离开关与断路器距离较远采用机械联锁有困难时，可将隔离开关的锁用钥匙，存放在断路器处或在该断路器的控制开关操作把手上。只能在断路器分闸时，才能将钥匙取出打开与之相应的隔离开关，避免带负荷拉闸。

2）预防隔离开关带地线合闸的措施。

a. 在隔离开关操作机构处加装带接地线机械联锁装置，在接地线未拆除之前，隔离开关无法进行合闸操作。

b. 检修时应仔细检查带有接地刀的隔离开关，确保主刀片与接地刀的机械联锁装置良好，在主刀片闭合时接地刀应先打开。

（4）隔离开关接触部分过热故障的原因及排除。

1）动、静触点接触面过小，电流集中通过后又分散，出现很大的斥力，减小了弹簧的压力，使压紧弹簧或螺钉松动。应紧固螺钉，调整交叉连杆长度，使动刀片插入静触点的深度不应小于刀片宽度的90%。

2）操作时刀口合得不紧密，表面氧化接触电阻增大，引起接触部分过热。可用0号砂纸打磨触点表面去掉氧化层，并在刀片、触点的接触面上涂敷导电膏，能有效地防止氧化降低接触电阻。

3）开关在拉合过程中产生电弧，烧伤动静触点接触面。应修整动静触点的接触面或更换刀片。

4）操作时用力不当，使接触位置不正，引起触点压力降低，使触点接触不良，导致接触部分过热。应检查各连动机构的配合和调整交叉连杆长度，并进行试合闸，直到动静触点接触压力和插入深度合适为止。

5）开关容量不足或长期过负荷引起触点过热。应更换大容量开关或减轻负荷。

6）隔离开关在长期运行中由于受到外界空气的影响和电晕作用，在镀银触点上会形成一层黑色的硫化银附着物，使接触电阻增大。检修时不能用细砂纸打磨，避免损坏银层，可用氨水洗掉触点表面的硫化银：拆下触点，先用汽油洗去油泥，并用锉刀修平触点上的伤痕，再将其置于25%～28%浓度的氨水中浸泡约15min后取出，用尼龙刷子刷去硫化银层，最后用清水冲洗擦干，涂上一层中性凡士林即可继续使用。

(5) 隔离开关刀片弯曲的原因及排除。

1) 故障的主要原因：①由于刀片之间电动力方向的交替变化或调整部位产生松动，使刀片偏离原来位置，造成不能顺利合闸；②强行合闸或用力不当，使刀片变形。

2) 排除的主要方法：刀片弯曲时应进行调整，使调整后的刀片接触面平整，其中心线应在同一直线上。同时要调整好刀片和瓷柱的位置，并加以紧固。

(6) 操作机构虽正常，但隔离开关不动作故障的原因及排除。操作机构正常而隔离开关不动作主要是连接轴销等由于使用年久磨损严重或脱落所引起的。应重新更换轴销。

(7) 隔离开关的机械性故障种类及排除。

1) 未调整好，使传动机构卡阻、弯曲、变形等。应重新调整。

2) 锈蚀。应清除铁锈，涂上防锈漆。

3) 保养不力，阻力大，操作困难。应加强维护和润滑。

4) 使用年久，机械磨损。应更换磨损部件。

11.2 低压开关设备

11.2.1 低压开关柜（屏）故障原因及排除

1. 电源指示灯不亮的故障原因及排除

(1) 指示灯接触不良或灯丝烧断。应检查灯头或更换灯泡。

(2) 电源无电压。应用万用表检查三相电源。

(3) 熔断器熔体熔断。应查明原因后更换熔体。

2. 电压表指示过低的故障原因及排除

(1) 电源电压过低。应提高电源电压或请供电部门处理。

(2) 负荷过大。应减轻负荷。

(3) 低压线路太长。应更换成大截面导线。

(4) 变压器电压调节开关位置不合适。应调换电压调节开关位置。

3. 三相电压不平衡的故障原因及排除

(1) 三相负荷不平衡。应调整三相负荷。

(2) 相线接地。应找出接地处并排除故障。

(3) 三相电源不平衡。应检修或更换变压器。

(4) 电力变压器二次侧的零线断线。应找出断线处并重新接好。

4. 熔体熔断故障的原因及排除

(1) 外线路短路，应查明故障点并排除。

(2) 用电设备发生故障引起短路。应查明用电设备故障，并予以排除。

(3) 过负荷，应减轻负荷至规定范围。

5. 电器元件烧坏的故障原因及排除

(1) 接线错误，造成短路。应改正错误接线。

（2）电器容量过小。应换上与负载相匹配的电器元件。

（3）电器元件受潮或被雨淋。应作好防潮防水措施。

（4）环境恶劣，粉尘污染严重。应改善环境条件，采取防尘措施或换防尘电器。

6. 电器爆炸故障的原因及排除

（1）电器分断能力不够，当外线路或母线发生短路时，将开关等电器炸毁。应选择遮断容量能适应供电系统的电气设备。

（2）在没有灭弧罩的情况下操作开关设备，造成弧光短路。应必须装好灭弧罩才能操作开关。

（3）误操作。应严格执行操作规程，防止误操作。

（4）电器元件被雨淋或使用环境有导电介质存在。应采取防雨措施，改善环境条件，加强维护。

（5）二次回路导线损伤并触及柜架或检修后将导线头、工具等遗忘在屏内。应在检修时不得损伤二次回路，检修后将所有杂物清除，整理好线路，确认无问题后才能投入使用。

（6）小动物侵入屏内造成短路，应设置防护网，防止小动物侵入。

7. 母排连接处过热故障的原因及排除

（1）母排接头接触不良。应重新连接，使接头接触可靠或更换母排。

（2）母排对接螺栓过松。应拧紧螺栓，并使松紧程度合适；若弹簧垫片失效或螺栓螺母滑扣，应予以更换。

（3）母排对接螺栓过紧，垫圈被过分压缩，截面减小，电流通过时引起发热，或在电流减小时，母排与螺栓间易形成间隙，使接触电阻增大。应调整螺栓的松紧程度，紧固螺母压平弹簧垫圈。

8. 短路故障的原因及排除

（1）母排的支撑夹板（瓷夹板或胶木夹板）和插入式触点的绝缘底座积有污垢、受潮或机械损伤，形成电击穿而造成短路。应定期进行检查和清扫；对受潮或损伤的胶木板和底座予以烘干或更换；缩短母排支撑夹板的跨距，以提高动态稳定度。

（2）误操作，如带负荷操作刀开关。应严格执行操作规程，防止误操作。

（3）电器元件选择不当。应根据负荷大小来选择遮断容量合适的元器件，并设计合理的保护线路。

（4）停电检修时，将扳手、旋具等工具遗留在母排上，造成送电后发生短路。应在检修结束后仔细清查工具，可避免此类事故发生。

（5）老鼠、蛇等侵入配电屏造成短路。应设置防护网，防止小动物侵入。

11.2.2　低压电气元器件故障排查

11.2.2.1　熔断器

1. 判断熔断器熔体是短路熔断还是过载熔断的方法

（1）熔体过载熔断：熔体在过载电流下熔断时是逐渐熔化的，响声不大，熔体仅在一两处熔断，断口较窄。管子内壁没有烧焦现象，也没有大量熔体的蒸发物附在管壁上。

(2) 熔体短路熔断：熔体由于短路电流熔断时，是瞬时熔断，响声较大，熔体有多处熔断，断口较宽，电弧产生的糊焦痕迹一般很大。有时还可能在电器壳体和触点之间产生炭化导电薄层。

2. 玻璃管密封型熔断器中熔体的熔断的故障判断

(1) 当在熔体中长时间通过近似额定电流时，熔体一般在中间部分熔断，但不延长，熔体汽化后附在玻璃管壁上。

(2) 当在1.6倍左右额定电流反复在熔体中通过和断开时，熔体一般在某一端熔断并伸长。

(3) 当在2～3倍额定电流反复在熔体中通过和断开时，熔体在中间部分熔断并气化，但无附着现象，冲击电流会使熔体在金属帽附近某一端熔断。

(4) 当大电流（短路电流）通过时，熔体几乎全部熔化。

3. 熔断器过热故障的原因及排除

(1) 接线桩头螺钉松动，导线接触不良。应清洁螺钉、垫圈、拧紧螺钉。

(2) 接线桩头螺钉锈死，压不紧导线。应更换螺钉、垫圈。

(3) 导线过细，负荷过大。应更换相应较粗的导线。

(4) 铜铝连接，接触不良。应将铝导线换成铜线，或铝导线作搪锡处理。

(5) 触刀或刀座锈蚀。可用砂布、细锉或小刀除净，或更换熔断器。

(6) 触刀与刀座接触不紧密。应将刀座或插尾的插片用尖嘴钳钳拢些。若已失去弹性，应予以更换。

(7) 熔体与触刀接触不良。应使两者接触良好。

(8) 熔断器规格太小，负荷过大，而熔体太大。应更换成大号的熔断器。

(9) 环境温度过高。应改善环境条件。

4. 熔断器熔体误熔断故障的原因及防止措施

故障原因主要如下：

(1) 熔体两端或熔断器的触点间接触不良引起局部发热，使熔体温度过高而熔断。

(2) 熔体规格选择不当。

(3) 熔体本身氧化或有机械损伤，使熔体的实际截面变小。

(4) 熔断器周围的环境温度过高造成熔体误熔断。

防止措施主要如下：

(1) 正确选择熔体规格，使熔体额定电流大于被保护线路通过的额定电流。

(2) 安装熔体时应精心操作，不可弯折和损伤熔体，以防由于熔体截面减小，额定电流降低而引起的误熔断。

(3) 更换熔体时，应对接触部位进行修整，保证熔断器动触点与静触点（RL1型）、触片与插座（RM1型）、熔体与底座（RL型、RTO型、RSO型）之间接触良好，避免由于接触不良造成过热而使熔体误熔断。

(4) 若熔断器周围环境温度比被保护对象的周围环境温度高出很多，应加强熔断器安装部位的通风，以避免散热不良、温升过高而引起熔体误熔断。

（5）若熔体氧化腐蚀，使额定电流降低，因此，贮存熔体时应防止受潮氧化或被其他物质腐蚀。

5. 熔断器熔体过早熔断的原因分析

（1）熔体容量选得太小，特别是在电动机启动过程中发生过早熔断、使电动机不能正常启动。

（2）熔体变色或变形，说明该熔体曾经过热。熔体的形状直接影响熔体的熔断特性，人为改变熔体形状会使熔体过早熔断。

6. 熔断器熔体不能熔断的原因分析

熔体容量选得过大，特别是更换熔体时，增大了熔体的电流等级或用其他金属丝（如铜丝）代替，当线路发生短路时，熔体不能熔断，即不能对线路或电气设备起保护作用，严重时甚至烧坏线路或电气设备。

11.2.2.2　刀开关

1. 刀开关触点过热、熔焊故障的原因及排除

（1）开关的刀片、刀座在运行中被电弧烧毛，使刀片与刀座接触不良。应及时修磨动、静触点（但不宜磨削过多），使之接触良好。

（2）封闭式负荷开关（俗称铁壳开关）速断弹簧的压力调整不当。应检查弹簧的弹性，将转动处的防松螺母或螺钉调整适当，使弹簧能维持刀片、刀座动、静触点间的紧密接触与瞬间开合。

（3）开关刀片与刀座表面存在氧化层，使接触电阻增大。应清除氧化层，并在刀片与刀座间的接触部分除上一层很薄的凡士林。

（4）刀片动触点插入深度不够，降低了开关的载流容量。应调整杠杆操作机构，保证刀片的插入深度达到规定的要求。

（5）带负荷操作启动大容量设备，致使大电流冲击在静触点接触瞬间产生弧光，属于违章操作。应严格禁止。

（6）在短路电流作用下，开关的热稳定不够，造成触点熔焊。应及时排除短路故障，更换较大容量的开关。对轻微熔焊的触点应进行修整继续使用，对严重熔焊的触点必须更换。

2. 刀开关与导线接触部位过热故障的原因及排除

（1）导线连接螺钉松动，弹簧垫圈失效，使接触电阻增大。应更换弹簧垫圈并予以紧固。

（2）螺栓选用偏小，使开关通过额定电流时连接部位过热。应按合适的电流密度选择螺栓，通过铜质螺钉的电流 200A 以下时，电流密度为 0.3A/mm^2。电流在 600A 以下时，电流密度为 0.1A/mm^2，铁质螺钉的选择可参考表 11.2。

表 11.2　　铁　质　螺　钉

<table>
<tr><th rowspan="2">连接形式</th><th colspan="6">额定电流/A</th></tr>
<tr><th><10～25</th><th>50</th><th>100</th><th>150</th><th>300</th><th>600</th></tr>
<tr><td>连接外部导线的压紧螺钉</td><td rowspan="2">M5</td><td rowspan="2">M6</td><td>M8</td><td>M10</td><td>M12</td><td>2×M12 或 M16</td></tr>
<tr><td>连接外部导线通过电流的螺钉</td><td>M10</td><td>M12</td><td></td><td></td></tr>
</table>

（3）两种不同金属相互连接（如铝线与铜线）会发生电化锈蚀，使接触电阻增大而产生过热。应采用铜、铝过渡接线端子，或在导线连接部位涂敷导电膏，防止接触处的电气锈蚀。

3. 组合开关连接点开路、打火或烧蚀故障的原因及排除

（1）接线螺钉松动。应处理接点，拧紧螺钉。

（2）操作过于频繁。应减少操作频率，加强维护。

4. 组合开关动、静触点被电弧烧蚀故障的原因及排除

（1）负荷过大。应选用更大容量的开关。

（2）动、静触点接触不良，如果触点烧毛，可用 0 号砂布修磨，无法修复时，予以更换，然后调整动、静触点，使之接触良好。

5. 组合开关内部短路、烧毁故障的原因及排除

（1）严重受潮，被水淋，使用环境有导电介质。应改善使用条件，加强维护。

（2）绝缘垫板严重磨损，失去绝缘能力。应更换绝缘垫板或开关。

6. 组合开关手柄转不动故障的原因及排除

（1）转轴上的弹簧失去弹性或断裂。应更换弹簧。

（2）组合开关内部机械机构卡住或松动、脱开。应拆开进行检修。

（3）手柄转动无定位感觉。应拆开重新装配。

11.2.2.3 断路器

1. 断路器合闸失灵故障的原因及排除

（1）手动操作断路器。

1）失压脱扣器无电压或线圈烧坏。应检查加上电压或更换线圈。

2）贮能弹簧变形，导致闭合力减小，从而使触点不能完全闭合。应换上合适的贮能弹簧。

3）反作用弹簧力过大。应重新调整弹簧。

4）脱扣机构不能复位再扣。应调整脱扣器，将再扣接触面调到规定值。

5）如果手柄可以推到合闸位置，但放手后立即弹回，应检查各连杆轴销的润滑状况。若润滑油已干枯，应加新油，以减小摩擦阻力。

6）如果触点与灭弧罩相碰，或动、静触点之间以及操作机构的其他部位有异物卡住，也会导致合闸失灵。应根据具体情况进行处理。

（2）电动操作断路器。

1）操作电源电压不符。应更换电源。

2）电源电压过低。应调整电压，使之与操作电压相适应。

3）电磁铁拉杆行程不够。应重新调整或更换拉杆。

4）电动机操作定位开关失灵。应重新调整。

5）控制电路接线错误，或电路中的元件（如整流管、电容器）损坏。应改正接线或更换损坏元件。

6）操作电源的容量过小。应更换操作电源。

7）如果一相触点不能闭合，可能是该相拉杆断裂。应更换拉杆。

8）熔断器的熔体熔断。应换上合适的熔体。

2. 断路器触点闭合后缺相故障的原因及排除

（1）一般是断路器一相连杆断裂。应更换连杆。

（2）限流断路器脱扣机构的可折连杆之间的角度变大。应调整到技术规定的要求，一般为 170°。

（3）锁扣杆不到位。应调整连杆在方轴部位的锁扣杆角度。

3. 分励脱扣器不能使断路器分断故障的原因及排除

（1）分励脱扣器线圈短路。应更换线圈。

（2）电源电压过低。应调整电源电压。

（3）脱扣器整定值太大。应重新调整脱扣值或更换断路器。

（4）螺栓松动。应拧紧螺栓。

4. 失压脱扣器不能使断路器分断故障的原因及排除

（1）反力弹簧拉力变小。应调整弹簧的弹力。

（2）若属贮能释放，是贮能弹簧拉力变小。应调整贮能弹簧。

（3）操作机构卡死。应查明原因并予以排除。

5. 启动电动机时断路器立即分断故障的原因及排除

（1）过电流脱扣器瞬时整定电流太小。应调整过电流脱扣器瞬时整定弹簧。

（2）空气式脱扣器阀门失灵或橡皮膜破裂。应修复阀门或更换橡皮膜。

（3）脱扣器反力弹簧断裂或落下。应更换弹簧或重新安装。

（4）脱扣器的某些零件损坏。应更换脱扣器或更换损坏零件。

6. 断路器工作一段时间后自行分断故障的原因及排除

（1）过电流脱扣器长延时整定值不对。应重新调整。

（2）热元件或半导体延时电路元件变质。应更换元件。

7. 失压脱扣器噪声大的原因及排除

（1）反力弹簧力过大。应重新调整弹簧力。

（2）铁芯工作面有油污。应清除油污。

（3）短路环断裂。应更换衔铁或铁芯。

8. 断路器温升过高故障的原因及排除

（1）触点压力降低较多。应调整触点压力或更换弹簧。

（2）触点表面磨损较多或接触表面较为粗糙。应更换触点或修正触点工作面，使之平整、清洁或更换断路器。

（3）连接导线紧固螺钉松动。应拧紧螺钉。

（4）过负荷。应立即减轻负荷，观察是否继续发热。

（5）触点表面氧化或有油污。应清除氧化膜或油污。

9. 断路器辅助触点不通故障的原因及排除

（1）辅助开关的动触桥卡死或脱落。应拨正或重新安装好触桥。

（2）辅助开关传动杆断裂或滚轮脱落。应更换传动杆和滚轮或更换辅助开关。

（3）触点接触不良或表面氧化，有油污。应调整触点或清除氧化膜与油污。

10. 断路器线圈烧坏故障的原因及排除

(1) 合闸线圈在完成合闸后辅助触点未能及时将合闸线圈的电源切断。由于线圈按其设计都只能短时通电工作，若线圈在开关合闸后不能及时断电，长时间带电运行，必将由于过热而烧坏，应检查辅助开关的触点是否良好，有无烧结、黏连现象。

(2) 机械机构失灵，应检查主开关与辅助开关的联动机构是否正常。当联动机构失灵时，辅助开关的触点将不能正常开合，导致线圈不能及时断电。

(3) 接线错误使线圈不能断电。应按电气原理图检查控制电路接线。

(4) 线圈回路中有接地现象，使线圈不再受辅助开关的控制，一接通电源后线圈即带电。应检查线路绝缘，排除接地故障。

11. 断路器的压线部位过热故障的原因及排除

(1) 压线松动，使压线部位接触电阻过大。应紧固螺钉，使其接触良好。

(2) 压线螺栓偏小。应按规定正确选用螺栓。

(3) 铜接线柱与铝线的连接处发生了电化反应造成锈蚀。应清除锈蚀，采用铜铝过渡接线端子，并在连接部位涂以导电膏，以防止电化锈蚀。

12. 断路器把手转动不灵活的原因及排除方法

(1) 断路器的定位机构损坏。应进行检修或更换。

(2) 断路器静触点未固定好，使动触点受阻。应将静触点的固定螺钉重新固定好。

(3) 断路器转轴内有异物卡阻。应拆开检查，清除异物。

13. 断路器半导体过电流脱扣器误动作的原因及排除方法

(1) 半导体元器件损坏。应更换损坏的元器件。

(2) 周围强电磁场干扰引起半导体脱扣器误触发。应采取隔离措施或改进线路。

11.2.2.4 交流接触器

1. 交流接触器通电后不吸合故障的原因及排除

(1) 线圈供电线路断路。应检查引入电源，查看接线端有无断线、虚接或开焊，用万用表检查线圈有无电压。

(2) 线圈导线断路或烧坏。应在断电后用万用表电阻挡测量线圈通断情况，决定是否更换。

(3) 控制按钮的触点失效，控制回路触点接触不良，不能接通电路。应检查控制回路，使各触点接触良好。

(4) 控制回路接线错误。应检查、改正接线。

(5) 电源电压过低。应检查线圈供电电压，不得低于额定值的85%，否则应调整电源电压。

(6) 机械可动部分卡住，转轴锈蚀或歪斜。应拆下灭弧罩后按动触点，若不灵活，排除相应故障；拆下有关零件，去锈加油，紧固找正或更换。

2. 交流接触器吸力不足（即不能完全闭合）故障的原因及排除

(1) 电源电压过低或波动较大。应调整电源电压或采取有效措施稳定电压。

(2) 控制回路电源容量不足，电压低于线圈额定电压。应增加电源容量，提高电压。

(3) 触点反力弹簧压力过大或触点超额行程太大。应调整弹簧压力及行程。

（4）控制回路触点表面不清洁或严重氧化使触点接触不良。应定期清理，修复控制触点。

3. 交流接触器线圈断电后衔铁不能释放或释放缓慢故障的原因及排除

（1）触点反力弹簧弹力过小或弹簧失效、损坏，不能使触点复位。应更换或调整反力弹簧。

（2）触点熔焊，可在停电后，打开灭弧装置。用细锉修整触点。修整时要轻轻地将熔焊的触点撬开，用砂布进行打磨，直到表面发光为止，若触点烧损严重，厚度只有原厚度的1/2以下，应更换触点。如果经常熔焊，应调换大一个电流等级的接触器。

（3）机械运动部分卡死，转轴生锈或偏斜。应排除卡阻故障，清除杂物或更换严重变形零件，转轴部分除锈、加油。

（4）铁芯极面附着油污或灰尘，可用汽油清理铁芯，并用干布擦净。

（5）铁芯剩磁严重。应更换铁芯或磨削中柱，保持气隙为0.1～0.3mm。

（6）底板安装不正确。应重新正确安装。

4. 交流接触器噪声大、振动明显的原因及排除

（1）电源电压偏低，电磁吸力不足引起铁芯振动。应调整电源电压至85％～110％的额定电压。

（2）触点反力弹簧压力过大或超行程过大，使铁芯不能很好地闭合。应调整弹簧反力或更换弹簧，或调整行程至规定值。

（3）铁芯卡阻不能吸牢。应排除卡阻故障。

（4）铁芯极面有异物、锈蚀、毛刺或过度磨损，使极面不平，导致铁芯极面接触不良。应清理极面，去掉毛刺，磨平极面，调整或更换铁芯。

（5）短路环松脱或断裂。应装紧短路环或把断裂处焊牢，或更换铁芯。

（6）零件装配不当，如夹紧螺钉松动、漏装缓冲弹簧。应重新检查并正确装配有关零件。

5. 交流接触器线圈过热或烧坏故障的原因及排除

（1）电源电压过低或过高。应调整控制回路线圈的电源电压，使之符合线圈的额定电压。

（2）操作频率过高，超过技术参数规定的允许值。应降低操作频率或换成重负荷接触器。

（3）线圈制造不良或机械损伤导致绝缘损坏，甚至匝间短路。应更换线圈或消除引起机械损伤的故障。

（4）铁芯极面不平或中柱去磁气隙过大。应将铁芯端面磨平或更换铁芯。

（5）机械部动部分卡阻。应排除卡阻故障。

（6）使用环境特别恶劣，如潮湿、含腐蚀性气体或环境温度过高。应根据环境条件选用特殊设计线圈，如湿热型线圈等。

（7）交流接触器派生直流操作的双线圈，由于常闭联锁触点熔焊不释放而使启动线圈过热烧坏。

6. 交流接触器触点过热熔焊故障的原因及排除

(1) 接触器容量太小。应选用合适的接触器。

(2) 负载短路。应排除负载短路故障，更换触点。

(3) 线圈电压过低，吸合不良。应调整电源电压不低于额定电压的85%。

(4) 触点表面严重烧损造成接触不良，恶性循环。应修整触点表面或更换。

(5) 部分螺钉松动。应全面检查螺钉并拧紧。

(6) 触点压力过低。应更换或修复触点，调整触点的压力，使其符合要求。

(7) 操作过于频繁。应更换相应工作制的接触器以免再次发生熔焊。

7. 交流接触器触点及导电联结板温升过高故障的原因及排除

(1) 触点反力弹簧压力不足或超行程过小。应调整弹簧压力或把超行程调整至规定值。

(2) 触点接触不良。应清理触点表面油污及金属颗粒，修整极面紧固触点与导电极。

(3) 触点严重磨损或开焊，若触点磨损至原厚度的1/3或开焊，应更换触点或更换接触器。

(4) 操作过于频繁或电流过大，触点断开容量不足。应更换相应工作制的接触器或选用大一级容量的接触器。

8. 交流接触器触点过度磨损的原因及排除

(1) 接触器容量不足，特别是在反接制动、操作频率过高、点动动作过多等情况下。应使接触器降容使用或改用适合繁重任务的接触器。

(2) 三相触点动作不同步。应调整到同步。

(3) 负载短路。应排除短路故障，更换触点。

(4) 操作电压过低使合闸产生跳跃。应保证电源电压为额定值。

(5) 合闸过程中触点有跳跃现象。应检查并调整触点压力，使之符合要求。

(6) 灭弧装置损坏，使触点分断时产生电弧，不能被分割成小段迅速熄灭。应更换灭弧装置。

(7) 触点的初压力太小。应调整初压力。

(8) 触点分断时电弧温度太高，使触点金属氧化。应检修灭弧装置或更换。

9. 交流接触器相间短路故障的原因及排除

(1) 相间绝缘损坏。应更换炭化后的胶木件。

(2) 相间导电尘埃堆积或潮湿。应经常清理，保持清洁、干燥。

(3) 可逆转换时接触器联锁不可靠或铁芯剩磁太大，致使两台正反接触器同时投入运行，引起相间短路。应加装电气联锁及机械联锁，当剩磁过大时，需修整铁芯或更换接触器。

(4) 接触器动作太快，两台正反接触器转换时间短，在转换过程中产生电弧短路。应调换动作时间长的接触器，延长转换时间。

(5) 灭弧罩破裂，零部件损坏。应更换零部件。

(6) 装于金属外壳内的接触器，外壳处于分断时的喷弧距离内，可引起相间短路。应选用合适的接触器或在外壳内进行绝缘处理。

10. 交流接触器灭弧罩不能有效灭弧的原因及排除

（1）灭弧罩被雨淋或受潮，绝缘降低，不利于熄弧。应立即烘干。

（2）当分断故障时，电流过大或操作频繁，灭弧罩在高温作用下，使灭弧罩炭化。应用锉或刀刮掉炭质，保持表面整洁，并将整修后的杂质除净。

11. 交流接触器灭弧罩打破、弧角脱落、灭弧栅片脱落的原因及排除

（1）受机械损伤，人为或外力碰坏。应及时更换灭弧装置。

（2）修理时消弧装置遗失或由于灭弧室温度过高烧坏。应补齐遗失部分。

11.2.2.5　直流接触器

1. 直流接触器吸不上或吸不到底故障的原因及排除

（1）电源电压过低。应调高电源电压。

（2）控制回路电源容量不足或发生断路或控制触点接触不良。应增加电源容量，修复线路或控制触点。

（3）线圈参数与使用条件不符。应调换线圈。

（4）可动部分卡阻，线圈断线或烧坏。应排除卡阻故障或更换线圈。

（5）触点弹簧压力与超程过大。应按要求重新调整触点参数。

（6）直流操作双绕组线圈并联在保持绕组或经济电阻上的常闭辅助触点断开过早。应调整或更换常闭辅助触点。

2. 直流接触器不释放或释放缓慢故障的原因及排除

（1）触点压力太小。应调整触点压力。

（2）触点熔焊。应修复或更换触点。

（3）可动部分卡阻。应排除卡阻故障。

（4）反力弹簧力太小或损坏。应调整或更换反力弹簧。

（5）铁芯去磁间隙消失，使剩磁增大。应更换铁芯。

（6）铁芯极面有油污黏着。应清洗铁芯极面。

（7）直流操作电磁铁非磁性垫片脱落或磨损。应重新装好或更换非磁性垫片。

3. 直流接触器线圈过热或烧毁故障的原因及排除

（1）控制电源电压过高或过低。应调整电源电压。

（2）线圈技术参数与实际使用条件不符。应更换线圈。

（3）线圈绝缘损坏。应更换线圈。

（4）使用环境恶劣，如空气潮湿、含有腐蚀性介质或温度过高，维护或采用特殊设计的线圈。

（5）可运动部分卡阻。应排除卡阻故障。

（6）操作频率过高。应降低操作频率或选用其他合适的接触器。

（7）交流操作铁芯极面不平或中柱铁芯气隙过大。应修整极面，调换铁芯。

（8）直流操作电磁铁的双绕组线圈由于常闭辅助触点不释放，使线圈过热。应调整联锁触点参数或更换线圈。

4. 直流接触器电磁铁噪声大的原因及排除

（1）电源电压过低。应提高操作回路电压。

（2）触点弹簧压力过大。应调整触点弹簧压力。

（3）磁系统歪斜或机械卡阻，使铁芯不能吸平。应修理磁系统，排除机械卡阻故障。

（4）铁芯极面生锈或异物侵入铁芯极面。应清理铁芯极面。

（5）铁芯极面磨损过度而不平。应更换铁芯。

5. 直流接触器触点熔焊故障的原因及排除

（1）过载使用。应调换合适的接触器。

（2）负载侧短路。应排除短路故障，更换触点。

（3）触点弹簧压力过小。应调整触点弹簧压力。

（4）触点表面有突起的金属颗粒或异物。应清理触点表面。

（5）双极触点动作不同步。应调整触点使之同步。

（6）操作回路电压过低或机械卡阻，使吸合过程中有停滞现象，触点停顿在刚接触的位置上。应提高操作电源电压，排除机械卡阻现象，使接触器吸可靠。

（7）永久磁铁退磁，磁吹力不足。应更换永久磁铁。

6. 直流接触器触点过度磨损故障的原因及排除

（1）接触器选用不合适，在下列场合下，容量不足：反接制动、有较多密接操作、操作频率过高。应使接触器降容使用或改用适于繁重任务的接触器。

（2）三相触点动作不同步。应调整触点使之同步。

（3）负载侧短路。应排除短路故障，更换触点。

（4）永久磁铁退磁，磁吹力不足。应更换永久磁铁。

7. 直流接触器相间短路故障的原因及排除

（1）可逆转换接触器的机械和电气联锁失灵，使两台正反转接触器同时闭合或由于接触器燃弧时间太长，转换时间短，发生电弧短路。应检查电气联锁与机械联锁，在控制线路上加中间环节或调换动作时间长的接触器，延长可逆转换时间。

（2）积尘或粘有水汽、油垢，使绝缘损坏。应改善使用环境，加强维护，保持清洁。

（3）绝缘件或灭弧室损坏。应更换损坏的零部件。

（4）永久磁铁磁吹接触器的进出线极性接反，电弧反吹。应更正进出线极性。

11.2.2.6　真空接触器

1. 真空接触器不动作故障的原因及排除

（1）电源电压过低或不符。应测量并提高电源电压，使用合适的电源。

（2）线路接线错误。应核对并纠正接线。

（3）控制触点接触不良。应检查接触电阻，清洁触点，使之接触良好。

（4）接线头松脱。应检查接线，紧固螺钉。

（5）熔断器熔体熔断。应更换熔体。

（6）线圈烧坏。应更换线圈。

（7）二极管击穿。应检查并更换二极管。

（8）开关管损坏。应检查开关管是否有负压，更换开关管。

2. 真空接触器跳闸故障的原因及排除

（1）电源电压太低或不符。应提高电源电压或使用合适的电源。

（2）线路接线错误。应改正接线。

（3）线圈损坏。应更换线圈。

3. 真空接触器线圈过热故障的原因及排除

（1）电源电压不符。应改正电源电压。

（2）线未接好，螺钉松动。应接好并紧固螺钉。

4. 真空接触器开关管表面漏气故障的原因及排除

开关管表面附有杂物或水。应测量开关管绝缘电阻，清洁开关管外壳。

5. 真空接触器动作速击的原因及排除

动作速击的主要原因是辅助开关触点损坏或不动作。应检查并更换辅助开关。

6. 真空接触器二极管击穿故障的原因及排除

二极管击穿的主要原因是电源电压不符。应改正电源电压。

11.2.2.7　热继电器

1. 热继电器误动作故障的原因及排除

（1）电流整定值偏小。应旋转电流调节旋钮，合理调整整定电流至电动机额定电流的110％左右，若调节范围不够，需更换热继电器。

（2）电动机启动时间过长。应减少启动时间或根据启动时间要求，选择具有合适的可返回时间级数的热继电器。

（3）操作频率过高。应合理选用并限定操作频率。

（4）强烈冲击振动。应采用防振措施或选用带防冲击振动装置的专用热继电器。

（5）可逆运转或密集通断，一般不宜选用双金属片热继电器。应改为其他保护方式。

（6）环境温度变化太大或环境温度过高。应改善使用环境，使周围介质温度不超过－30～40℃。

（7）热继电器可调整部分松动。应拧紧松动部分。

（8）热继电器通过较大短路电流后，双金属片产生永久变形。应重新进行调整试验或更换热继电器。

（9）热继电器与连接导线松动或连接导线太细。应拧紧连接螺钉，按电动机额定电流重新选择导线。

（10）电动机负荷剧增，过大的电流通过热元件。应减小电动机负荷或改用保护装置，如过电流继电器。

2. 热继电器不动作故障的原因及排除

（1）电流整定值偏大或整定调节刻度有偏大的误差，使电动机过载很久而热继电器仍不动作。应按电动机额定电流重新调整电流整定值。其调整过程是：启动电动机正常运行后，将调节电流的凸轮向小电流方向旋转，直到热继电器动作，然后将凸轮向大电流方向稍作旋转即可。电流整定值一般为电动机额定电流110％左右。

（2）热元件烧坏或脱焊。应更换热继电器。

（3）动作机构卡阻，可打开热继电器盖板，排除相应故障，并手动试验，动作灵活，但不得随意调整，以免动作特性变化。

（4）导电板脱出。应重新放置，推动几次观察动作是否灵活。

（5）常闭触点烧结不能断开。应检修触点，如有烧毛，可轻轻打磨，对表面灰尘或氧化物等要经常清理。

3. 热继电器热元件烧断故障的原因及排除

（1）负载侧短路或电流整定值过大，造成长期过载，长时间通过大电流。应排除短路故障，更换热继电器；重新整定工作电流至电动机额定电流的110%左右。

（2）反复短时工作频率过高。应减小并限定操作频率，或合理选择热继电器或改用其他保护方式。

4. 热继电器动作不稳定故障的原因及排除

（1）热继电器内部有某些部件松动。应拆开盖板进行修复。

（2）检修时弯折了双金属片。应更换双金属片或热继电器。

（3）通电时电流波动过大。应检查电源电压及负载情况。

（4）接线螺钉未拧紧。应紧固接线螺钉。

5. 热继电器控制失灵故障的原因及排除

（1）热继电器触点烧毁或动触片弹性消失，造成动静触点接触不良或不能接触。应更换动触片及烧毁的触点。

（2）在可调整式的热继电器中，由于刻度盘或调整螺钉转不到合适的位置，将触点顶开。应调整刻度盘或调整螺钉。

6. 热继电器不能再扣故障的原因及排除

（1）再扣与脱扣时间同隔太短。应在2min以后可进行手动再扣，5min以后可自动复位再扣。

（2）复位片簧折断。应更换热继电器。

7. 热继电器无法调整的原因及排除

（1）热元件的发热量太小，或装错了热继电器。应更换电阻值较大的热元件，或电流值较小的热继电器。

（2）双金属片安装的方向反了，或双金属片用错。应改变双金属片的安装方向或更换双金属片。

8. 热继电器动作太快的原因及排除

（1）热继电器的整定电流太小。应根据负载的额定电流合理调整整定值，如热元件的额定电流值与负载的额定电流不相应，要更换热元件。

（2）电动机启动时间过长或操作过于频繁：若电动机启动时间过长，但操作不频繁时，可在启动时临时将热继电器常闭触点短接；若启动比较频繁时，应通过试验适当加大热元件的整定电流值；若启动过于频繁或密集通断、可逆运转时，不宜采用热继电器保护。

（3）与热继电器相连接的导线过细或连接不牢，导致接触电阻过大，引起局部过热，通过热传导作用使热继电器的热元件发热变形。应合理选用连接导线并压紧接线端，热继电器连接用铜导线的截面积见表11.3。

表 11.3　　热继电器连接用铜导线截面积

热元件额定电流 I_N/A	铜芯导线截面积规格/mm^2	热元件额定电流 I_N/A	铜芯导线截面积规格/mm^2
$I_N \leqslant 11$	2.5	$45 < I_N \leqslant 63$	16
$11 < I_N \leqslant 22$	4	$63 < I_N \leqslant 85$	25
$22 < I_N \leqslant 32$	6	$85 < I_N \leqslant 120$	35
$32 < I_N \leqslant 45$	10	$120 < I_N \leqslant 160$	50

11.2.2.8　继电器

1. 继电器不能动作故障的原因及排除

(1) 线圈断路。应更换线圈。

(2) 线圈额定电压高于电源电压。应更换额定电压合适的线圈。

(3) 运动部件被卡住。应找出卡住的部位并加以调整。

(4) 运动部件歪斜或生锈。应拆开有关部件，除锈后重新安装调整。

2. 继电器不能完全闭合或闭合不牢故障的原因及排除

(1) 线圈电源电压过低。应调整电源电压或更换额定电压合适的线圈。

(2) 运动部件被卡住。应找出卡住的部位并进行调整。

(3) 触点弹簧或释放弹簧压力过大。应调整弹簧压力或更换弹簧。

(4) 交流铁芯极面不平或严重生锈。应更换分磁环或更换铁芯。

3. 继电器线圈损坏或烧毁故障的原因及排除

(1) 空气中含有粉尘、水蒸气和腐蚀性气体等，使绝缘损坏。应更换线圈，必要时还要涂覆特殊绝缘漆。

(2) 线圈内部断线。应重绕或更换线圈。

(3) 线圈由于机械碰撞和振动而损坏。应查明原因并进行适当处理后，再修复或更换线圈。

(4) 线圈在过电压或欠电压下运行电流过大。应检查并调整线圈电源电压。

(5) 线圈额定电压比电源电压低。应更换额定电压合适的线圈。

(6) 线圈匝间短路。应更换线圈。

4. 继电器触点严重烧损或熔焊故障的原因及排除

(1) 负载电流过大。应查明原因，采取适当措施，减小负载电流。

(2) 触点积聚尘垢。应清理触点接触面。

(3) 电火花或电弧过大。应采用灭弧电路。

(4) 触点烧损过大，接触面接触不良。应修整触点接触面或更换触点。

(5) 触点超程太小。应更换触点。

(6) 触点接触压力太小。应调整触点弹簧或更换弹簧。

(7) 继电器闭合过程中振动过激或多次发生振动。应查明原因，采取相应措施减少振动或消除振动。

(8) 接触面上有金属颗粒凸起或异物。应清理触点接触面。

5. 继电器不释放故障的原因及排除

(1) 释放弹簧反力太小。应更换合适的弹簧。

（2）铁芯极面残留黏性油脂。应将极面擦干净。

（3）交流继电器防剩磁气隙太小。应用细锉将有关极面锉去0.1mm左右。

（4）直流继电器的非磁性垫片磨损严重，应更换非磁性垫片。运动部件被卡住，应查明原因适当处理。

（5）触点已熔焊。应撬开已熔焊的触点，并更换触点。

6. 继电器触点虚接的原因及排除

（1）继电器线圈的实际电压过低（低于额定电压的85%）。应检查电源电压，控制线路的电源电压，可尽量避免采用24V以下的低电压，若确有必要采用24V电压时，可采用并联型触点，以提高工作的可靠性。

（2）控制线路中某些接点或压接线接头处接触电阻过大，造成线路压降过大。应及时检查线路连接的接触情况。

7. 继电器控制电感性负载时触点磨损过快或火花过大的原因及排除

（1）故障原因。

1）由于继电器触点动作频繁，触点的压力又比较小，当分断任务很重时，往往会出现触点磨损过快。

2）在电感性电路中，触点断开时电感的贮能引起电弧和火花。

（2）排除方法。

1）在触点两端并联阻容吸收装置，用电容器吸收触点断开时电感的贮能，使电弧能量减小并很快熄灭。

2）在电感性负载两端并联阻容吸收装置或续流电阻、续流二极管等。当触点断开时，由于放电电流方向相反，电磁能便消耗在并联回路中，因此，应注意二极管极性不要接错。

3）阻容吸收装置为电阻与电容串联。电容的大小可按负载电流的大小来选取，一般取0.2～2pF，也可由实验确定。初选时电容量可按1μF/A选取。电阻的选取可按下列经验公式计算，即

$$R=\frac{U_C}{a}$$

式中：U_C为电容器上的电压，V；a为系数，银触点可取140。

8. 时间继电器延时不准确的原因及排除

（1）空气阻尼式时间继电器。

1）空气室拆开后重新装配时，未按规定操作，造成气室密封不严、漏气，使延时不准确，严重时甚至不延时。维修时不要随意拆开气室，装配时应按规定的技术要求操作，保证气室密闭。

2）空气室内不清洁，灰尘或微粒侵入空气通道，使气道阻塞，延时时间延长。应拆下继电器，在空气清洁的环境中拆开空气室，清理灰尘，然后重新装配。

3）安装或更换时间继电器时，安装方向不对，造成空气室工作状态的改变使延时不准确。因此，继电器不能倒装，也不能水平安装。

4）使用时间长，空气湿度变化，使空气室中橡皮膜变质、老化，硬度改变，造成延

时不准确。应及时更换橡皮膜。

(2) 晶体管式时间继电器。

1) 调节延时时间的可调电位器使用时间长，使电位器内碳膜磨损或侵入灰尘，使延时时间不准确，可用少量汽油顺着电位器旋柄滴入，并转动旋柄，或更换磨损严重的电位器。

2) 晶体管损坏、老化，造成延时电路参数改变，使延时时间不准确，甚至不延时。应拆下继电器予以检修或更换。

3) 晶体管时间继电器由于受振动，元件焊点松动，插座脱离。应进行仔细检查或重新补焊。

4) 检查元件的外观有无异常，不要随意拆开外壳进行调换、焊接，以免损坏元件，扩大故障面，在更换或代用时，应用相同型号、相同电压、延时范围接近的晶体管时间继电器。

(3) 电磁式时间继电器延时不准，多为非磁垫片磨损。

(4) 钟表式时间继电器延时不准，多为钟表机构的故障。

9. 过电流继电器动作太快或不动作故障的原因及排除

(1) 过电流继电器发生动作太快是由于油杯密封不严，造成阻尼剂（如 201-100 甲基硅油）泄漏而影响阻尼作用而失去延时功能。应添足硅油，严重时应更换油杯。

(2) 过电流继电器出现应动作却未动作是由于继电器中的微动开关被撞坏。应将损坏的微动开关拆下，换上同样规格的新开关。

11.2.2.9　漏电保护器

1. 漏电保护器刚投入运行就动作跳闸故障的原因及排除

(1) 接线错误。应严格按产品使用说明书安装接线。

(2) 漏电保护器本身有故障。应检修或更换漏电保护器。

(3) 线路泄漏电流过大，导线绝缘电阻太小或绝缘损坏。应检查线路绝缘电阻，处理好线路绝缘。

(4) 线路太长，对地电容较大。应更换为合适的漏电保护器。

(5) 线路中有相地之间的负荷。应撤除相地之间的负荷。

(6) 装有漏电保护器和未装漏电保护器的线路混接在一起。应将两种线路分开。

(7) 零线在漏电保护器后重复接地。应取消重新接地。

(8) 在装有漏电保护器的线路中，用电设备外壳的接地线与工作零线相连。应将接地线与工作零线断开。

2. 漏电保护器误动作的原因及排除

(1) 漏电保护器本身质量不好。应更换成质量好的漏电保护器。

(2) 接地不当，如零线重复接地等。应取消重复接地等。

(3) 操作过电压。应换上延时型漏电保护器或在触点之间并联电容器、电阻，以抑制过电压。

(4) 多台大容量电动机一起启动。应再投入一次，并改为顺序投入电动机。

(5) 雷电过电压。应再投入一次。

(6) 电磁干扰，如附近有磁性设备接通或大功率电气设备开合。应将漏电保护器远离上述设备安装。

(7) 水银灯和荧光灯回路的影响。应减少回路中水银灯或荧光灯的数量，缩短灯与镇流器的距离。

(8) 过载或短路，当漏电保护器兼有过电流保护、短路保护时，会由于过电流、短路脱扣器的电流整定不当而引起漏电保护器误动作。应重新整定过电流保护装置的动作电流值，使其与工作电流相匹配。

(9) 环流影响，当两台配电变压器并联运行时，若每台变压器的中性点各有接地线，由于两台变压器的内阻抗不可能完全相同、接地线中会出现环流。如环流很大，就会引起漏电保护器误动作。应拆去一根接地线，使两台变压器共用一个接地极。

3. 电流型漏电保护器不动作故障的原因及排除

(1) 漏电保护器本身故障。可用试验方法判断，其步骤是：将保护器以后的所有线路及用电设备全部退出运行，然后对保护器单独送电试验，送电后，反复几次按保护器面板上的“试验”按钮与“复位”按钮，若保护器无故障，指示灯有显示，应能听到灵敏继电器吸合或释放的“叭嗒”声。若未有显示或声音，说明漏电保护器本身有故障。

(2) 配电变压器中性点未接地或接触不良，即使有人触电或漏电，也构不成回路，触、漏电电流不能回到变压器中，使保护器不能动作。应检查配电变压器中性点的接地情况。

(3) 配电变压器中性点接地线接在保护器之后，即使有触、漏电发生，触、漏电电流只能在保护器之后自成回路，使保护器不能动作。应检查保护器的接线情况。

(4) 漏电保护器动作电流选用过大。应根据用电设备合理选用漏电保护器。

4. 电流型漏电保护器误动作故障的原因及排除

(1) 只将3条相线穿入保护器，而未将零线穿过保护器。当线路中有单相负荷或三相负荷不平衡时，3条相线电流的合成相量不为零，使保护器误动作。此时，只要一合上保护器开关，保护器就会跳闸，使电动机和灯都不能工作。应改正接线，将相线与零线全部穿过保护器，即将N线也穿过零序电流互感器。

(2) 接线错误，如相邻两条分支线路的零线相连。当其中一条分支路的负载不平衡时，将有一部分零线电流经相连的零线流入另一条分支线路，使两条分支线路各自的保护器都误动作。应将相连的零线去掉或断开。

(3) 接地装置安装位置不当，将通过保护器的工作零线在保护器之后又重复接地。这样，零线电流将有一部分经重复接地处回到变压器N点，使流经保护器的各电流相量和不为零而产生误动作。应将重复接地接到保护器之前。

(4) 电磁干扰，当零序电流互感器靠近强磁场或其他导体安装时，如果这些导体中电流较大，导体将产生较强的磁场，影响零序电流互感器的特性，使其产生零序电流而误动作。应设法远离强磁场和大电流导体。若不能远离，要采用屏蔽措施，并将屏蔽接地。

(5) 保护器动作电流选用过小。应按用电设备合理选用。

5. 漏电开关误动作、甚至合不上故障的原因及排除

(1) 漏电开关本身故障，要将负荷全部切除，用试验按钮进行检验，能正常合闸与跳闸，说明开关本身是好的，否则，即开关质量有问题，应予以更换。

(2) 线路故障在开关所保护的线路中，由于线路老化、环境潮湿等原因而产生漏电。应对线路进行检查，排除线路故障。

(3) 用电设备绝缘不良。用电设备由于绝缘破损会发生带电导体碰壳，使外壳带电，通过外壳产生漏电。应用测电笔检验外壳是否带电，查明故障及时排除。

(4) 接线错误，接线时应将全部负荷接在电能表及漏电开关的后面。若只将某个用电设备的一条线接在漏电开关或电能表的前面，开关将不能合闸或跳闸，应改正错误接线。

(5) 用户中的插座接线错误，一般用电设备的三极插头的E脚是接设备外壳的，在与之相配套的三极插座中，E脚也应接保护接地线PEN，如将E接在自来水管上或其他接地线上，也可能引起跳闸。

6. 操作试验按钮后漏电继电器不动作的原因及排除

(1) 试验回路不通。应查明原因，连接好线路。

(2) 试验电阻损坏。应更换试验电阻。

(3) 试验按钮接触不良。应检修清理按钮。

(4) 漏电脱扣器不能推动机构自由脱扣。应调整漏电脱扣器。

(5) 漏电脱扣器不能正常工作。应更换漏电脱扣器。

11.2.2.10 主令电器

1. 按钮接触不良的原因及排除

(1) 触点烧蚀或磨损松动造成接触不良。应拆开按钮对触点进行检修，及时去除烧毛伤痕，如果磨损严重需更换触点。

(2) 动触点弹簧失效，使动触点松动位移接触不良。应更换弹簧。

(3) 使用环境差或密封不良，有异物侵入使按钮动作受阻。应进行清洁处理，清除异物。

2. 按钮绝缘性能降低的原因及排除

由于长期使用或密封性不好，使油污、导电尘粉或水汽进入按钮内部或发生短路故障造成绝缘性能降低甚至被击穿。应定期进行清洁处理，并采取相应的密封措施，防止短路故障发生，保持电气绝缘性能。

3. 带灯按钮塑料外罩变形老化的原因及排除

由于带灯按钮长时间通电，灯泡电压过高，散热不畅或环境温度高造成灯带过热变形老化。应通过降压电阻或降压变压器降低灯泡电压即可克服外罩变形。

4. 按钮触点烧毛的原因及排除

由于触点接触不良，表面不清洁，造成接触电阻增大，引起触点过热、烧毛。应使用锋利的刀刃或锉刀修平，不可用砂纸或其他研磨材料修整。

5. 行程开关控制失灵故障的原因及排除

(1) 由于行程开关多安装于工作机械的运动部位或多次接受撞块的碰撞，使安装螺钉松动造成行程开关位移。应经常检查维护，发现松动时及时紧固。

（2）触点接触不良。应清除油污和灰垢，并检查触点的动作是否灵活可靠，有无松动、接触不良的情况，发现问题及时排除，以免引起设备事故及人身安全事故。

（3）由于运动部件或撞块超行程过多、机构失灵、开关被撞坏、杂质侵入开关内部，使机械卡住，开关复位弹簧失效，弹力不足，造成触点不能复位闭合。应对行程开关进行定期检查，及时修复。

6．微动开关控制失灵的原因及排除

（1）粉尘积聚过多，或油污粉尘黏合使导杆移动受阻。应加强维护管理，及时清理粉尘油污，特别要注意粉尘的防护或清理。

（2）粉尘附着在动、静触点上，使微动开关接触不良。应在微动开关外壳缝隙处用胶带或塑料带包扎密封，使粉尘不能侵入开关内部，保证触点接触良好。

7．万能转换开关外部连接点放电、烧蚀或断路故障的原因及排除

（1）开关固定螺钉松动。应拧紧固定螺钉。

（2）旋转操作过于频繁。应适当减少操作次数。

（3）导线压接处松动。应处理导线接头，并压紧螺钉。

8．万能转换开关内部触点起弧烧蚀故障的原因及排除

（1）开关内部的动、静触点接触不良。应调整动、静触点，修整触点表面。

（2）负载过载。应减轻负载或换上容量大一级的开关。

9．万能转换开关控制失灵或漏电故障的原因及排除

（1）开关内部转轴上的弹簧松软或断裂，使触点位置改变，控制失灵。应更换弹簧。

（2）使用环境恶劣，受潮气、水及导体介质的侵入，造成开关漏电或炸裂。应改善环境条件，加强维护。

11.3 互感器故障及排除

11.3.1 电压互感器

1．电压互感器熔体熔断故障原因及排除

（1）故障现象。

1）电压互感器熔断器有一相熔体熔断时，熔断的一相对地电压表指示降低，未熔断的两相间的线电压及两相对地电压表指示正常；如果出现接地信号，说明电压互感器一次侧熔断器一相熔断，如果不出现接地信号，说明电压互感器二次侧熔断器一相熔断。

2）电压互感器熔断器有两相熔体熔断时，熔断的两相对电压表指示很小或接近于零，未熔断的一相对地电压表指示正常；熔断的两相间的线电压为0，另外一相线电压降低，但不为0；如果出现接地信号，说明电压互感器一次侧熔断器两相熔断，如果不出现接地信号，说明电压互感器二次侧熔断器两相熔断。

（2）故障原因。

1）高压侧中性点接地时发生单相接地；母线末端带负荷时投入高压电容器。

2）二次侧所接测量仪表消耗的功率超过互感器的额定容量或二次侧绕组短路。

3）当发生雷击时，感应雷电流通过高压侧熔体经电压互感器中性点入地，导致高压侧熔体熔断；当线路发生雷击单相接地时，电压互感器可能由于自身的励磁特性不好而发生一次侧熔体熔断。

4）熔断器长期磨损也会造成高压或低压侧熔体熔断。

5）由于某种原因，电路中的电流或电压发生突变，而引起的铁磁谐振，使电压互感器的励磁电流增大几十倍，会造成高压侧熔体迅速熔断。

（3）排除方法。

1）当高压侧发生熔体熔断时，应将高压侧的隔离开关拉开，并检查低压侧熔体是否同时熔渐，确认无问题后，方可进行更换。

2）当低压侧熔体熔断时，应立即更换相同容量、规格的熔体，但在更换熔体前，要将有关保护解除，在更换熔体并进入正常运行后再将停用的保护重新投入。

3）当高、低压侧熔体同时熔断时，故障可能发生在二次回路，可更换高、低压侧熔断器后试运行。若低压侧再次熔断，应找出原因后再予更换。如果低压侧熔断器没有熔断，应对互感器本身进行检查。可测量互感器绝缘，当绝缘正常时可更换熔断器后继续投入运行。

2．电压互感器断线故障原因及排除

（1）故障现象。电压互感器一旦断线，会发出预告音响和光字牌，低压继电器动作，频率监视灯熄灭，仪表指示不正常。

（2）故障原因。

1）电压互感器的高、低侧熔断器熔体熔断。

2）回路接线松动或断线。

3）电压切换回路辅助触点及电压切换开关接触不良。

（3）排除方法。

1）如果高压侧熔体熔断，应仔细查明原因，并排除故障。只有确认无问题后，方可进行更换。

2）如果低压侧熔体熔断，应立即更换，并确保熔体容量与原来相同。

3）排除故障，更换熔体和恢复正常后，应将停用的保护装置投入运行。

4）如果更换熔体后，仍发出断线信号，应拉开刀闸，并在采取安全措施后进行检查。检查时查看回路接头有无松动、断开现象，切换回路有无接触不良、短路等故障。

3．电压互感器二次负荷回路发生故障原因及排除

（1）故障现象。电压互感器一旦发生故障，控制室或配电板的电压表、功率表、功率因数表、电能表、频率表等的指示将出现异常，同时保护装置的电压回路也失去电压。

（2）故障原因。

1）运行中的电压互感器，由于二次负荷回路熔断器或隔离开关的辅助触点接触不良而造成回路电压消失。

2）负荷回路中发生故障使二次侧熔体熔断。

（3）排除方法。

1）如果各种仪表指示正常，说明电压互感器及其二次回路存在故障。应根据各仪表

的指示，对设备进行监视。如果这类故障可能引起保护装置误动作，应退出相应的保护装置。

2）如果熔断器接触不良，应立即修复。若发现二次侧熔体熔断，可换上同样规格的熔断器试送电，若再次熔断，应查明原因。只有消除故障，方可更换熔断器，再次送电。

3）如果一次侧熔体熔断，应对一次侧进行反复检查。只在有限流电阻时，方可换上同样规格的熔断器试送电。如果没有限流电阻，不得更换试送电。否则，可能造成更大的故障。

4）有时只有个别仪表（如电压表）的指示不正常，一般属于仪表故障，应立即通知检修人员进行处理。

4. 电压互感器铁磁谐振故障的排除及防止措施

（1）故障现象。电压互感器铁磁谐振时，三相电压同时升高很多，其产生的过电压可能会击穿互感器的绝缘，使互感器烧坏；若由于接地诱发铁磁谐振，可有系统接地信号发出。

（2）排除方法。电压互感器出现铁磁谐振时，应立即由上一级断路器切除互感器，切忌使用刀开关，以免由于电压过高造成三相弧光短路，危及人身或设备安全。切除后应检查互感器有无电压击穿现象。

（3）防止措施。对于电压互感器的铁磁谐振，可采取吸收谐振过电压的自动保护装置。该装置由保护间隙串联级吸收电阻后并接在互感器线圈上，一旦发生铁磁谐振过电压，保护间隙被击穿，由吸收电阻将过电压限制在互感器的额定电压以内，从而保护互感器不被击穿。

5. 电压互感器一次、二次回路开路故障原因及排除

因电压互感器二次侧不允许短路，因此电压互感器二次侧必须安装熔断器。

（1）故障原因。

1）高、低压熔断器熔断。

2）连接线松动或脱落。

3）电压切换回路辅助接点或切换开关接触不良。

（2）排除方法。电压互感器一次、二次回路开路时，应先将与之有关的保护或自动装置停用，以防误动作，然后检查高、低压熔断器有无熔断，连接线是否松动或脱落，切换开关或电压切换回路的辅助接点接触是否良好。

6. 电压互感器上盖流油、着火故障原因及排除

（1）故障原因。

1）电压互感器的极性接错。

2）操作过电压。

（2）排除方法。当电压互感器发生上盖流油、着火时，应立即断开电源，用干式灭火器或砂子灭火，然后检查接线并采用适当安全措施。

7. 10kV电压互感器一次侧熔断器熔体熔断故障的原因及排除

（1）故障原因。

1）由于电压互感器内部绕组发生匝间、层间或相间短路以及一相接地等故障引起一

次侧熔体熔断。

2）二次回路故障。若电压互感器二次回路及设备发生故障，可能造成电压互感器过电流，如果互感器的二次侧熔体选得太粗，就可能造成一次侧熔体熔断。

3）10kV系统一相接地。10kV系统一般是中性点不接地系统，当其一相接地时，其他两相的对地电压将升高3倍。这样，对YN/YN接线的电压互感器，其正常的两相对地电压将变成线电压。由于电压升高，使电压互感器的电流增加，从而使熔体熔断。

4）系统发生铁磁谐振。当系统发生谐振时，电压互感器中将产生过电压或过电流，此时除造成一次侧熔体熔断外，还可能烧毁互感器。

（2）排除方法。当发现电压互感器一次侧熔体熔断后，应拉开电压互感器的隔离开关，检查二次侧熔体是否熔断。在排除互感器本身故障或二次回路的故障后，可重新更换熔体，将电压互感器投入运行。

11.3.2 电流互感器

1. 电流互感器二次回路断线故障排除

电流互感器二次回路在任何情况下都不允许开路运行。因为电流互感器在运行情况下二次开路，会造成对人身和设备危险的高电压。

（1）故障现象。电流互感器二次回路开路，一般不容易发现，电流互感器本身也无明显变化，因此会长时间处于开路运行状态。只有当发现电流互感器有糊焦味、电流端子烧毁以及电流表指针指示不正常或电能损失过大时才会被发现。

1）电流互感器发出较大的“嗡嗡”声，所接的有关仪表指示不正常，电流表无指示，电能表、功率表等无指示或指示偏小。

2）铁芯中的磁通急剧增加，在断线处可能出现很高的过电压，其峰值可达数千伏，甚至数万伏，从而出现火花，严重的能造成仪表、保护装置、互感器、一次回路的绝缘击穿，导致接地或高压电弧，甚至危及人身安全。

3）由于铁芯损耗增加，电流互感器会严重发热甚至烧毁。

4）在差动保护回路中电流互感器二次回路断线时，可有断线信号发出。

（2）排除方法。当发现电流互感器二次侧开路时，可用钳型电流表快速查找开路点。首先要分别测量每相电流互感器的二次电流，若测得某相无电流，即认为该相电流互感器二次侧开路。此时可用短接线按顺序在电流互感器的二次侧、电流端子侧、保护端子侧以及测量表计处逐一短接两相电流回路，用钳型电流表逐一测量电流。若电流互感器二次侧无电流，则证明电流互感器本身（内部）开路；若表计处无电流则证明二次回路开路。

1）当电流互感器出现二次回路断线时，应减小互感器一次电流或临时断开一次回路，将其修复后再恢复供电。

2）如果接线端子压接不良出现火花，可由一人监护，另一人戴好绝缘手套站在绝缘垫上将压线螺钉拧紧。

3）电流互感器安装时，其二次接线应接触良好，且不允许串接熔断器和开关。

4）检修、调试继电保护或测量仪表时，若有可能造成二次开路，必须先用电流试验端子将互感器二次短接，以免互感器二次开路运行。

2. 电流互感器一次压接线处发热故障的原因及排除

(1) 故障现象。电流互感器一次压接线处发热,一般是压线处的测温蜡片变色,严重时可引起电流互感器过热,在压线处出现放电。若不及时处理,可导致短路、接地等故障。

(2) 故障原因。

1) 压接不紧。

2) 母线铝排与电流互感器的铜排相接处产生电化反应。

3) 接线板表面严重氧化或接线板接触面积小。

4) 电流互感器内部一次接线压线不良。

(3) 排除方法。

1) 在处理压线处发热时,可将压接处重新打磨平滑,涂上导电膏后加弹簧垫圈压紧。

2) 如果接线板接触面积小,应增大接线板长度,必要时可用螺钉加以固定。

3. 电流互感器声音异常故障原因及排除

(1) 故障现象。正常运行中的电流互感器由于铁芯的振动,会发出较大的“嗡嗡”声。但是若所接电流表的指示超过了电流互感器的额定允许值,电流互感器就会严重过负荷,同时伴有过大的噪声,甚至会出现冒烟、流胶等现象。

(2) 故障原因。

1) 电流互感器长期过负荷。

2) 电流互感器二次回路开路。

3) 电晕放电或铁芯穿心螺栓松动。

(3) 排除方法。

1) 如果是过负荷,应采取措施降低负荷至额定值以下,并继续进行监视观察。

2) 如果是二次回路开路,应立即停止运行,或将负荷减少至最低限度进行处理,但须采取必要的安全措施,以防止人身触电。

3) 如果电晕放大,可能是瓷套管质量不好或表面有较多的污物和灰尘。瓷套管质量不好的应更换,对表面的污物和灰尘应及时清理。

4) 如果电流互感器内部严重放电,多为内部绝缘降低,造成一次对二次或对铁芯放电。应立即停电进行处理。

5) 如果铁芯穿心螺栓松动,电流互感器异常响声一般随负荷的增大而增大,若不及时处理,互感器可严重发热,使绝缘老化,导致接地、绝缘击穿等故障,应停电处理并紧固松动的螺栓。

4. 电流互感器一次线圈烧坏故障的原因及排除

(1) 故障原因。

1) 绕组间绝缘损坏或长期过负荷。

2) 线圈的绝缘击穿,主要是由于线圈的绝缘本身质量不好,或二次线圈开路产生高达数千伏的电压,使绝缘击穿,同时也会引起铁芯过热,导致绝缘损坏。

(2) 排除方法。一旦发现电流互感器一次线圈烧坏,应更换线圈或更换合适变压比和容量的电流互感器。

5. 电流互感器线圈和铁芯过热故障的原因及排除

（1）电流互感器线圈和铁芯过热一般是由于二次线圈匝间短路或长期过负荷，应检查线圈故障或将负荷降低至额定容量以下。

（2）电流互感器二次线圈回路开路，处理二次回路开路的方法与电压互感器二次回路方法类似。

11.4 软启动装置

软启动装置，又称软启动器（Soft starter），是一种集电机软启动、软停车、轻载节能和多种保护功能于一体的新型电动机控制装置。软启器采用三相反并联晶闸管作为调压器，将其接入电源和电动机定子之间。这种电路如三相全控桥式整流电路，使用软启动器启动电动机时，晶闸管的导通角从 0 开始，逐渐前移，晶闸管的输出电压逐渐增加，电动机逐渐加速，直到晶闸管全导通，电动机工作在额定电压的机械特性上，实现平滑启动，降低启动电流，避免启动过流跳闸。电动机达到额定转速时，启动过程结束，软启动器自动用旁路接触器取代已完成任务的晶闸管，为电动机正常运转提供额定电压，以降低晶闸管的热损耗，延长软启动器的使用寿命，提高其工作效率，又使电网避免了谐波污染。软启动器同时还提供软停车功能，软停车与软启动过程相反，电压逐渐降低，转数逐渐下降到零，避免自由停车引起转矩冲击。

交流电动机全压直接启动将产生过高的电动转矩与启动电流，直接影响接在该电网上电气设备的运行。全压启动的电动机容量越大，供电变压器容量越小时，影响越显著。一般电动机容量大于动力变压器容量的 30%，不允许经常全压启动，否则在启动瞬间大电流的冲击下，将引起电网电压的降低，影响到电网内其他电气设备的运转，电压的降低可能引起电动机本身的启动无法正常完成，严重时，电动机可能烧毁。同时，全压启动产生过高的启动冲击转矩将引起一系列的机械问题，如连接件损坏、电动机机座变形、齿轮或齿轮箱损坏等。因此，设法改善电动机的启动过程，使电动机平滑无冲击的完成启动过程很有必要。

软启动器在启动电动机时，通过逐渐增大晶闸管导通角，使电动机启动电流从零线性上升至设定值。对电动机无冲击，提高了供电可靠性，平稳启动，减少对负载机械的冲击转矩，延长机器使用寿命。软停车时平滑减速，逐渐停机，它可以克服瞬间断电停机的弊病，减轻对重载机械的冲击，避免高程供水系统的水锤效应，减少设备损坏。另外，其启动参数可调，根据负载情况及电网继电保护特性选择，可自由地无级调整至最佳的启动电流。

11.4.1　软启动装置调试及启动故障

（1）在调试过程中出现启动时显示缺相故障，软启动器故障灯亮，电动机没有反应。出现故障的原因及处理如下：

1）启动方式采用带电方式时，操作顺序有误。正确操作顺序应为先送主电源，后送控制电源。

2）电源缺相，软启动器保护动作。检查电源。

3）软启动器的输出端未接负载。输出端接上负载后软启动器才能正常工作。

（2）用户在启动过程中，偶尔有出现跳空气开关的现象。故障原因及处理如下：

1）空气开关长延时的整定值过小或者是空气开关选型和电动机不配。空气开关的参数适量放大或者空气开关重新选型。

2）软启动器的起始电压参数设置过高或者启动时间过长。根据负载情况将起始电压适当调小或者启动时间适当缩短。

3）在启动过程中因电网电压波动比较大，易引起软启动器发出错误指令，出现提前旁路现象。建议不要同时启动大功率的电机。

4）启动时满负载启动，尽量减轻负载。

（3）在使用软启动器时出现显示屏无显示或者是出现乱码，软启动器不工作。故障原因及处理如下：

1）软启动器在使用过程中因外部元件所产生的震动使软启动器内部连线震松。打开软启动器的面盖将显示屏连线重新插紧即可。

2）软启动器控制板故障。联系厂家更换控制板。

（4）软启动器在启动时报故障，软启动器不工作，电动机没有反应。故障原因及处理如下：

1）电动机缺相。检查电动机和外围电路。

2）软启动器内主元件可控硅短路。检查电动机以及电网电压是否有异常，联系厂家更换可控硅。

3）滤波板击穿短路。更换滤波板即可。

（5）软启动器在启动负载时，出现启动超时现象，软启动器停止工作，电动机自由停车。故障原因及处理如下：

1）参数设置不合理。重新整定参数，起始电压适当升高，时间适当加长。

2）启动时满负载启动。启动时应尽量减轻负载。

（6）在启动过程中，出现电流不稳定，电流过大。故障原因及处理如下：

1）电流表指示不准确或者与互感器不相匹配。更换新的电流表。

2）电网电压不稳定，波动比较大，引起软启动器误动作。联系厂家更换控制板。

3）软启动器参数设置不合理。重新整定参数。

（7）软启动器出现重复启动。故障原因及处理如下：在启动过程中外围保护元件动作，接触器不能吸合，导致软启动器出现重复启动。检查外围元件和线路。

（8）启动完毕，旁路接触器不吸合。故障的原因及处理如下：

1）在启动过程中，保护装置因整定偏小出现误动作。将保护装置重新整定即可。

2）在调试时，软启动器的参数设置不合理。主要针对的是55kW以下的软启动器，对软启动器的参数重新设置。

3）控制线路接触不良。检查控制线路。

（9）在启动时出现过热故障灯亮，软启动器停止工作。故障原因及处理如下：

1）启动频繁，导致温度过高，引起软启动器过热保护动作。软启动器的启动次数要控制在每小时不超过 6 次，特别是重负载一定要注意。

2）在启动过程中，保护元件动作，使接触器不能旁路，软启动器长时间工作，引起保护动作。检查外围电路。

3）负载过重启动时间过长引起过热保护。启动时，尽可能地减轻负载。

4）软启动器的参数整定不合理，时间过长，起始电压过低。将起始电压升高。

5）软启动器的散热风扇损坏，不能正常工作。更换风扇。

（10）可控硅损坏故障的原因及处理如下：

1）电动机在启动时，过电流将软启动器击穿。检查软启动器功率是否与电动机的功率相匹配，电动机是否带载启动。

2）软启动器的散热风扇损坏。更换风扇。

3）启动频繁，高温将可控硅损坏。控制启动次数。

4）滤波板损坏，输入缺相。引起此故障的因素有很多：①检查进线电源与电动机进线是否有松脱；②输出是否接有负载，负载与电动机是否匹配；③用万用表检测软启动器的模块或可控硅是否击穿，以及他们的触发门极电阻是否符合正常情况下的要求（一般为 20～30Ω），更换损坏元件；④内部的接线插座是否松脱。

11.4.2　软启动装置运行故障分析及排除

软启动器在运行过程中出现故障，常常会出现相应的故障指示：LINE（线路）、START（启动）、STALL（失速）、TEMP（温度）中 1 个或多个故障指示灯亮。

1. 控制电源故障

判断故障时，首先查看控制电压状态指示灯是否正常，如果控制电源消失，应检查控制电源供电回路。控制电源恢复后没有故障指示可再启动一次。

2. START（启动）故障

启动故障的原因主要有：门电路开路，应检查电阻，必要时更换电源电极；或者是门导线松动，应加以紧固。

3. STALL（失速）故障

（1）电动机转动部分卡涩、连接负载机械部分卡涩或者过载严重。

（2）失速功能选取不当，如果不选用此功能则该软启动器的 3 号双列开关应置 OFF 位。

（3）软启动器控制组件的问题。应检查软启动器本身。

4. TEMP（温度）故障

（1）软启动器通风道堵塞或者风扇故障。因为软启动器采用可控硅进行控制，存在发热的问题，正常运行温度必须在 0～50℃之间，保证可靠的通风，可及时排除可控硅工作时散发的热量。

（2）环境温度过高或者电动机启动瞬间过载严重，引起温度保护动作。这是因为在软启动器内部采用内热敏电阻监视可控硅整流的温度，当达到电源极的最大额定温度时，将关闭可控硅整流器，门信号关闭，软启动器停止工作。如果环境温度过高加上启动瞬间存在负荷过载，整流器温度会急剧升高，引起保护跳闸，因此应降低环境温度。在解决温度故障时必须从环境温度和所接负载的工况两方面考虑，如果机械部分存在过载，可控硅整流器也会在瞬间过热严重，无法启动。

5. 线路故障

（1）动力电源供电消失或者熔断器熔断。

（2）供电电源三相不平衡或者与电动机连接的三相电源线松动或者电动机故障。

（3）软启动器本身故障，如控制回路故障或者门电阻器开路。

在实际生产过程中多数是失速和温度故障，软启动器本身出现的问题很少。

11.4.3 软启动器使用注意事项

（1）电动机软启动器安装和接线须有专业技术人员负责操作，并遵循相应的安装标准和安全规程。在安装和接线之前请详细阅读产品安装使用说明书。

（2）电动机软启动器通电时，严禁接线，须在确认断开电源后，才能进行，否则有触电危险。

（3）设备在不使用及维修时，必须断开进线空气开关。

（4）软启动回路为可控硅元件，严禁用高压欧姆表测量其绝缘电阻。

（5）软启动器正常工作时自动输出旁路。

（6）软启动器调试时必须接负载（可以小于实际负载）。

（7）远程端子禁止有源输入。

（8）主回路必须加快速熔断器。

（9）接线时，三相输入电源务必接在R、S、T端子上，连接电动机的输出线接在U、V、W端子上，否则会造成电动机软启动器严重损坏。

（10）电动机软启动器维修时，请务必先断开电源，确保安全。

第 12 章　励磁装置常见故障分析及排除

同步电动机以其运行稳定、功率因素可调节、效率高等优点广泛运用于大中型泵站。同步电动机励磁装置主要功能是向其提供一稳定、可靠、大小可以调节的直流电源，以满足同步电动机正常运行的需要。励磁装置包括：励磁电源、投励环节、调节和信号以及测量仪表等，其结构原理图如图 12.1 所示。

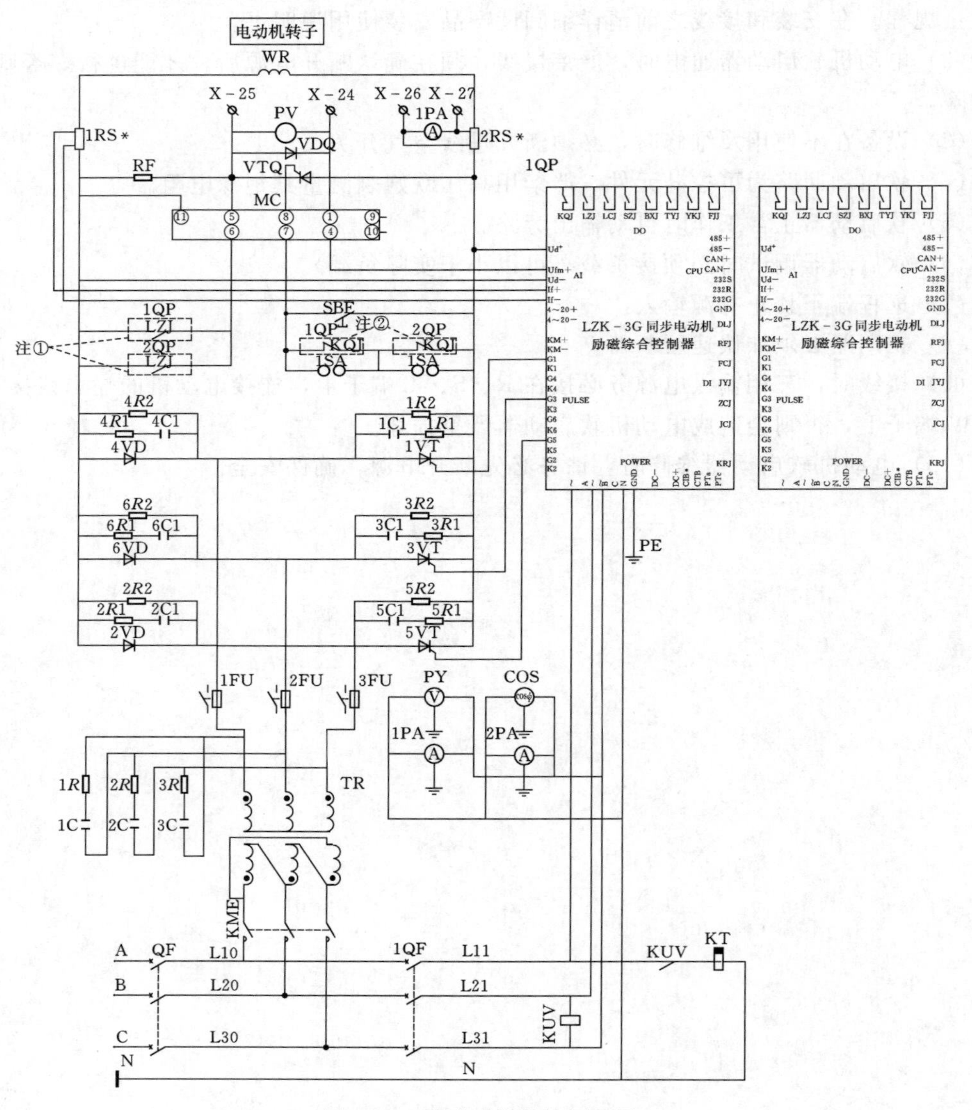

图 12.1　励磁系统结构原理图

励磁系统是同步电动机的重要组成部分，其稳定性直接影响到水泵机组的稳定运行，因此，励磁系统应具有工作可靠、性能优越、接线简单、自动化程度高等特点。

12.1　元器件故障的原因及处理方法

12.1.1　合电源开关时，开关跳闸

1. 故障原因

(1) 供电电源开关容量偏小。

(2) 整流变压器有短路现象。

(3) 开关故障。

2. 处理方法

(1) 正确计算合理选用电源开关。

(2) 如果交流保护过电流继电器已调到很大的动作电源开关跳电流值，仍然跳电源开关，必须用调压器逐渐增加输入到变压器的电源电压，分别用钳形表检测三相电流，以判别某相短路再进行修理。

(3) 如电源开关故障，修理开关。

12.1.2　空气开关未加给定信号就有输出整流电压

1. 故障原因

(1) 三相输入电源相序不对。

(2) 触发板脉冲相位未调好。

(3) 触发插件脉冲线性度差或者是电位器调整不当。

2. 处理方法

(1) 用相序指示器或示波器校正相序。

(2) 在给定为零时调节触发板和电位器，用示波器观察整流电压波形六相一致时，整流器电压表的指示值为0。

(3) 如有个别触发插件脉冲线性度差，无法调整到整流电压波形一致时，找出疑点进行修理或者更换插件板。

12.1.3　经常发生在同一个桥臂上的晶闸管元件损坏

1. 故障原因

(1) 整流电压波形严重不对称。

(2) 某桥臂的均压电阻开路或者换相过电压、阻容吸收环节不起作用。

2. 处理方法

(1) 经常用示波器观测，并通过调节触发插件上电位器进行平衡补偿，使触发输出波形对称。

（2）停机检查桥臂均压电阻和电容的焊点，要求焊接可靠。

12.1.4　主机板故障

1. 故障现象

主机故障灯点亮，用读写器检查故障类型为主机板故障，代码A05或B05。

2. 处理方法

主机板内部故障，更换主机板。

12.1.5　通道板故障

1. 故障现象

通道故障灯点亮，用读写器检查故障类型为通道板故障，代码A06或B06。

2. 原因分析

通道板上触发脉冲形成回路故障、导致触发脉冲丢失。

3. 处理方法

更换通道板。

12.1.6　切换板故障

1. 故障现象

A、B套主机故障灯、通道故障灯及脉冲故障灯同时点亮，励磁输出正常，用读写器检查故障类型为切换板故障，代码A12（A套主机时）或B12（B套主机时）。

2. 分析及处理

切换板上元件失效所致。机组可正常运行，但不能进行双套切换，应选择时机停机待双套电源均关断后更换切换板，并依《现场实验报告》中记录的参数表重新配置各项参数。

12.1.7　风机故障

1. 故障现象

风机停故障指示灯亮，风机停转，风机箱保险熔断，励磁输出不受影响。

2. 分析及处理

短时间内（暂定1h内，配合监视可控硅与散热器接合处温升不超过40℃）能完成处理则不需要停机，更换时应先拧开风机箱上航空插头的旋钮，取出风机箱，采用替换故障风机或整体更换风机箱的方式均可。在投励前风机停指示灯也会点亮，但无报警，此属正常现象而非故障。

12.1.8　交、直流开关电源故障

1. 故障现象

交（直）流电源面上指示灯全部或部分熄灭，＋5V回路故障时对应A（B）套退出运行，＋24V回路故障时只报警，励磁输出不受影响。

2. 分析及处理

交（直）流电源损坏，由于电源内部监视继电器接在+5V回路上，+24V无监测，当单纯+24V故障时，装置运行并无异常反应，但存在另一路电源或控制回路再发生故障时，导致跳闸的隐患。用户在巡视时应注意电源面板上的指示灯，发现指示不正常就应立即处理，必要时，更换相应电源插件。

12.1.9 交流电源故障

1. 故障现象

交流电源指示灯熄灭，交流开关电源上所有指示灯熄灭，A套退出运行并伴随有失磁、同步信号丢等现象。

2. 故障原因分析

此为给装置提供励磁电源的回路故障所致，持续时间稍长即会导致跳闸停机。

3. 处理办法

（1）提高励磁电源供电部分元件的可靠性。

（2）个别要求严格的场所可采用带备用电源自动投入的双路电源供电。

（3）静态励磁屏上带有两路电源输入，且具备自投功能，现场安装时应分别取自两段低压母线，以提高可靠性。

12.1.10 直流电源故障

1. 故障现象

直流电源指示灯熄灭，直流开关电源上所有指示灯熄灭。B套退出运行，励磁输出正常，不停机。

2. 原因分析

（1）供电直流屏或输电线路故障。

（2）直流开关电源损坏导致直流供电回路保险熔断。

3. 处理方法

恢复直流供电或更换直流开关电源。

12.2 励磁装置运行故障

12.2.1 整流柜内异常发热

1. 故障原因

（1）灭磁电阻温度过高。

（2）交流过电压吸收环节中电容短路或者电流大，使电阻发热。

（3）柜内中、下层的干式整流变压器发热。

2. 处理方法

（1）按照灭磁整定方法调节VT7、VT8导通工作点。

（2）换电容器。

（3）及时修理整流变压器，有可能因匝间短路发生局部发热。

12.2.2　Rf1、Rf2温度过高

1. 故障原因

（1）三相全控桥晶闸管导通角小，交流有效成分大，使Rf1、Rf2发热。

（2）VT7、VT8误导通。

2. 处理方法

在正常运行时，晶闸管导通角大，交流有效成分就会减小，灭磁电阻的温度会明显下降。

12.2.3　功率因数表指示值误差过大

1. 故障原因

接到功率因数表上的电压和电流相序不对。

2. 处理方法

调整接到功率因数表上的电压相序或电流互感器次级的接线极性。

12.2.4　快速熔断器熔断，电铃响

1. 故障原因

（1）快速熔断器本身质量问题，制造厂银片截面不够或点焊工艺不完善。

（2）主回路存在有一只或多只可控硅反向击穿，或晶闸管特性变坏，换向时关断特性不好，造成瞬间换向短路。

（3）直流侧短路，如检修转子滑环时，碳刷未放入刷屋架内部投送励磁，碳刷短路，快速熔断。

（4）有些装置使用铝排、铝线鼻子进行铜铝过渡，有些使用铁质螺栓、垫片，这样铜、铝、铁紧固过渡，接触电阻增大，发热严重，试温片80℃熔化，加速了快速熔断器的环境传导温度。

（5）有些在选用参数时相差太大，应按照要求对有效值与平均值进行正确换算，不可选得太小，要恰到好处，合理选用。

2. 处理方法

（1）更换晶闸管元件与快速熔断器。

（2）逐一测试可控硅元件是否有损坏现象，仔细检查外接线路，排除短路故障。

（3）测试励磁绕组是否存在短路现象。

（4）经常用示波器检测整流桥输出波形，如发现波形不对称或者缺相时，应立即停机。

（5）在投励后用钳形电流表检测，并联支路里的电流应该基本均衡；检查并联支路晶闸管控制极脉冲信号以及均衡电抗器的极性接线，要求正确可靠。

12.2.5　交流电源消失，厂用电源供电回路的交流接触器不带电

（1）外部厂用电源消失。检查确认外部厂用电源是否消失。

（2）交流接触器线圈损坏。更换对应的交流接触器。

（3）接线错误，交流接触器线圈未正确驱动。检查接触器线圈的接线回路。

12.2.6 直流电源消失，DC220/110V直流电源供电回路不带电

（1）外部直流电源消失。检查确认外部直流电源是否消失或对应的保险丝是否熔断。

（2）电源监测继电器线圈损坏或未正确动作。更换对应的监测继电器或检查其线圈是否正确带电。

12.2.7 过压保护动作，非线性灭磁及过压保护电阻动作

（1）灭磁开关带负荷分断。这时的非线性电阻为正常耗能状态，不属于故障，将出现的“过压保护”信号复归即可。注：此时反而应检查灭磁开关分闸的原因。

（2）转子回路过电压。检查定子线圈及转子线圈有无接地、短路，机组有无失磁、失步运行等异常现象。

12.2.8 逆变灭磁失败

励磁系统接收停机逆变命令10s后，机端电压仍大于10%额定值。故障原因及处理方法如下：

（1）整流器阳极输入电源相序错误。检查输入电源相序，确保为正相序。

（2）调节器脉冲输出混乱，未与可控硅对应。检查各脉冲信号线是否正确接入对应的可控硅触发回路。

（3）有可控硅损坏，导致在转子回路中形成续流回路。做开环试验检查各可控硅是否正常。

12.2.9 过励保护

励磁电流大于额定励磁电流2～3倍，超过正常的强励倍数，此时励磁系统将启动BCJ，紧急停机。故障原因及处理方法如下：

（1）转子回路短路，如碳刷短路。检查转子回路有无短路现象，励磁系统也应做开环试验，确保整流器及灭磁回路正常。

（2）励磁整流桥可控硅全开。检查残压起励信号是否误投入。一般情况下，过励保护也可能不会启动。

（3）输入整流器的三相交流电源短路，做开环试验检查各可控硅及快熔是否正常。

12.2.10 失磁

同步电动机组失磁是一种极为严重的故障，因为励磁系统均配有备用通道、故障监测及自动切换系统、各种限制功能等保护措施，在正常情况下一般不会造成失磁，一旦出现失磁，说明励磁系统已发生较严重的故障，造成多个通道或检测系统均不能正常工作。失磁的主要表现：无功突然变负，且负值很大，可能接近于机组视在容量，励磁电流输出接近于零。引起失磁的原因主要有：

（1）转子开路。

（2）转子回路短路。

（3）励磁系统同步电压信号消失。

（4）可控硅脉冲信号消失。

（5）调节器发生故障同时故障检测系统也损坏，导致无法切换到备用通道。

（6）灭磁开关误分。

处理：在第一时间内作紧急停机，然后再检查转子回路有无开路或短路现象，励磁系统做开环试验检查有无故障。

12.2.11 强励磁时间过长或太短

1. 故障原因

（1）时间继电器未调好。

（2）空气自动开关ZK热脱扣未调好。

2. 处理方法

（1）调节时间继电器，强励达到10s自行恢复。

（2）当时间继电器能满足10s延时动作而发现主开关ZK提前切断电源时，则需要将开关ZK内热脱扣的整定旋钮作适当调整。

12.2.12 单套同步信号消失故障

1. 故障现象

单套出现同步信号消失故障，故障套运行在备机（若原为主机则自动切换转入备机运行），该套的运行灯非正常闪烁或不亮，同时通道故障灯点亮，励磁输出正常，读写器读出故障类型为同步信号丢失，代码A01或B01。

2. 分析与处理

若只有一套出现此类现象，说明该套同步信号变换回路有问题，不需要停机，可按下列步骤处理直至故障消失：

（1）测量：故障套BUT（300－17、300－19）或AUT（300－47、300－55）电压，应为AC6.2V左右。

（2）更换通道板。

（3）更换主机板，若为主机板故障则应换回原通道板以确认通道板是否损坏。

12.2.13 双套同步信号消失故障

1. 故障现象

双套出现同步信号消失故障，励磁输出为0，不发生切换，在故障发生的15s内，电动机失步以前故障自动消失（如备用电源自动投入动作），装置恢复正常运行；若发生失步或故障时间超过15s，则跳闸停机；双套出现该故障时，运行灯皆非正常闪烁或不亮，数码显示器上排灭，下排指示“2A”，读写器读出2种或3种故障，为A、B套的同步信号丢，以及电动机失步；代码A01、B01和A（B）11。

2. 分析与处理

（1）交流380V励磁电源是否正常。

(2) 测量 BUT (400－13、400－14) 或 AUT (400－31、400－30) 是否为 AC6.2V。

(3) 测量 UA (400－33、400－32) 是否为 AC220V。

(4) 检查 400 单元母板是否有烧坏痕迹。

(5) 更换前置变换板。更换前应按《现场实验报告》配置电阻 $R_3 \sim R_6$。

12.2.14 A/D 采集故障

1. 故障现象

通道故障灯点亮，用读写器读出故障类型为 A/D 采集故障，代码 A02 或 B02。

2. 分析处理

主机反上 A/D 变换器故障，更换主机板即可。

12.2.15 A－B 通道通信故障

1. 故障现象

A、B 两套的主机故障灯、通道故障灯及脉冲故障灯全部点亮，励磁输出正常，用读写器读出故障类型为 AB 通信故障，代码 A03 或 B03。

2. 分析与处理

该类故障发生时，A、B 通道之间不能完成双机切换，不影响励磁正常调节和输出；但此时若主机套出现其他故障，将会导致跳闸停机，处理方法为选择适当时机停机（如即时倒换备用机组）待励磁装置完全退出运行后更换切换板。更换切换板后应重新按原参数表的数据逐一重新设定，待核查无误后开机。更换切换板必须在 A、B 套“更换/复归”旋钮均处于“更换”位时进行。

12.2.16 空气开关跳闸故障

1. 故障现象

空开跳故障指示灯点亮，空气开关“分”位，电动机联动跳闸。

2. 原因分析

(1) 装置工作电源投入而空气开关未合。

(2) 励磁变压器一次侧过电流幅值及时限超过空开过流保护定值。

(3) 空气开关过流保护误动。

3. 处理方法

(1) 检查励磁变压器是否有过热或烧痕。

(2) 检查空气开关至变压器一次的连接电缆是否有过热或烧痕。

(3) 校验空气开关过流保护动作是否准确可靠。

12.2.17 配置参数出错

1. 故障现象

A、B 套主机故障灯、通道故障灯及脉冲故障灯全部点亮，励磁输出正常，用读写器检查故障类型为配置参数错，代码 A13（A 套主机时）或 B13（B 套主机时）。

2. 分析与处理

配置参数中的某项或标志区发生非正常改变。处理方法：可在不停机状况下，按《现场实验报告》中记录的参数，逐一重新输入，并执行格式化数据操作。但若电机处于运行中，输入数据必须小心，任何一次误操作（如输入不合适的数据）都有可能导致励磁波动甚至跳闸停机。若上述操作仍不能使故障消失，则应停机，并在 A、B 套都断电的条件下更换切换板并重新配置参数。

12.3　同步电动机励磁装置故障案例分析

同步电动机励磁装置出现故障时，如 WKLF 型励磁装置，可以从故障现象上进行判断，也可以通过查找故障代码，根据代码进一步判断故障类型。

12.3.1　可控硅触发脉冲故障

1. 故障现象

励磁正常投入后，突然在某工作点励磁表记开始摆动。励磁装置起励至发电机额定电压 80%，然后继续增磁到大约 90%时，励磁表计开始反复摆动，几次均有此现象发生。检查采样回路、适配单元、脉冲的控制电压都正常。用示波器观察脉冲，正常时为双脉冲，随着增磁到上次故障点时，双脉冲变成“三”脉冲，即在双脉冲的第一个脉冲前沿，又多了一个时有时无的“虚”脉冲，造成可控硅误触发，导致故障发生。

2. 故障检查

励磁波动较大且不稳定，励磁表计有轻微的抖动是正常的，但当摆动较大时，则属于故障：

（1）励磁装置从运行数值突然向满刻度方向摆动，时而又正常，其变化规律无常，但当增、减磁时仍然可以进行调节，这是由于移相脉冲的波动引起的。应检查脉冲的控制电压是否正常，而脉冲的控制电压是由励磁量测值（电动机电压或励磁电流）、给定值经 PID 调节输出的。因此，先检测励磁装置的电源是否正常，再分别检查给定值、励磁量测值两路信号是否正常。可用万用表和示波器检查给定值、励磁量测值输入及经适配单元后的测量值是否稳定、正常。

（2）当励磁整流波形脉动成分较大时，励磁表计抖动明显。用示波器观察可控硅整流波形，仅能看到 4 个甚至 2 个可控硅导通波形。首先用万用表或专用仪器检测可控硅的性能是否良好；再用示波器观察 6 个脉冲信号是否存在，检查触发脉冲的形成、预放及脉冲变压器原、次端的信号是否正常，并与同步电压进行相位的比较，观察脉冲的移相角度、宽度及幅值是否正常。出现此类现象大部分情况是设备在使用过程中由于现场环境温度的变化、震动、氧化等作用，使电子元器件的工作特性和焊接状态受到影响。因此，发生故障时要及时修复，平时定期对励磁装置进行维护、调试，及时更换损坏的元器件。

（3）检查与励磁相关的长导线，是否由于现场较长的导线在电缆沟中形成容性耦合、屏蔽层是否接地良好。

3. 故障排除

如果是励磁元器件出现故障，应更换相应元器件；如果是导线问题，应更换脉冲屏蔽线，并将电缆屏蔽层可靠接地。

12.3.2　励磁变压器的相序、相位错误造成的故障

1. 故障现象

励磁装置对于可控硅同步信号有着严格的要求，因此对于励磁变压器不仅要求相序正确，相位也要正常。在某泵站机组发电过程中，水泵机站升至额定转速后，励磁起励，电动机迅速建压。但当继续增磁时，电动机突然过压，跳开灭磁开关。

2. 故障分析

该装置的励磁变压器为 Y/△-11 接法，经现场检查，该励磁变压器原端的三相电缆是 C、B、A 接法，误以为将励磁变压器次端也按 C、B、A 就可以了，而实际上没有考虑励磁变压器 Y/△-11 接法，经这样接线后变成了 Y/△-1 接法，使励磁变压器相位发生了变化，从而造成可控硅整流失控。

3. 故障排除

将励磁变压器原、次端电缆重新安装，励磁工作正常。

对于励磁变压器的相序、相位错误，可用示波器、相序表进行检查，也可以测母线与励磁变压器原端的电压差，同相时应无电压，异相时则显示出电压差，如此依次测量即可找出故障点并顺利解决。

12.3.3　PT 回路断线故障

1. 故障现象

(1) 单套故障时，故障套为备机（若原为主机将切换至另一套转入备机运行），通道故障灯亮，读写器检查故障总数为 1，故障类型为 PT 回路断线，代码 A07 或 B07。

(2) 双套同时发生该类故障，不发生切换，两套通道故障灯点亮，若故障前为闭环运行，故障发生后自动退出闭环，闭环灯熄灭，数码显示器上、下排全熄灭，用读写器查故障总数为 2，故障类型均为 PT 回路断线故障，代码为 A07 和 B07。

2. 分析处理

(1) 单套发生该类故障时，不影响机组正常运行，故障判别方法与单套同步信号丢失类似。

1) 测量故障套 300 端子 PT 信号，UPT（300－18、300－24）或（300－46、300－52）应为 AC6.7V 左右。

2) 更换通道板。

3) 更换主机板，若为主机板故障则应换回原通道板以确认其是否损坏。

(2) 双套都发生该类故障时，机组也可维持连续运行，但此时功率因数闭环已退出，励磁电流无法依负载或电网自动调节。

1) 测量 600 端子上 PT 信号输入 YMB、YMC（600－20、600－21）之间电压应为 AC100V。

2）测量前置板 PT 信号输入（400－34、400－35）之间应为 AC100V。

3）测量前置板 PT 信号输出 BPT（400－15、400－16）和 APT（400－29、400－28）的电压均应为 AC6.7V 左右。

4）选择时机停机，拔出电源箱插件，检查 400 单元母板是否有烧痕。

5）更换前置变换插件，更换时应将新插件上的电阻 R_3～R_6 按《现场实验报告》上记录的阻值重新配置。

12.3.4　CT 回路断线故障

1. 故障现象

（1）单套故障时，故障套为备机（若原为主机将切换至另一套转入备机运行），通道故障灯亮，读写器检查故障总数为 1，故障类型为 CT 回路断线，代码 A08 或 B08。

（2）双套同时发生该类故障，不发生切换，两套通道故障灯点亮，若故障前为闭环运行，故障发生后自动退出闭环，闭环灯熄灭，数码显示器上、下排全熄灭，用读写器查故障总数为 2，故障类型均为 CT 回路断线故障，代码为 A08 和 B08。

2. 故障处理

（1）单套发生该类故障时，不影响机组正常运行，故障判别方法与单套 PT 回断线故障类似。

1）测量故障套 300 端子 CT 信号，UCT（300－16、300－21）或（300－48、300－53）应为 AC10V 以上（若此时电子电流非常小，该值会稍偏低）。

2）更换通道板。

3）更换主机板，若为主机板故障则应换回原通道板以确认其是否损坏。

（2）双套都发生该类故障时，机组也可维持连续运行（伴随有其他故障发生时，可能会跳闸停机），但此时功率因数闭环已退出，励磁电流无法依负载或电网自动调节。由于 CT 开路时会在回路上产生过电压，有可能导致其他周边回路联锁击穿，应依现场实际情况具体分析。

1）观察仪表板上定子电流表是否有指示。

2）测量前置板 CT 信号输出 BCT（400～18、400～9）和 ACT（400～26、400～25）的电压均应为 AC10V 以上，若此时电流非常小，该值会稍偏低。

3）选择时机停机，拔出电源箱插件，检查 400 单元母板是否有烧痕。

4）更换前置变换插件，更换时应将新插件上的电阻 R_3～R_6 按《现场试验报告》记录的阻值重新配置。

12.3.5　再整步不成功故障

1. 故障现象

失步灯点亮，电动机跳闸停机，用读写器检查故障总数为 2，故障类型分别为电动机失步和再同步失败故障代码 A09、A11（表示故障前主机为 A 套）或 B09、B11（表示故障前主机位置为 B 套）。

2. 分析与处理

首先应分析引起失步的原因，包括：励磁运行是否稳定（涉及调节器系数是否设置恰当）；负载率是否超载；负载是否平稳，电网是否稳定；有无短时中断或短路情况。其次分析再整步失败的原因，包括：再整步滑差项参数是否设置恰当；电动机负载率是否过高；电网波动是否时间过长。从中分析：失步保护动作是否正确，再整步失败是否属合理。

该型故障通常装置并无硬件损伤，分析原因后可重新开机，但需复归信号指示，复归方法可参阅产品安装使用说明书。

12.3.6 长时间不投励故障

1. 故障现象

电动机起动过程中，未及投励，即发出跳闸信号，电动机跳闸停机。读写器检查故障类型为长时不投励，代码 A10（A 套主机时）或 B10（B 套主机时）。

2. 分析及处理

（1）参数项“起动闭锁”参数是否设置恰当，若电动机初次起动，无法估测起动时间，可将该参数适当延长。

（2）参数项“投励滑差”及“全压滑差”以及“计时投励”是否设置恰当。

（3）检查励磁电流测量环节是否正常，方法为调试位手动投励是否能正常工作。

（4）工作位短接断路器辅助接点（可短接 600 单元 22# 和 24# 端子）模拟断路器合闸，观察装置是否能自动投全压投励；用读写器功能二测“起动时间”是否等于 2 倍“计时投励”设定值，若该试验中无法自动投励，须确认前置板调零是否合适，如正常应更换通道板，若测试时间异常应更换主机板。

12.3.7 备机不在线或单套运行

1. 故障现象

A、B 套中的一套退出运行。

2. 分析与处理

正常情况下励磁装置允许单套运行，发生此类故障时，不报警也不影响电动机正常运行，但需确认单套运行的原因：

（1）是否人为将其中一套退出运行。

（2）某套“更换/复归”旋钮置“更换”位。

（3）某套对应的工作电源故障或电源开关置“分”位。

（4）直流控制电源故障。

备用套投入运行后，信号自动消失。

12.3.8 输出电流过小故障

1. 故障现象

主机套的通道故障灯与脉冲故障灯同时点亮，励磁电流表指示非常小（约 5%Ife），不发生切换，读写器检查故障类型为输出电流小，代码 A15 或 B15，正常运行时发生该类故障，则会伴随有电动机失步故障。

2. 分析及处理

实际输出励磁电流小于 5%造成，原因主要如下：

(1) 交流电源消失，伴随有同步信号丢失且交流电源指示灯灭。

(2) 调试位空气开关“分闸”位，伴随有空开跳闸指示灯亮。

(3) 工作位闭环运行时，功率因数测量故障，引起调节器负向饱和。

(4) 触发脉冲全部丢失，伴随脉冲板及通道板故障。处理方法为根据不同的伴随现象作出相应处理，若触发脉冲全部消失，最大可能是双套＋24V 电源均发生故障（短路），需查找原因并更换相应部件。

处理完重新投入前应使用读写器作信号复归。

12.3.9　主桥缺相故障

1. 故障现象

主机套通道故障灯及脉冲故障灯点亮，在调试位发生时会立即灭磁，同时下排数码显示器显示 2A，工作位运行时不会灭磁，不自动切换，励磁电流表指示正常，功率因数显示及调节正常，若手动切换则故障暂时消失，但原主机套内部记忆有缺相故障，新主机运行时，若故障仍然存在则稍后（8s 左右）仍会发出相同信号，不跳闸也不会灭磁。

2. 分析及处理

故障原因有多种可能性。用示波器测量励磁电压信号，观察波形是否正常，可按下列步骤查找：

(1) 励磁电源某相缺损。

(2) 脉冲输出板局部故障导致某路或多路脉冲丢失。

(3) 主桥可控硅故障，常伴随有快速熔断器熔断。

(4) 六路脉冲连线是否有不可靠。

(5) 用示波器测量相关端子波形是否正常，若异常且 A、B 套均未提示脉冲丢失，则需更换 300 主板。若测量励磁电压波形正常，则：①检查变压器系数 ADJ 是否与报告记录值相符或是否整定合适；②核实运行的 380V 电源电压值是否与装置调试时有较大差异（差 10%以上），若是则应选择时机停机重新整定变压器系数 ADJ。

12.3.10　逆变灭磁故障

停机后，励磁装置要把励磁绕组的磁场尽快地减弱到尽可能小的程度。主要有：利用可控硅桥逆变灭磁、利用放电电阻灭磁、利用非线性电阻灭磁等灭磁方式。

在逆变的方式下，逆变失败不能有效降低励磁电流。逆变灭磁就是将可控硅的控制角后退到逆变角，使整流桥由“整流”工作状态过渡到“逆变”工作状态，从而将转子励磁绕组中储存的能量消耗掉。逆变失败的原因主要如下：

(1) 回路工作不可靠，不能适时准确地给可控硅分配脉冲，导致应开通的可控硅不能开通。

（2）可控硅控制极故障，失去阻断能力或导通能力。

（3）交流电源异常，励磁变压器相序、相位错误或者在逆变过程中出现断电、缺相或电压过低。

（4）由于逆变时换相的超前触发角 β 过小，或因直流负载电流过大，交流电源电压过低使换相重叠角 γ 增大，或因可控硅关断时间对应的关断角 δ 增大，使换相裕度角不够，前一元件关断不了，后续元件不能开通。

12.3.11　励磁电流与励磁电压不成比例

励磁电压正常，励磁电流偏低，并出现局部发热现象。

这种故障一般是由于转子回路阻值增大所致。如可控硅整流回路的铜排、分流器以及转子电缆之间的连接接触不良，导致有高温迹象。另外就是集电环和碳刷有效接触面积减小而使接触电阻增大。

励磁电流正常，励磁电压偏高。用示波器观察可控硅整流波形，可看到有交流波形。这是由于整流桥中的个别可控硅短路，把交流成分加到直流输出端。因此，电压表上显示的是两种电压的叠加值，所以要高于正常励磁电压值。

12.3.12　投励故障

如果投励环节是在同步电动机异步启动的几秒钟内起作用的，易发生不能投励，一般不会发生大的危害，经 10s 左右保护动作，对应断路器跳闸，此时应检查：

（1）与断路器合闸联锁的接线是否良好。可在试验位置联动试验，一般是插头松动，造成接触不良，只要调整一下重新接上就能恢复正常。

（2）投励时间没调整好，投励触发脉冲幅度不够。应查投励板在静态调试时能否可靠投励，再检查动态情况有关回路，解决故障。

（3）带励磁投励，这时对电动机有很大的冲击危害。当断路器合闸的瞬间，励磁亦输入转子，有时速断保护会很快跳闸，因为励磁投入过早，有一定的制动作用，使启动转速上升困难，定子回路电流急剧上升，机组震动十分严重。

12.3.13　同步电动机转子接地故障

同步电动机投运前都要用 500V 或 1000V 的兆欧表对转子进行测试，在此之前应断开晶闸管励磁装置的直流输出到转子的导线，防止高压击穿装置半导体器件。这部分可以用万用表 10kΩ 检测对地有无短路现象，正常时应大于 10MΩ；若绝缘电阻在 0.5MΩ 以下，需认真检查，防止转子回路接地。

大型同步电动机转子接地是转子线圈直接与磁极铁芯之间的绝缘有损坏造成线圈直接与铁芯相碰或局部绝缘电阻降到相当低的程度，这时会发生同步电动机转子接地故障。

（1）对正在运行的电动机，不能用兆欧表来测量转子的绝缘电阻，可采用直流电压表法来检测。选用一个高内阻的直流电压表（内阻 R_V 为 20～50kΩ），用表及探针测量出正负集电环之间的电压 U_L、正集电环对地电压 U_1 和负集电环对地电压 U_2，根据所测 U_L、U_1、U_2 的数值及已知电压表的内阻 R_V，就可用下式求出转子线圈的对地绝缘电阻 R_D：

$$R_D=\left(\frac{U_L}{U_1+U_2}-1\right)R_V$$

如果 R_D 接近 0.01MΩ，说明转子有接地故障，应停机检查；如果 R_D 接近于 0，说明有金属性接地。当转子线圈绝缘电阻很高时，U_1 和 U_2 都非常小，几乎接近于 0。

(2) 当转子线圈只有一点接地时，线圈和地之间尚未形成回路，故障点无电流通过，励磁回路仍然保持正常的电流状况，电动机仍可继续运行。但必须选择适当的时候停机检修。如果转子回路再有一处接地就形成两点接地故障，电流就不正常，磁路也失去平衡并导致机械振动。由转子线圈引向转子集电环的过渡线，其中有一段压装在电动机主轴槽切口中长期受压、高温、老化及电动力的作用，易导致绝缘损坏接地。

(3) 两个接地点位置不同，对电动机的危害程度也不一样。如果转子线圈进出线两个端头接地，就相当整个励磁系统被短路，电动机将失磁，励磁回路短路后，产生过大电流而损坏励磁回路。若一个线圈内发生两点接地，就相当一个线圈内的若干匝数被短路，该磁极磁通量减少。假如两个接地点非常靠近，对电路或磁路的影响均很小。如果发现正在运行的大型同步电动机励磁电流突然增加，励磁电压下降，电动机产生异常的振动，这时可判断为转子发生两点接地故障或转子励磁线圈有匝间短路故障。

1) 当转子发生一点接地故障后就应及时消除，以防发展成两点接地。如果是稳定的金属性接地故障，而一时没有条件安排检修时，就应投入转子两点接地保护装置，以防发生两点接地故障后，烧坏转子绕组，使故障扩大。

2) 转子绕组发生匝间短路故障时，情况与转子两点接地相同，但这时短路的匝数一般不多，影响没有两点接地严重。运行中，值班人员若发现励磁电流突然增大，励磁电压降低，定子电压降低，定子电流增大，电动机发生剧烈振动时，可以判断发生了转子两点接地故障或匝间短路故障。如果转子两点接地装有保护装置，则其继电器也将动作，此时应立即分开电动机的断路器，使电动机停机，然后对转子和励磁系统进行检查。

从以上分析可知，转子一点接地保护反应同步电动机转子对大轴绝缘电阻的下降，应及时处理。

另外，对于受潮引起的绝缘电阻下降，在转子通直流电流为额定励磁电流的 1/3 数值进行电加热干燥几个小时就能达标，平时不投运时应采用红外加热保护绝缘电阻合格。

12.3.14 失步故障

该故障分带励失步和失磁失步。发生带励失步，若再整步成功，失步信号自动复归，若再整步不成功，表现的现象与分析处理方法与“再整步不成功故障”相同。

发生失磁失步时，失步灯亮，电动机跳闸，用读写器检查故障类型为电动机失步，代码 A11 或 B11，该类故障应伴随同步信号消失，或输出电流过小等故障一起发生。

故障原因是由励磁输出变零或大幅度减小所致。应从其伴随故障类型入手，分析导致失磁原因。

12.3.15 整流电路保护及故障

(1) 三相全控桥整流电路原理及波形图如图 12.2 所示，如果整电路出现故障，在波形图上可以明确反映出来。

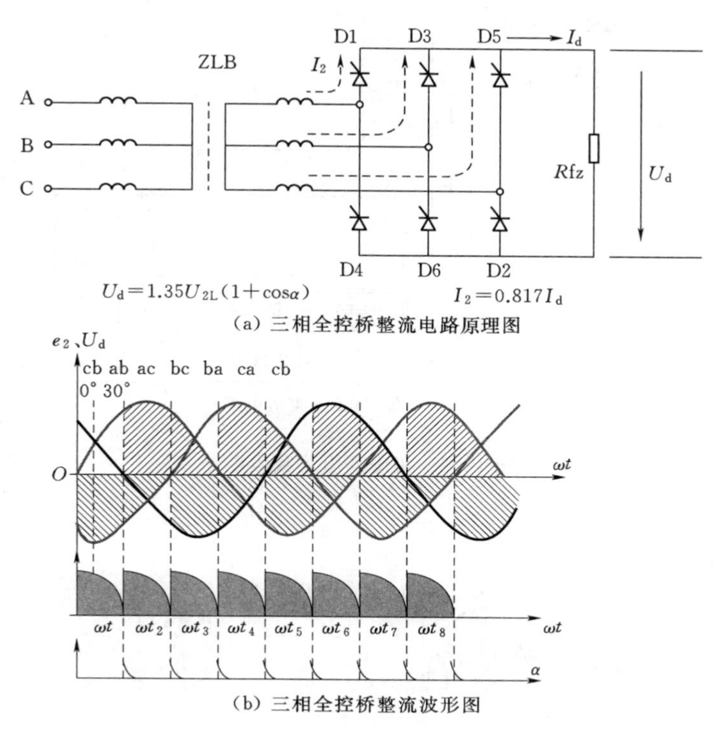

(a) 三相全控桥整流电路原理图

(b) 三相全控桥整流波形图

图 12.2　三相全控桥整流电路原理及波形图

(2) 整流元件的过载、短路保护一般采用电力电子专用快速熔断器而不能使用普通熔断器代替。专用快速熔断器的电流-温度特性与普通熔断器相比具有更好的性能，熔断时间更短。快熔串联接线方式如图 12.3 所示。

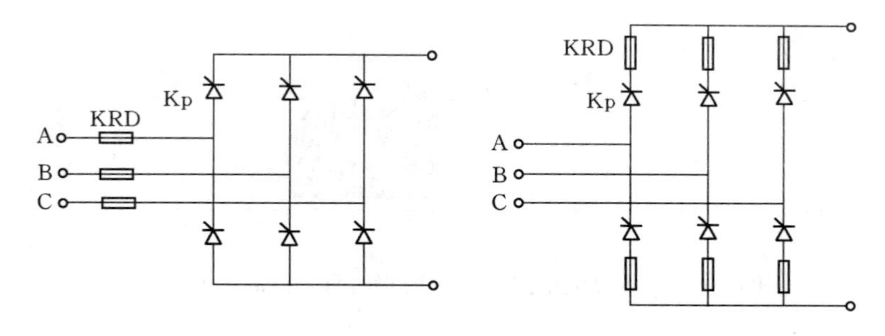

图 12.3　快熔串联接线方式

(3) 整流元件的暂态过电压保护目前主要使用阻容吸收器。由于在可控硅关断和换相的过程中，存储电荷的作用会使可控硅两端产生暂态过电压，如果不加以抑制将会对可控硅产生不良的影响，甚至会造成可控硅的损坏。一般有分散式、集中式两种。集中式阻容吸收电路如图 12.4 所示。

(4) 整流电路发生元件故障波形图。整流电路单相元件故障时波形如图 12.5 所示，

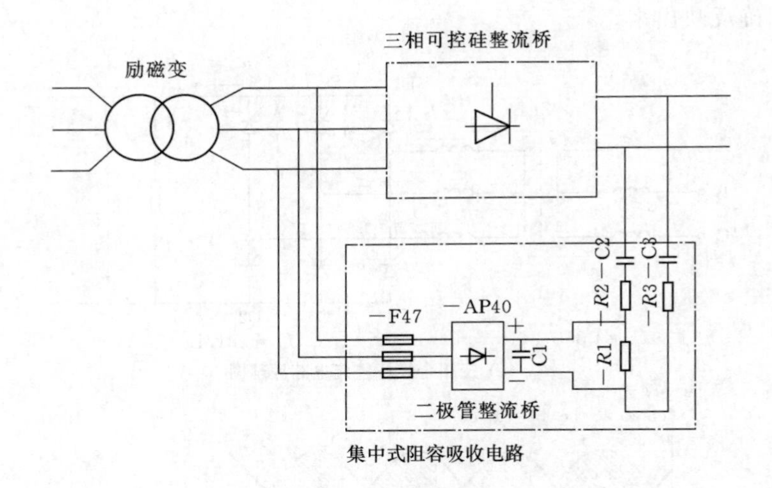

图 12.4　集中式阻容吸收电路

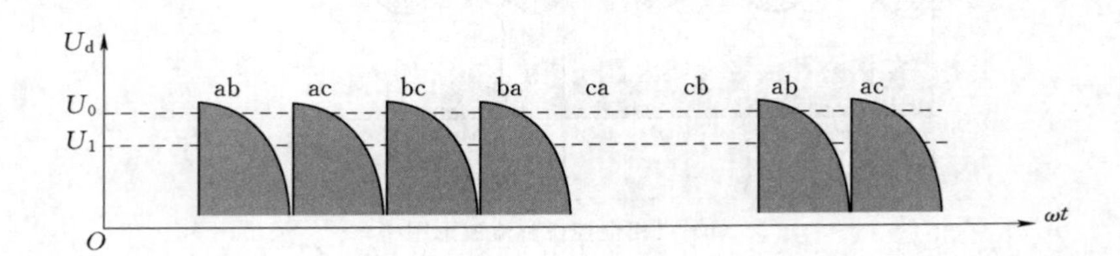

图 12.5　整流电路单相元件故障时波形图

三相整流电路同组不同相两只元件故障时波形如图 12.6 所示，三相整流电路同相不同组两只元件故障时波形如图 12.7 所示。

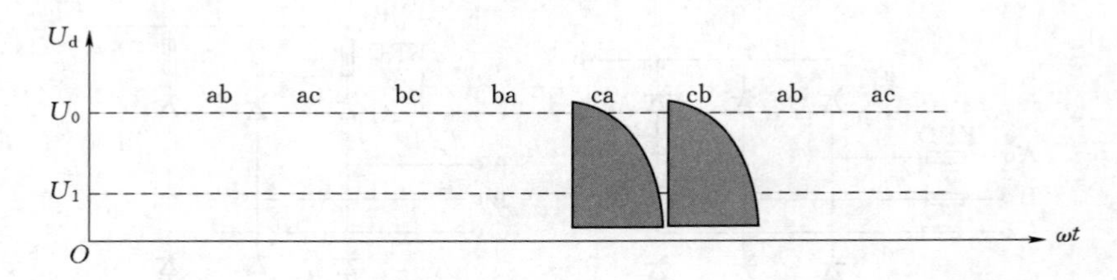

图 12.6　三相整流电路同组不同相两只元件故障时波形图

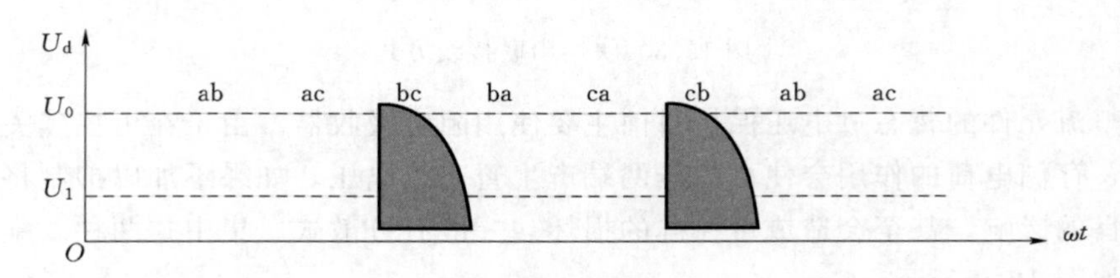

图 12.7　三相整流电路同相不同组两只元件故障时波形图

12.4 环境条件对设备故障的影响

环境对设备的平均无故障运行时间有较大影响。如环境温度过高会使半导体器件的老化加速，使电解电容器的寿命降低。振动过大会使紧固件（端子）松动，插接弹性件产生疲劳，而灰尘、潮湿以及腐蚀性气体有可能导致局部绝缘损坏等等。如果现场条件允许，特别是在工程建设时，为电气设备创造一个良好的运行环境，可延长设备的寿命、提高无故障运行时间。

在使用环境条件限定的情况下，合理的维护对提高装置的可靠性也十分有益。从设备本身来说：主要是风机，包括为主桥元件提供散热的风机箱和交、直流电源插件上的散热风机（部分产品），这些风机故障都不会直接导致元件损坏或装置停机，但会导致元件由于温升过高而降低寿命；特别是部分用户电源插件上配置有风机，在当时是一种临时性措施，无风机故障报警环节，故障后不易发现且无任何明显反应，检查方法只能是不定期地利用装置停机时机进行观察。风机故障后应尽可能即时进行更换。

常规维护的另一项就是尽可能减小环境对设备影响，这项工作往往容易忽略，绝大部分现场由于绝缘损坏而导致的故障都跟灰尘与潮湿有关。特别是在控制部件中电压较高的元件和线路之间。灰尘积累加上潮湿等因数，将导致绝缘损坏的概率大大增加。因此在现场维护中，要结合检修定期对装置进行全面清扫，对于个别灰尘严重的场所应适当增加清扫次数。

在更换故障插件时，应严格避免带电插拔，装卸读写器时，也应先断开电源开关。在更换电源插件和前置变换插件时，有几个需要特别注意的地方，说明如下：

（1）电源插件允许在不停机状态下更换，在插入和拔出插件前应断开电源开关。

（2）电源插件上散热风机的工作电源为DC24V，由本插件供给，向外抽风。目前许多装置改用板式散热器，取消了该风机。

（3）如不小心将直流电源插件插入交流电源插位，会导致电源插件损坏。

（4）前置变换插件必须在停机且灭磁及两套电源插件断电的状态下更换。

（5）新换前置变换插件电路板上元件参数，应与原插件完全一致。该装置由于前置变换插件涉及旋转励磁系统状态检测环节，只能在同型号电动机之间互换。

（6）更换前置变换插件及电源插件时，最好利用原插件壳体并保持插件长度与原来一致，并确保插接良好。

第13章 直流系统故障分析及排除

泵站直流系统是为信号、保护、自动装置、事故照明、应急电源及断路器分、合闸操作等提供直流电源的设备。直流系统是一个独立的电源，它不受电动机、厂用电及系统运行方式的影响，并在外部交流电中断的情况下，保证由后备电源——蓄电池组——继续提供直流电源的重要设备，具有电压稳定、持续性好、供电可靠等优点，是保障泵站安全运行的决定性条件之一。为保证电气设备控制保护等设备稳定可靠，大中型泵站均配置直流系统。

13.1 直流装置常见回路故障及处理

直流装置在运行中，常常会出现故障影响直流电源供电，有些故障通过简单处理即可恢复正常，有些则需要分析排查，交直流回路故障主要有以下几个方面。

（1）当交流电源失压时，经延时后，应自动投入备用交流电源运行，若自投失败，值班人员要立即手动投入备用交流电源运行，并检查直流屏工作是否正常。

（2）蓄电池组熔断器熔断后，应立即检查处理，并采取相应措施，防止直流母线失电。

（3）当直流充电装置内部故障跳闸时，应立即采取安全措施，撤除损坏的充电模块，确认交流电压正常后，立即投入备用充电模块运行，并及时调整好运行参数。

（4）直流电源系统设备发生短路、交流或直流失压时，应迅速查明原因，消除故障，投入备用设备或采取其他措施尽快恢复直流系统正常运行。若短时间不能恢复直流供电，值班人员要及时切除部分直流馈出回路，只保留各开关控制回路、保护测控装置回路，并对蓄电池电压进行重点盯控，监视蓄电池电压应高于断路器的最低动作电压，确保在事故情况下各开关能可靠动作，若蓄电池容量严重降低至影响断路器正常动作时，立即现地手动操作将全站设备退出运行。

（5）充电机模块输入过压、欠压保护，微机监控装置中事先设定好相应的交流报警参数，微机监控装置（微机后台）就会发交流过压、欠压报警信息。此时应用万用表交流750V挡位测量供直流系统的两路三相交流电源各线电压是否超过过压或欠压数值。电压正常，可能属于误发信息，应观察馈电屏背面输入输出检测单元工作是否正常，工作灯是否间断闪烁，若一直熄灭不闪烁，则按下输入输出检测单元复归按钮，继续观察监控装置是否仍发告警信息。电压不正常则继续观察，随时测量交流电压数值，调整交流输入电压值。

（6）充电机模块输出过压保护、欠压告警。当充电机模块输出电压大于微机监控装置设定过压定值时，模块保护，无直流输出，模块不能自动恢复，必须将模块断电重新上电。当充电机模块输出电压小于微机监控装置设定欠压定值，模块有直流输出发告警信息，电压恢复后，模块输出欠压告警消失。充电模块输出电压过高、欠压时用万用表直流1000V挡位测量充电机输出电压实际值，测量电压值高于或低于设定值，检查充电模块，调整电压输出值。测量电压值正常，可能属于误发信息，应观察充电屏背面充电机检测单元工作是否正常，工作灯是否间断闪烁，若一直熄灭不闪烁，则按下充电机检测单元复归按钮，继续观察监控装置是否仍发告警信息。

（7）充电机模块输入缺相保护，当输入的两路三相交流电源有缺相时，模块限功率运行（模块输出电流有限，达不到额定输出电流）。此时应用万用表交流1000V挡位测量供直流系统的两路三相交流电源各相电压是否正常，有无缺相现象。无缺相可能属于误发信息，如有缺相则从交流回路，排除交流输入线路或开关故障。

（8）充电机模块超温保护，当充电机模块的散热孔被堵住或环境温度过高导致模块内部温度超过设定值，模块会过温保护无电压输出，当异常清除、温度恢复正常后，模块自动恢复为正常工作。此时应检查环境温度是否过高、散热孔是否堵塞、模块散热风扇是否转动。

（9）充电机模块故障无显示或无输出。当充电机模块故障无显示或无输出，应先检查两路三相交流电源是否正常及充电机电源开关状态是否良好，输入到充电机模块的三相交流电源是否正常，模块是否有直流电压输出，输入到充电机模块的三相交流电源正常但无直流电压输出即可判定是充电机模块故障。

13.2　直流装置监控系统故障及处理

直流装置一般都装有液晶显示屏，用于监视系统参数、调整装置参数等，液晶屏和屏柜中传感器及相应线缆等组成直流装置的监控系统，其故障主要有以下几个方面。

（1）微机显示界面显示各功能单元（充电机检测单元、蓄电池检测单元、输入输出检测单元、绝缘检测单元）故障：如果系统设定参数不正确，则按照系统正确参数设置，检测相关设置；如果是通信故障，由于受到干扰，各功能子板与主控单元联系不上，系统显示功能检测单元板故障，则查找到该告警的功能子单元板，按下该板的复位按钮，使其复位，将微机监控系统的电源重新上电（将馈电屏微机电源开关打到“关”后再打到“开”），使整个微机监控系统重新上电复位，建立通信连接。

（2）系统界面显示充电机故障。如果充电机检测单元板与充电机模块间通信未建立，充电机检测单元板运行不正常，则需检查充电机检测单元工作指示灯是否闪烁，如不正常，复位充电机检测单元板。如果充电机模块地址码（充电机模块前面板拨码开关）有误，使其充电机检测单元检测不到该充电机数据，发充电机故障信息，则需在充电机模块上正确设置模块地址码，模块地址码出厂时已设置好，在更换充电机模块时，应按照原来的地址码设定。

（3）充电机电压与系统显示一致，系统显示“充电机过压”“充电机欠压”信号。可能是在充电机设定中，充电机过压或欠压设定不正确，过高或过低，可通过更改充电机过压或欠压值，使其在正常范围内。

（4）系统界面显示“蓄电池熔断”信息。检查蓄电池正极、负极一相或两路相保险是否熔断，查明原因应立即更换蓄电池熔断器，否则交流停电将会导致直流屏无直电送出，影响设备正常运行，而且蓄电池无法进行浮充电。

（5）液晶屏显示字迹模糊或太亮看不清楚。液晶屏显示对比度调节不合适，使显示太亮或太淡，需要进入系统维护菜单中对比度调节选项，点击对比度增加或减少，直到界面字迹显示清晰。

13.3　阀控密封铅酸蓄电池故障及处理

阀控密封铅酸蓄电池因使用年限长导致部件老化或因平时保养不善、所带负荷异常等，往往会造成其运行中出现故障，故障情况主要如下。

（1）阀控密封铅酸蓄电池壳体变形，一般造成的原因有充电电流过大、充电电压超过了2.4V×N、内部有短路或局部放电、温升超标、安全阀动作失灵等原因造成内部压力升高。处理方法是减小充电电流，降低充电电压，检查安全阀是否堵死。

（2）运行中浮充电压正常，但一放电，电压很快下降到终止电压值，一般原因是蓄电池内部失水干涸、电解物质变质，处理方法是更换蓄电池。

（3）运行中蓄电池整组容量不足或蓄电池故障整组退出运行时，要立即将所有模块投入运行，对相应交、直流系统进行重点监控，确保交流盘两路进线电源正常，直流盘充电模块工作正常，充电模块故障时及时进行更换。

（4）蓄电池组发生爆炸、开路时，应迅速将蓄电池总熔断器或空气断路器断开，投入备用设备或采取其他措施及时消除故障，恢复正常运行方式。如无备用蓄电池组，在事故处理期间只能利用充电装置带直流系统负荷运行，且充电装置不满足断路器合闸容量要求时，应临时断开合闸回路电源，待事故处理后及时恢复其运行。

阀控蓄电池虽然属于贫液蓄电池，但在设计时其液体量已留有足够的余度，正常使用条件下不应发生液体干涸。一旦出现因缺液引起的蓄电池容量下降，首先应查找、分析和判断造成蓄电池失水的原因，确定蓄电池的使用寿命是否即将终结。如果蓄电池使用时间较短，极板的状态比较好，仍有继续使用价值，则可以返厂修复或在制造厂技术人员指导下，进行补加液体和充放电工作。

13.4　直流装置接地故障的排查分析

13.4.1　直流装置接地原因及危害

直流系统故障主要为接地故障，因直流系统分布范围广、外露部分多、电缆多、线路长，所以，很容易受尘土、潮气的腐蚀，使某些绝缘薄弱元件绝缘降低，甚至绝缘破坏造成直流接地。220V直流系统两极对地电压绝对值差超过40V或绝缘降低到25kΩ以下，48V直流系统任一极对地电压有明显变化时，应视为直流系统接地。

1. 直流接地的原因

(1) 二次回路绝缘材料不合格、绝缘性能低，或年久失修、严重老化；或存在某些损伤缺陷，如磨伤、砸伤、压伤、扭伤或过流引起的烧伤等。

(2) 气候原因、二次回路及设备严重污秽和受潮、接地盒进水，导致直流对地绝缘严重下降。

(3) 小动物爬入或小金属零件掉落在元件上造成直流接地故障，如老鼠、蜈蚣等小动物爬入带电回路。

(4) 因工作人员疏忽造成某些元件有线头、未使用的螺丝、垫圈等零件，掉落在带电回路上。

2. 直流接地故障的危害

直流接地故障危害较大，轻则影响直流系统的正常运行，重则使保护装置发生误动作，影响主设备的正常运行。因此，在发生直流系统接地时，应尽快排查，迅速消除。

直流接地故障中，危害较大的是两点接地，可能造成严重后果。一点接地可能造成保护及自动装置误动或者拒动，而两点接地，除可能造成继电保护、信号、自动装置误动或拒动外，还可能造成直流保险熔断，使保护及自动装置、控制回路失去电源，在复杂保护回路中同极两点接地，还可能将某些继电器短接，不能动作跳闸，致使越级跳闸，造成事故扩大。

接地时现象：绝缘监察装置发出告警信号，通过检测装置可测量出正负极对地电压的变化。

(1) 直流正极接地，有使保护及自动装置误动的可能。因为一般跳合闸线圈、继电器线圈正常与电源负极接通，若这些回路再发生接地，就可能引起误动作。

(2) 直流负极接地，有使保护自动装置拒绝动作的可能。因为跳、合闸线圈、保护继电器会在这些回路再有一点接地时，线圈被接地点短接而不能动作。同时，直流回路短路电流会使电源保险熔断，并且可能烧坏继电器接点，保险熔断会失去保护及操作电源。

直流系统接地故障，不仅对设备不利，而且对整个电力系统的安全构成威胁。因此，当直流电源为220V接地在50V以上或直流电源为24V接地在6V以上时，应停止直流网络上的一切工作，并立即查找接地点，防止造成两点接地。

13.4.2 直流接地故障排查

1. 直流接地故障排查方法

(1) 分清接地故障的极性，分析故障发生的原因。

(2) 若站内二次回路有人工作或有设备检修试验，应立即停止，并拉开其工作电源，看信号是否消除。

(3) 用分割法缩小查找范围，将直流系统分成几个不相联系的部分，不能使保护失去电源，操作电源尽量用蓄电池带。

(4) 对于不太重要的直流负荷及不能转移的分路，可用“瞬时停电”的方法，检查该分路中所带回路有无接地故障。

(5) 对于重要的直流负荷，用转移负荷法，检查该分路所带回路有无接地故障。

2. 直流接地故障排查步骤

查找直流系统接地故障，要随时与调度保持联系，并由两人及以上配合进行，其中一人操作，另一人监护并监视表计指示及信号的变化。利用瞬时停电的方法查找直流接地时，应按照下列顺序进行：

（1）断开现场临时工作电源。

（2）断合事故照明回路。

（3）断合通信电源。

（4）断合附属设备。

（5）断合充电回路。

（6）断合合闸回路。

（7）断合信号回路。

（8）断合操作回路。

（9）断合蓄电池回路。

在进行上述各项检查后仍未查出故障点，则应考虑同极性两点接地。当发现接地在某一回路后，有环路的应先解环，再进一步采用取保险及拆端子的办法，直至找到故障点并消除。

13.4.3 直流系统接地处理

直流系统接地时，直流系统监控模块和控制室上位机均会发出"直流系统故障"信号，值班员可利用直流系统监察装置判断是直流哪一极接地，然后汇报和处理。

1. 查找直流接地的注意事项

（1）发生直流接地应及时向值班负责人报告，经值班负责人许可再进行查找和拉路试验，尽量避免在高峰负荷时进行。

（2）查找直流接地至少有2～3人进行，一人操作、一人监护、一人监视直流接地信号，防止人身触电，做好安全监护。

（3）查找直流接地要防止人为造成直流两点接地和直流短路，导致误跳闸。

（4）取直流熔丝时，应先取正极、后取负极，装上时顺序相反，防止寄生回路。

（5）拉路查找时，回路切断时间不得超过3s，不管回路接地与否，均应迅速合上。

（6）环形回路应解开后再拉路。

（7）按符合实际的图样进行，防止拆错端子线头，防止恢复接线时遗忘或接错，拆线前应做好记录和标记。

（8）使用仪表查找，必须使用高内阻直流电压表（2000Ω/V），严禁使用灯泡法。

（9）使用高频开关直流电源，在拉路试验时，由于拉路时间短，绝缘监察装置反应比较慢，不能及时反应拉路瞬间的直流系统对地绝缘情况，因此需要一人在直流母线与大地之间用直流电压表人工搭接，以监视拉路中直流接地情况。

（10）排查故障时要防止保护误动作，必要时在断开操作电源前，解除可能误动的保护，操作电源正常后再投入保护。

2. 直流接地处理

查到直流接地点后，应立即消除处理，无法消除则向值班负责人报告，由专业人员进行处理，值班员只查到最后一级熔丝（空气开关）为止，值班员一般不允许拆端子、解回路，只能作检查处理，确定所在位置，在拉路试验中，应密切观察所拉回路的运行状况，严禁不经值班负责人许可进行拉路查找。

13.5　蓄电池放电试验

13.5.1　蓄电池放电试验步骤

（1）放电前记录蓄电池组各项数据。

（2）了解直流负载的运行方式，断开蓄电池组与开关电源连接。

（3）断开蓄电池组正、负连接。

（4）将放电仪与蓄电池连接。

（5）设置放电电流，开始放电。

（6）拆除测量线和电源线，蓄电池组与开关电源线连接。

13.5.2　蓄电池放电注意事项

（1）密切关注整组蓄电池浮充电压、单体浮充电压、环境温度、单体电池电压、整体电池电压。

（2）确保直流负载有可靠的后备电源，确认无误后断开断路器或取下电源保险。

（3）操作过程必须使用带绝缘手柄的工具。

（4）所有连接螺丝应拧紧，无松动。

（5）应1h测量一次端电压和单体电压并进行记录；2.2V电池低于1.8V停止放电，12V电池低于10.8V停止放电；放电电流设置按10h放电率（I＝蓄电池容量/10h），蓄电池容量＝单体到达终止电压时的时间×放电电流；先拆测量线，后拆电源线。

13.5.3　蓄电池连接注意事项

（1）操作应由两人进行，一人操作一人监护，防误操作。监护人员应是有经验的专业人员。

（2）连接线用绝缘胶带包扎防止极性接反，设专人监护、两人进行，一人测量一人记录，放电后期应增加测量次数，密切关注蓄电池电压，防止过放电。

（3）检查电池是否漏液，测量电池是否温度过高；拆电源线应拆一相回装一相，蓄电池组与开关电源线避免同时触及蓄电池正、负极造成短路。

（4）连接时要分层连接，连完一层都要用万用表量电压看是否正确。

（5）层间连线要先连较难连接的连线，最后一根层间连线应是最容易连接的连线，连时应注意安全，防止短路，危及人身安全。

（6）如果需要第二次放电，必须在第一次放电结束并进行均充12h和浮充12h，共计24h后才能进行。

第 14 章　变频装置故障分析及排除

变频装置是应用变频技术与微电子技术，通过改变电动机工作电源频率方式来控制交流电动机的电力控制设备，主要由整流、滤波、逆变、制动单元、驱动单元、检测单元、微处理单元及配套部件等组成。变频器靠内部 IGBT 的开断来调整输出电源的电压和频率，根据电动机的实际需要来提供其所需要的电源电压，进而达到节能、调速的目的。采用了变频器后，变频器的作用能在零频零压时逐步启动，最大限度地降低电动机启动电流，消除线路电压降，越来越多的大中型泵站也已利用变频装置实现水泵机组的平稳启动和运行过程中的流量调节，取得了良好的效果。

变频装置的核心部件是变频器，其利用电力半导体器件的通断作用将工频电源变换为另一频率的电能控制装置。目前使用的变频器主要采用交-直-交方式（VVVF 变频或矢量控制变频），将工频交流电源通过整流器转换成直流电源，再将直流电源转换成频率、电压均可控制的交流电源以供给电动机。变频装置电路一般由整流、滤波、制动、逆变和控制等部分组成，其工作原理如图 14.1 所示。

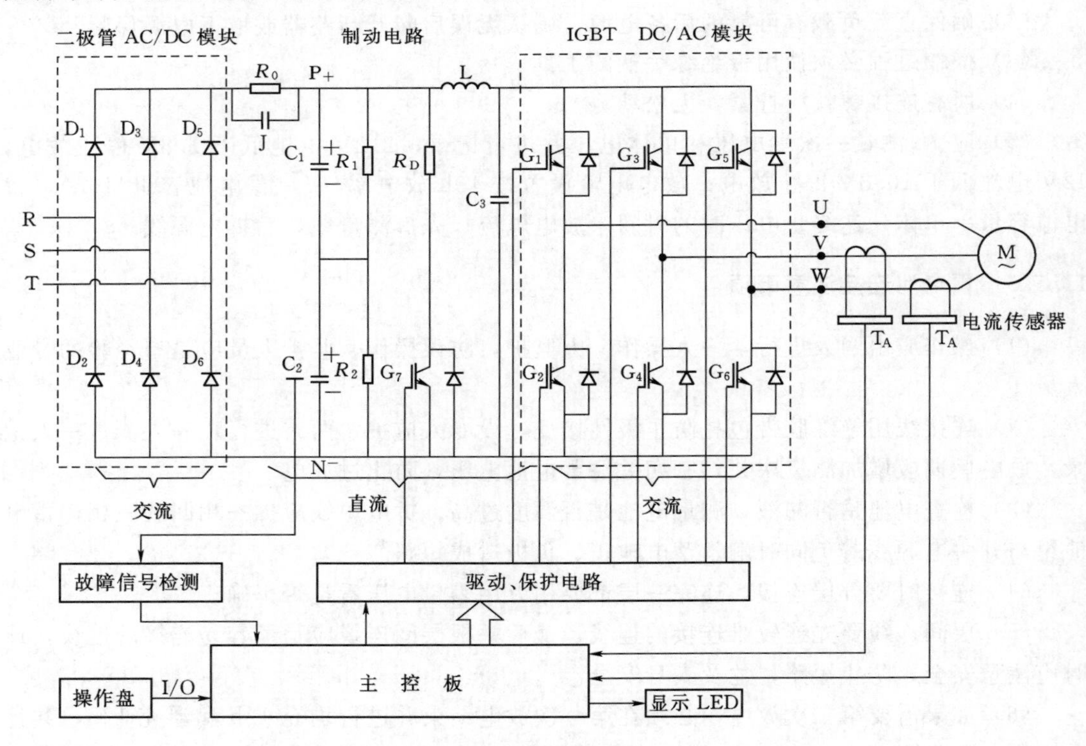

图 14.1　变频装置电路工作原理图

14.1 变频装置电路及元器件故障分析排查

变频器的整体结构主要由主回路、驱动电路、开关电源电路、保护检测电路、通信接口电路、控制电路等组成。

14.1.1 整流电路

整流电路实际上就是一块整流模块，它的作用是把三相交流电源，通过整流模块整流成脉动直流电。整流电路（整流模块）的故障主要有：

（1）整流模块中的整流二极管一个或多个损坏而开路，导致主回路PN电压值下降或无电压值。

（2）整流模块中的整流二极管一个或多个损坏而短路，导致变频器输入电源短路，供电电源跳闸，变频器无法接上电源。

（3）电网电压或内部短路。

在现场处理故障时，应重点检查电网情况，如电网电压，有无电焊机等对电网有污染的设备工作等。

14.1.2 限流电路

限流电路是限流电阻和继电器触点（或可控硅）相并联的电路。变频器开机瞬间会有一个很大的充电电流，为了保护整流模块，充电电路中串联限流电阻以限制充电电流值。随着充电时间的延长，它的充电电流逐渐减少。减少到一定数值时，继电器动作触点闭合，短接了限流电阻。变频器正常运行时，主回路的电流流经继电器触点。限流电路故障主要如下：

（1）继电器触点氧化，接触不良。导致变频器工作时，主回路电流部分或全部流经限流电阻，限流电阻被烧毁。

（2）继电器触点烧毁，不能恢复常开状态。导致开机时，限流电阻不起作用，过大的充电电流损坏整流模块。

（3）继电器线圈损坏不能工作，导致变频器工作时，主回路电流全部流经限流电阻，限流电阻被烧毁。

（4）限流电阻烧毁，或者是限流电阻老化损坏。变频器接通电源后，主回路无直流电压输出。因此，也就无低压直流供电。这时变频器的操作面盘没有显示，高压指示灯也不会亮。

一些变频器限流电路中，不用继电器，而用可控硅等开关器件。可控硅等开关器件损坏后开路、短路和可控硅无触发信号3种情况，其故障类似继电器，可以测量可控硅两端的电压值来判断可控硅的好坏。

14.1.3 滤波电路

滤波电路是将整流电路输出的脉动直流电压，变成波动很小的直流电压。通常变频器为电压型，由滤波电解电容对整流电路的输出进行平滑。滤波电路故障主要有：

(1) 滤波电容老化，其容量低于额定值的 85%，致使变频器运行时，输出电压低于正常值。

(2) 滤波电容损坏造成开路，导致变频器运行时输出电压低于正常值；损坏造成短路，会导致另一只滤波电容损坏。进而可能损坏限流电路中的继电器、限流电阻、损坏整流模块。

(3) 匀压电阻损坏，匀压电阻损坏后，会导致两个电容受压不均而损坏。

14.1.4　制动电路

制动电路工作时，可以使变频器在减速过程中，增加电动机的制动转矩，同时吸收制动过程中产生的泵升电压，使主回路的直流电压不至于过高。制动电路的故障主要为制动控制管损坏：损坏后成开路，失去制动功能；损坏成短路，制动电路始终处于工作状态，易造成制动电阻损坏，同时增加整流模块的负荷，整流模块易老化，甚至损坏。

14.1.5　逆变电路

逆变电路的基本作用是在驱动信号的控制下，将直流电源转换成频率和电压可以调节的交流电源，即变频器的输出电源。它有 6 个开关器件（如 GTR、IGBT），组成三相桥式逆变电路，这些开关器件都制作成模块形式，一般同一桥臂上下两个开关器件组成一个模块，也有 6 个开关器件组成一个模块。逆变电路故障主要有：

(1) 6 个开关器件中的一个或一个以上损坏，造成输出电压抖动、断相或无输出现象。同一桥臂上下两个开关器件同时损坏短路（主回路短路），造成限流电路的继电器或可控硅、整流模块损坏。模块损坏原因主要有：当负载电流过大或主回路直流电压过高时，过流保护和过压保护没有起到保护作用；驱动信号不正常，出现同一桥臂上下两个开关器件同时导通；逆变模块老化等等。

(2) 已有许多小功率变频器采用集成功率模块或智能功率模块，智能功率模块内部高度集成了整流模块、限流电路中的可控硅、逆变模块、驱动电路、保护电路及各种传感器。优点是：使变频器外围电路减少，只有一块功率模块，安装方便、体积减小。缺点是：智能模块中只要其中的一个部件损坏，整个模块就要更换，导致修理费用增加或无修理价值。

(3) 电机或电缆损坏或驱动电路故障引起逆变模块损坏。在修复驱动电路之后，测驱动波形良好状态下，更换模块。

14.1.6　主回路常见故障现象、原因和处理方法

变频器主回路主要由整流电路、限流电路、滤波电路、制动电路、逆变电路和检测电路的传感部分组成，运行中常见故障如下。

(1) 变频器无显示，PN 之间无直流电压、高压指示灯不亮。主要原因是主回路无输出直流电压。

(2) 主回路无输出直流电压的原因主要有：限流电阻损坏造成开路，使滤波电路无脉动直流电压输入；整流模块损坏，整流电路无脉动直流电压输出。出现主回路无直流电压，不能简单地更换整流模块，还必须进一步查找整流模块损坏的原因。

(3) 整流模块的损坏原因主要有：自身老化、自然损坏；主回路有短路现象损坏整流

模块。检查处理方法如下：

1）首先换下整流模块，用万用表检测主回路，若主回路无短路现象，说明整流模块是自然损坏，更换新元件即可。

2）若主回路有短路现象，又要检测出是哪一个元件引起的短路，可能是制动电路中的R和G均短路、滤波电容短路、逆变模块短路等。通过检测查出主回路短路的原因，同时还要查找出造成这些元件短路的原因。

3）限流电阻损坏开路，整流电路的脉动直流电压无法送到滤波电路，使主回路无直流电压输出。

4）检查限流电路中的继电器或可控硅是否损坏，换限流电阻。逆变模块中，至少有一个桥臂上下两个开关器件短路，造成主回路短路而烧毁整流模块。检查电动机是否损坏，电动机是否有过载或堵转现象，检查驱动信号是否正常，更换逆变模块和整流模块。

5）制动电路中控制元件损坏短路和制动电阻短路，造成主回路短路导致烧毁整流模块。检查制动控制信号是否正常，更换制动控制元件、制动电阻和整流模块。滤波电容损坏短路，造成主回路短路而烧毁整流模块。检查匀压电阻是否正常，更换滤波电容和整流模块。整流模块老化损坏，更换整流模块。

（4）变频器输出电压偏低。

1）输出电压偏低是因为主回路直流电压低于正常值、逆变模块老化、驱动信号幅值较低造成。首先用万用表测量直流高压值，确定具体原因，整流模块有一个以上整流二极管损坏，整流电路缺相整流，输出的脉动直流电压低于正常值，使主回路直流电压低于正常值，造成变频器输出电压偏低。

2）滤波电容老化，容量下降，在带动电动机运行过程中，充放电量不足，造成变频器输出电压偏低。

3）逆变模块老化，开关元件在导通状态时，有较高的电压降，造成变频器输出电压偏低。驱动信号幅值偏低，使逆变模块工作在放大状态，而不是在开关状态。造成变频器输出电压偏低。

（5）变频器输出电压缺相（电动机出现缺相运行现象）。

1）变频器输出电压缺相，是由于逆变电路中，有一个桥臂不工作所致，逆变模块中有一个桥臂损坏，更换逆变模块。

2）驱动电路有一组无输出信号，使逆变电路有一个桥臂不工作，变频器输出电压波动（电动机抖动运行）。

3）变频器的输出电压值忽大忽小地波动，被驱动的电动机抖动，是由于变频器逆变电路的6个开关元件中，一个或不在同一桥臂的一个以上的开关件不工作造成的。

4）有一个或不在同一桥臂上有一个以上的开关元件损坏开路，则要更换逆变模块。

5）有一个或不在同一桥臂上的一个以上的驱动信号不正常，导致相应的开关元件不工作；变频器接上电源，供电电源跳闸，或烧断熔丝。这是由于变频器的整流模块损坏短路所致。

14.2　运行故障分析及排除

14.2.1　过流（OC）

1. 过流

过流是变频器报警最为频繁的现象，主要有：

（1）重新启动时，一升速就跳闸，这是过电流十分严重的现象。主要原因有：负载短路、机械部位有卡堵、逆变模块损坏、电动机的转矩过小导致启动困难等现象引起。

（2）通电就跳。这种现象一般不能复位，主要原因有：模块坏、驱动电路坏、电流检测电路坏。

（3）重新启动时并不立即跳闸，在加速时跳闸。主要原因有：加速时间设置太短、电流上限设置太小、转矩补偿（V/F）设定较高。

2. 实例

（1）变频器一启动就跳“OC”。分析与维修：打开机盖没有发现任何烧坏的迹象，在线测量 IGBT（7MBR25NF－120）基本判断没有问题。为进一步判断问题，把 IGBT 拆下后测量 7 个单元的大功率晶体管开通与关闭都很好。在测量上半桥的驱动电路时发现有一路与其他两路有明显区别，经仔细检查发现一只光耦 A3120 输出脚与电源负极短路。更换后 3 路基本一样，模块装上后通电运行一切正常。

（2）变频通电就跳“OC”且不能复位。分析与维修：首先检查逆变模块没有发现问题，其次检查驱动电路也没有异常现象，估计问题可能出在过流信号处理这一部位。将其电路传感器拆掉后通电，显示一切正常，判断传感器已坏，新品换上后带负载实验一切正常。

14.2.2　过压（OU）

过电压报警一般是出现在停机的时候，其主要原因是减速时间太短或制动电阻及制动单元有问题。

实例：变频器在停机时跳“OU”。

分析与维修：首先要清楚停机时“OU”报警的原因何在，因为变频器在减速时，电动机转子绕组切割旋转磁场的速度加快，转子的电动势和电流增大，使电动机处于发电状态。回馈的能量通过逆变环节中与大功率开关管并联的二极管流向直流环节，使直流母线电压升高所致，所以应该着重检查制动回路。测量放电电阻没有问题，在测量制动管（ET191）时发现已击穿，更换后上电运行，且快速停车都没有问题。

14.2.3　欠压（Uu）

欠压也是设备在使用中经常碰到的问题，主要是因为主回路输出电压太低。主要原因是整流桥某一路损坏或可控硅 3 路中有工作不正常的；其次是主回路接触器损坏，导致直流母线电压损耗在充电电阻上；另外，电压检测电路发生故障。

1. 变频器通电跳“Uu”

分析与维修：经检查这台变频器的整流桥充电电阻都是好的，但是通电后没有听到接触器动作，因为这台变频器的充电回路不是利用可控硅，而是靠接触器的吸合来完成充电过程，因此判断故障可能出在接触器或控制回路以及电源部分。拆掉接触器单独加24V直流电，接触器工作正常。继而检查24V直流电源，经仔细检查该电压是经过LM7824稳压管稳压后输出的，测量该稳压管已损坏，新品更换后送电工作正常。

2. 变频器加负载后跳出“DC LINK UNDERVOLT”

变频器通电显示正常，但是加负载后跳出“DC LINK UNDERVOLT”（直流回路电压低）。分析与维修：该变频器通过充电回路，接触器来完成充电过程的，通电时没有发现任何异常现象，估计是加负载时直流回路的电压下降所引起。而直流回路的电压又是通过整流桥全波整流，然后由电容平波后提供的，所以应着重检查整流桥。经测量发现该整流桥有一路桥臂开路，更换新品后故障消除。

14.2.4　过热（OH）

过热也是一种比较常见的故障。主要原因：环境温度过高、风机故障、温度传感器性能不良、电动机过热等。

举例：某变频器在运行半小时左右跳出“OH”。

分析与维修：因为是在运行一段时间后才出现故障，所以温度传感器坏的可能性不大。通电后发现风机转动缓慢，防护罩里面堵满了很多灰尘，经清扫后开机风机运行良好，运行数小时后没有再跳此故障。

14.2.5　输出不平衡

输出不平衡一般表现为电动机抖动，转速不稳，主要原因：逆变模块损坏，驱动电路故障，电抗器损坏等。

举例：变频器输出电压相差100V左右。

分析与维修：在线检查逆变模块（6MBI50N－120）没发现问题，测量6路驱动电路也没发现故障。将其模块拆下测量发现有一路上桥臂大功率晶体管不能正常导通和关闭，该模块已经损坏，经确认驱动电路无故障，更换新品后工作正常。

14.2.6　过载

过载也是变频器比较频繁的故障之一。平时看到过载现象，首先分析到底是电动机过载还是变频器自身过载。一般电动机由于过载能力较强，只要变频器参数表的电机参数设置得当，一般不会出现电动机过载。而变频器本身由于过载能力较差很容易出现过载报警，可以通过检测变频器输出电压确定。

14.2.7　开关电源损坏

这是众多变频器最常见的故障，通常是由于开关电源的负载发生短路造成的。某变频器采用了新型脉宽集成控制器UC2844来调整开关电源的输出，同时UC2844还带有电流检测、电压反馈等功能。当发生无显示、控制端子无电压、DC12V 和 24V 风扇不运转等现象时，首先应该考虑是否为开关电源损坏。

14.2.8　SC 故障

IGBT 模块损坏，这是引起 SC 故障报警的原因之一，此外驱动电路损坏也容易导致 SC 故障报警。

14.2.9　GF——接地故障

接地故障也是平时会碰到的故障。在排除电机接地存在问题的原因外，最可能发生故障的部分就是霍尔传感器了，霍尔传感器由于受温度、湿度等环境因数的影响，工作点很容易发生飘移，导致 GF 报警。

14.2.10　限流运行

在运行中可能会碰到变频器提示电流极限。一般变频器在限流报警出现不能正常平滑工作时，电压（频率）会降下来，直至电流下降到下限值的范围。一旦电流低于允许值，电压（频率）会再次上升，从而导致系统的不稳定。变频器采用内部斜率控制，在不超过预定限流值的情况下寻找工作点，控制电动机平稳地运行在工作点，并将警告信号反馈出来，依据警告信息再去检查负载和电动机是否有问题。

14.3　故障保护动作的原因

14.3.1　短路保护

若变频器运行当中出现短路保护，停机后显示“0”，说明变频器内部或外部出现了短路因素。主要有以下几方面的原因：

（1）负载出现短路。这种情况下如果把负载甩开，即将变频器与负载断开，空开变频器，变频器应工作正常。此时，用兆欧表测量电动机绝缘，电动机绕组将对地短路，或电动机引线及接线端子板绝缘变差，此时应检查电动机及附属设施。

（2）变频器内部问题。如果上述检测后负载无问题，变频器空开仍出现短路保护，这是变频器内部出现问题。在逆变桥的模块当中，若 IGBT 的某一个结击穿，都会形成短路保护，严重的可使桥臂击穿，甚至送不上电。这种情况一般只允许再送一次电，以免故障扩大，造成更大的损失。应联系厂家进行维修。

（3）变频器内部干扰或检测电路有问题。有些设备内部干扰也易造成此类问题，此时变频器并无太大的问题，只是不间断的、无规律的出现短路，即所谓的误保护，这是干扰造成的。

1）变频器的短路保护一般是从主回路的正负母线上分流取样，用电流传感器经主控板的检测传至主控芯片进行保护，因此这些环节上任何一处出现问题，都可能造成故障停机。

2）对于干扰问题，目前低压大功率的和中高压变频器都加了光电隔离，但也有出现干扰的，主要是电流传感器的控制线布线不合理，可将该线单独排列，远离电源线、强电压、大电流线及其他电磁辐射较强的线路，或采用屏蔽线，以增强抗干扰能力，避免出现误保护。

3）对于检测电路出现的问题，一般是电流传感器、取样电阻或检测的门电路问题，电流传感器应用示波器检测。若波形不好或出现杂乱波形甚至于无波形，即说明电流传感器有问题，可进行更新。

4）对取样电阻问题，有的变频器使用时间长，其阻值会变大，甚至于断路，用万用表可检测出来。应更换电阻。

5）对于检测的门电路，应检查在静态时的工作点，若状态不对应更换。

（4）参数设置对于提升机类或其他重负荷负载，需要设置低频补偿。若低频补偿设置不合理，也容易出现短路保护。一般以低频下能启动负载为宜，且越小越好，若太高了，不但会引起短路保护，还会使启动后整个运行过程电流过大，引起相关的故障，如IGBT栅极烧断、变频器温升高等。因此应逐渐加补偿，使负荷能正常启动为最佳。

（5）在多单元并联的变频器中，若某一单元出现问题，势必使其他单元承担的电流大，造成单元间的电流不平衡，而出现过流或短路保护。因此对于多单元并联的变频器，应首先测其均流情况，发现异常应查找原因，排除故障，各单元的均流系数应不大于5%。

14.3.2 过流保护

变频器出现过流保护，代码显示“1”。

（1）负载过负荷。负载电流超过额定电流的1.5倍即故障停机而保护，对变频器危害不大，但长期的过负荷容易引起变频器内部温升高，元器件老化或其他相应的故障。

（2）变频器内部故障。若负载正常，变频器仍出现过流保护，一般是检测电路所引起，类似于短路故障的排除，如电流传感器、取样电阻或检测电路等。该处传感器波形包络类似于正弦波，若波形不对或无波形，即为传感器损坏，应更换之。

14.3.3 过压、欠压

变频器出现过压、欠压保护，大多是由于电网的波动引起的，在变频器的供电回路中，若存在大负荷电动机的直接启动或停机，引起电网电压瞬间的大范围波动即会引起变频器过压、欠压保护，而不能正常工作。这种情况一般不会持续太久，电网波动过后即可正常运行。这种情况的改善只有增大供电变压器容量、改善电网质量才能避免。

当电网工作正常时，即在允许波动范围内时，若变频器仍出现这种保护，这就是变频器内部的检测电路出现了故障。

14.3.4 温升过高保护

（1）变频器的温升过高保护，面板显示“5”。一般是由于变频器工作环境温度太高引起的，此时应改善工作环境，增大周围的空气流动，使其在规定的温度范围内工作。

(2) 变频器本身散热风道通风不畅造成。有的工作环境恶劣，灰尘、粉尘太多，造成散热风道堵塞而使风机抽不进冷风，因此应对变频器内部经常进行清理（一般每周一次）。

(3) 风机质量差运转过程中损坏，此时应更换风机。

(4) 在大功率的变频器（尤其是多单元或中高压变频器）中，因温度传感器走线太长，靠近主电路或电磁感应较强的地方，造成干扰，此时应采取抗干扰措施，如采用继电器隔离，或加滤波电容等。

14.3.5　电磁干扰太强

这种情况变频器停机后不显示故障代码，只有小数点亮。这是一种比较难处理的故障。包括停机后显示错误，如乱显示，或运行中突然死机，频率显示正常而无输出。这种故障的排除除了外界因素，将变频器远离强辐射的干扰源外，主要是应增强其自身的抗干扰能力。特别对于主控板，除了采取必要的屏蔽措施外，采取对外界隔离的方式尤为重要。

(1) 应尽量使主控板与外界的接口采用隔离措施。在高中压及低压大功率变频器中采用光纤传输隔离，在外界取样电路（包括短路保护、过流保护、温升保护及过、欠压保护）中采用了光电隔离，在提升机与外界接口电路中采用了 PLC 隔离，这些措施都有效避免了外界的电磁干扰，在实践应用中都得到了较好的效果。另外，对变频器的控制电路（主控板、分信号板及显示板）中应用的数字电路，如 74HC14、74HC00、74HC373 及芯片 89C51、87C196 等，应要求每个集成块都应增加退耦电容。

(2) 每个集成块的电源脚对控制地都应增加 10μF/50V 的电解电容并接 103 (0.01μF) 的瓷片电容，以减小电源布线的干扰。对于芯片，电源与控制地之间应增加电解电容 10μF/50V 并接 105 (1μF) 的独石电容，效果会更好些。有些变频器使用时间太长，线路板上的滤波电容容量不够造成滤波效果差，导致变频器死机或失控，可更换一块新线路板。

14.4　典型故障分析

14.4.1　主回路跳闸

这种故障表现为变频器运行过程中有大的响声（俗称“放炮”），或开机时送不上电，变频器控制用的断路器或空气开关跳闸。这种情况一般是由于主电路（包括整流模块、电解电容或逆变桥）直接击穿短路所致，在击穿的瞬间强烈的大电流造成模块炸裂而产生巨大响声。关于模块的损坏原因，是多方面的：

(1) 整流模块的损坏大多是由于电网的谐波污染造成的。由于大功率电力电子装置的大量使用，使电网电压含有大量谐波，其电压波形不再是规则的正弦波，使整流模块受电网的污染而损坏，这需要增强变频器输入端的电源吸收能力。在变频器内部一般也设计了该电路。但随着电网污染程度的加深，该电路也应不断改进，以增强吸收电网尖峰电压的能力。

（2）电解电容及IGBT的损坏主要是由于不均压造成的，这包括动态均压及静态均压。在使用时间长的变频器中，由于某些电容的容量减少而导致整个电容组的不均压，分担电压高的电容肯定会炸裂。IGBT的损坏主要是由于母线尖峰电压过高而缓冲电路吸收不力造成的。在IGBT导通与关断过程中，存在着极高的电流变化率，即di/dt很大，而加在IGBT上的电压即为$U=Ldi/dt$，其中L即为母线电感，当母线设计不合理，造成母线电感过高时，即会使模块承担的电压过高而击穿，击穿的瞬间大电流造成模块炸裂，所以减小母线电感是做好变频器的关键。改进电路采用的宽铜排结构效果较好。国外采用的多层母线结构值得借鉴。

（3）参数设置不合理。尤其在大惯量负载下，如离心风机、离心搅拌机等，因变频器频率下降时间过短，造成停机过程电动机发电而使母线电压升高，超过模块所能承受的界限而炸裂。这种情况应尽量使下降时间放长，一般不低于300s，或在主电路中增加泄放回路，采用耗能电阻来释放掉该能量。

（4）模块炸裂的原因还有很多，如主控芯片出现紊乱，信号干扰造成上下桥臂直通等都容易造成模块炸裂，吸收电路不好也是直接原因。

14.4.2 延时电阻烧坏

延时电阻烧坏主要是由于延时控制电路出问题造成的。

（1）在变频器延时电路中，大多用的是晶闸管（可控硅）电路，当其不导通或性能不良时，就可造成延时电阻烧坏。这主要是开机瞬间造成的。

（2）在变频器运行过程当中，当控制电路出现问题，有的是由于主电路模块击穿，造成控制电路电压下降，使延时可控硅控制电路工作异常，可控硅截止使延时电阻烧坏。有的是控制变压器供电回路出现问题，使主控板失去电压瞬间造成晶闸管工作异常而使延时电阻烧坏。

14.4.3 只有频率而无输出

这种故障一般是IGBT的驱动电路受开关电源控制的电路中，当开关电源或其驱动的功率激励电路出现故障时，即会出现这种问题。

在变频器中，开关电源一般是选30～35V、±15V或±12V，功率激励的输出为一方波，其幅度为±35V，频率在7kHz左右。检测这几个电压值，用示波器测量功率激励的输出即可加以判别。但更换这部分器件后，应加以调整，使驱动板上的电压符合规定值（+15V、−10V）为宜。

14.4.4 送电后面板无显示

这主要是提升机类变频器常出现的故障，因此类变频器主控板用的电源为开关电源，当其损坏时即会使主控板不正常而无显示。这种电源大多是其内部的熔断器损坏造成的。因在送电的瞬间开关电源受冲击较大，造成保险丝瞬间熔断，可更换一个合适的熔断器即可解决问题。有的是其内的压敏电阻损坏，可更换一只新的开关电源。

14.4.5　频率不上升

频率不上升即开机后变频器只在“2.00Hz”上运行而不上升，这主要是由于外控电压不正常所致。

14.4.6　主电路损坏

主电路是变频器的主要电路，也是通过大电流的电路，如果整流电路损坏，将使整机不能供电。如果整流管 6 支中有 1 支击穿，就会失去整流效果，如果电路中 VD_1、VD_3、VD_5 任意击穿，整个整流电路将失去整流的意义，而通过整流管的还是交流电，不仅没有整流效果，还会使交流大电流进入整流的后电路，可能损坏逆变电路中的变频管以及滤波电路与开关电源的有关元件。

如果是 VD_2、VD_4、VD_6 等下管损坏，将使三相交流电中一路不能形成回路，三相有可能变单向整流。如果 VD_1、VD_3、VD_5 有任意一路开路，就会使整流电路失去一相整流，整个整流电路整流效果变差，整流后的电流变小。VD_2、VD_4、VD_6 其中的一个二极管开路，将使整流的效果变差。如果 $VD_1 \sim VD_6$ 有 1 支内部性能变差，就会使整流后脉冲电流增大，直流不纯，将使变频管以及开关电源直流供电变差，整机工作性能不稳定，整流电路的损坏原因一般有以下几种情况：

（1）整流二极管或整流集成模块本身性能差。

（2）整流后的负载电路短路，过流过载。

（3）机器散热不良，在更换整流电路元件时一定要注意功率参数。

滤波电路的主要任务是滤除整流后脉动直流中的交流电，得到纯直流，而且要自举升压将整流后的直流电进行升压，防止负载电路损耗电流，达不到负载的工作用正常电压，如果损坏将会使负载电路不能正常工作。一般主电路中滤波电容经常会出现顶部凸起、底部流液击穿、外壳爆炸等现象。如果外壳可以直接看出，如果有凸起，可以认为内部漏电，此时电容两端电压会降低，使开关电源、CPU 驱动与逆变等电路工作稳定性差，严重时将不能工作。如果滤波电容击穿，将会烧前熔丝。一般滤波电容器损坏的原因是两端电压过高、电容器性能不良等。

在更换新电容器时一定要注意电容器的质量，安装时螺钉要固定紧，不能装反。逆变电路损坏后，将导致不能将直流转变交流。如果 6 支变频管 $VT_{14} \sim VT_{19}$ 中有 1 支管子损坏，会出现 U、V、W 三相输出端有一相电压异常，使 U、V、W 输出三相不平衡；如果是每对变频的上管击穿，将使输出的某一相电流增大，电压与另两管不平衡；如果是三相三对变频管的下管损坏，将导致某一相线圈电流增大，使输出电压不平衡；如果变频模块损坏，散热不良，将使变频器在运行过程中停机。

逆变电路是将直流转变成一定频率的交流电给电动机供电。如果 6 支管中任意 1 支管损坏都会使输出 U、V、W 三相交流电不平衡，电动机不能运行，而且三相电动机内部线圈有一相线圈匝数间短路，将会使逆变模块过流，烧损逆变模块。

逆变电路常见的结构如下：

（1）6 支变频管构成的逆变电路，这 6 支变频管是分开的，没有集成。一般用于小功率变频器。损坏时，不会同时损坏，只是损坏其中一支或两支，但输出U、V、W三相还是不平衡，电动机不能运行。

（2）每2支变频管集成一个模块，一般三相变频器有3支模块，如果由于散热不良或负载短路烧坏其中一个模块，也会使输出电压三相不平衡，电动机不能运行。此结构用于中功率变频器。

（3）将6支变频管集成一个模块，此结构用于大功率变频电路。如果损坏会使U、V、W三端输出电压为0，或输出三相电压不平衡，电动机不能运行。更换时要注意功率参数型号，涂好硅胶固定好散热片。

14.4.7 开关电源

开关电源主要是采用自励或他励式结构，将主电路整流滤波后送来的几百伏直流转变为各种不同电压、电流的稳恒直流电。一般常见直流电压有+5V，供CPU电路与驱动电路的驱动信号接收器中发光器的发光二极管的电源，同时给CPU芯片供电，产生+15V直流电压给驱动电路的驱动芯片供电，同时给保护电路以及面板显示电路与接口电路等供电。如果开关电源损坏，直接影响CPU驱动保护面板显示电路的正常工作。

要看开关电源损坏的部位与损坏的程度，对采用的是他励式变频器开关电源，脉冲发生器芯片一旦损坏，就不能输出方波脉冲信号。这时开关振荡管停止工作，脉冲变压器振荡线圈没有产生交变磁场，变压器次级感应电压为0。CPU驱动面板保护等电路都不能供电，停止工作，主电路中逆变电路不工作，U、V、W三端输出电压为0，电动机不能运行工作；如果开关电源与脉冲开关管以及振荡脉冲变压器次级，有个别电压为零或不正常，其他各电压良好，那只能使某一电路不工作。

要注意是哪一电路供电出现问题。如果是CPU供电为零，不能产生六相方波信号，而且也无法接收各种指令，此时驱动电路、逆变电路不工作，U、V、W三端输出电压为零，电动机不运行。如果面板供电为零或不正常，就会使面板无显示，不能识别变频器当前的工作状态。

14.4.8 六相变频驱动电路

如果驱动电路的各芯片供电都为0，此时，6支驱动芯片都不能放大六相脉冲驱动信号。此时，逆变电路没有六驱动脉冲，不能工作，U、V、W三端不能输出三相交流电压，电动机不能运行。

6支驱动芯片其中1个芯片损坏，将少一相脉冲信号，逆变电路就会有一对变频管不工作，输出U、V、W三相电压不平衡，电动机不运行。

驱动芯片损坏一般有以下原因：

（1）由于逆变模块两端电压过高而使内部变频管击穿，大电流由变频管信号电路进入，输出端将烧坏驱动芯片。这时主要看变频器电路中变频模块内部电路是否击穿。

（2）如果都将大电流反馈驱动芯片，会损坏驱动芯片，一般即使驱动芯片的工作条件满足要求，也不能放大信号。

（3）有些芯片由于供电电路中有漏电，供电不足而造成芯片不能工作，有些驱动芯片使送逆变电路信号电流与电压减小，送逆变管的信号达不到要求，而使变频管不工作。

(4) 一般 6 支变频管同时损坏的可能性不大，如果 6 支中某 1 支芯片损坏，造成的故障会使 U、V、W 输出三相不平衡，电动机不运行。

14.5　使用注意事项

变频装置集成化程度高，晶体管等电子器件多，工作环境中的温度、湿度、磁场等对其工作稳定性均有明显影响，在使用中应注意以下事项。

(1) 避免变频器安装在产生水滴飞溅的场合，严禁将变频器的输出端子 U、V、W 连接到 AC 电源上，将 P＋、P－、PB 任何两端短路，控制线应与主回路动力线分开，控制线采用屏蔽电缆。

(2) 变频器要正确接地，接地电阻小于 10Ω；主回路端子与导线必须牢固连接，变频器与电机之间连线过长，应加输出电抗器；对电机绝缘检测时必须将变频器与电机连线断开。

(3) 变频器存放 2 年以上，通电时应先用调压器逐渐升高电压，存放半年或 1 年应通电运行 1 天。变频器断开电源后，待几分钟后，直流母线电压（P＋，P－）应在 25V 以下方可维护操作。

(4) 变频器驱动电动机长期超过 50Hz 运行时，应保证电动机轴承等机械装置在使用的速度范围内，注意电动机和设备的震动、噪声。变频器驱动三相交流电动机长期低速运转时，建议选用变频电动机。

(5) 严禁在变频器的输入侧使用接触器等开关器件进行频繁启停操作；在变频器的输出侧，严禁连接功率因数补偿器、电容、防雷压敏电阻；变频器的输出侧严禁安装接触器、开关器件；变频器输入侧与电源之间应安装空气开关和熔断器，变频器输出侧不必安装热继电器。

(6) 变频器在一确定频率工作时，如遇到负载装置的机械共振点，应设置跳跃频率避开共振点。

(7) 变频器驱动减速箱、齿轮等需要润滑的机械装置，在长期低速运行时应注意润滑效果，变频器在海拔 1000m 以上地区使用时，须降负荷使用。

第 15 章　无功补偿装置故障分析及排除

无功补偿技术的发展经历了同步调相机、开关投切固定电容、静止无功补偿器（SVC）、静止无功发生器 SVG（STATCOM）等几个不同阶段。目前，国内以静止无功补偿器（SVC）为主。根据结构原理的不同，SVC 技术又分为：自饱和电抗器型（SSR）、晶闸管相控电抗器型（TCR）、晶闸管投切电容器型（TSC）、高阻抗变压器型（TCT）和励磁控制的电抗器型（AR）。随着电力电子技术，特别是大功率可关断器件技术的发展和日益完善，国内外正在研制、开发一种更为先进的静止无功功率发生装置（SVG），因其能耗低、动态补偿性好、响应时间短、输出波形优及稳定可靠等特点，在电力系统中的应用将越来越广泛。

无功补偿装置是配电系统中主要设备之一，实际就是无功电源，由电容器组、投切元件、检测及保护元件组成。一般电力行业负载功率因数需达到：低压 0.85 以上，高压 0.9 以上。为了克服无功损耗，需要采用无功补偿装置来解决。电力系统中现有的无功补偿设备有无功静止式补偿装置和无功动态补偿装置两类，前者包括并联电容器和并联电抗器，后者包括同步补偿机（调相机）和静止型无功动态补偿装置（SVS）。

无功补偿装置在运行中往往会出现较多问题，主要与补偿装置选用电器元件配置是否合理，电器元件使用是否正确，电网中是否存在谐波干扰以及安装工艺等诸多因素有关。

15.1　运行中常见故障及排除

15.1.1　过补偿与欠补偿

（1）容量不够，欠补偿。

（2）电力电容器容量下降而形成的补偿不足。

（3）电容器配置不正确，容量大小配置一样，达不到按需就补，所以不是欠补偿就是过补偿。

15.1.2　切换频繁

（1）无功功率自动补偿控制器自身存在问题。

（2）控制器延时没有调试好，没有根据精确需要而设定延时时间。延时时间过短，投切频繁，接触器易损坏；延时时间过长，会降低补偿效果。

15.1.3　谐波

现在用电设备有很多，如电子、中频、变频等设备，会产生谐波。有了谐波，电流、电压、周波都会放大，易损坏电力电容器、接触器、熔断器，严重时会引起电器火灾，烧毁用电设备。因此，谐波不严重的可提高电容器电压等级，谐波严重的要配置抗谐波的电抗器，但这种电抗器的造价较高。

15.1.4　功率因数表上显示达到要求，无功电度表上达不到要求

（1）因照明线路与动力线路分开布置，控制器取样电流互感器没有对照明用电进行取样，仅对动力线路的用电取样。

（2）变压器的铁芯因无功而增加损耗，没有采取有效的手段给变压器来补偿。

（3）三相电流经常变化，互感器取样电流不精确，达不到补偿效果。

15.1.5　补偿效果差的几种情况

（1）三相不平衡补偿效果差。用电线路分布负荷不均，互感器取样电流为一相，而三相电流经常变化，这样取样电流不精确，无法达到精确的补偿效果。这就需要采用三相取样电流的无功功率补偿控制器，采取分补与共补相结合。

（2）电容器的配置不合理导致补偿效果差。如用电量不均衡，而电容器的容量大小都一样，电容器组不投入就欠补偿，投入一组就过补偿，过补偿与欠补偿频繁切换。

1）达不到补偿要求时，就需要电容器容量要大小阶梯式搭配，无功补偿根据实际需要，确定投多大的电容器，无功功率自动补偿控制器必须要编码输出。

2）频繁切换容易损坏接触器，无功功率自动补偿控制器调节要精确所需延时时间。

（3）用电线路过长补偿效果差。应采用分段补偿。

（4）单台用电设备补偿效果差。单台用电设备功率大，可以采用就地补偿。

（5）设备运行电流变化大，补偿效果差。设备运行，轻载与重载电流变化大，应采用智能性的投切与群投相结合。

（6）电流波动大，补偿效果差，用电设备频繁启动。如行车、电梯、焊机等设备，这些设备的使用，必定产生冲击电流，所以电流波动大。在无功补偿装置应考虑抗冲击的问题和无功功率自动补偿控制器的延时时间长短的问题。

15.1.6　环境温度高电容器容易坏

由于电容器通电运行会产生热量，如果不及时排出，温度越升越高，超过电容器的温度要求，电容器易损坏。应在配电房安装空调、增加排风装置等，保证电容器安全。

15.1.7　控制器的取样电流异常

（1）控制器的取样电源同时也作为控制电源用，导致取样不准确。

（2）两只控制器用一台变压器的电流互感器取样，取样线只能串联，不能并联。

（3）控制器显示的功率因数如果是负数，应将控制器电源的两相互换。

15.1.8　无功补偿装置（电容器柜）安全

（1）刀开关额定电流必须按电容器的总电流配置。

（2）控制系统接线应在刀开关下桩头接线，不应在刀开关上桩头接线。

（3）加装失负荷开关，因电容器全部投入运行时电流比较大，遇紧急情况不能带负荷拉闸，装失负荷开关后，遇紧急情况可切断相应接触器线圈的电源，从而断开电容器电源。

（4）熔断器、接触器、连接电线等应按线路总电流配置。

15.2　元器件常见故障及排除

15.2.1　控制器

（1）控制器灵敏度一定要高，如果控制器灵敏度低，无功补偿过程中投、切电容器易造成混乱。

（2）要抗谐波，谐波会使电压产生畸变，导致控制器不能正常的工作。

（3）门限要宽，门限窄的控制器调节达不到要求。

（4）要有编码输出，以适应目前自动监控用电的要求。

15.2.2　电容器

（1）变压器输出端电压偏高或有谐波，如果用400V电压等级的电容器容易损坏，必须要提高电容器的电压等级。

（2）有冲击电流、电流波动大，电容器也易损坏，应选用加抗冲击电流的电容器。

（3）如果环境温度高，应选用带温度保护的电力电容器。

（4）电容器运行时发现有鼓肚、漏液等现象要及时更换。

（5）无功补偿电容器主要由聚丙烯锌铝镀膜制成，随着电容器的运行，受环境温度的影响，电容器介质会劣化，导致容量下降，每年一般会下降8%～15%不等。定期测量电容器的电流，电流下降太大，应更换。

15.2.3　接触器

（1）接触器必须选用专用切换电容器的接触器。

（2）切换电容器的接触器额定电流必须大于电容器的电流，否则容易烧坏接触器。

（3）接触器的线圈电压最好选用220V电压等级。这样电容器与接触器串在一起，不会产生自由振荡，不会烧坏熔断器。

15.2.4　无功补偿所需要配置电容器的千乏量的经验值

（1）变压器容量乘以60%就是无功补偿所需要配置电容器的千乏量。

（2）实际总装机容量乘以80%就是无功补偿所需要配置电容器的千乏量。

（3）就地补偿是以电机容量乘30％就是无功补偿所需要配置电容器的千乏量。

15.3 典型故障分析

15.3.1 控制器上cosΦ显示不准确

1. 故障原因

因电网中或负载源产生谐波、取样问题、补偿控制器产生误动误显等。

2. 故障现象

补偿控制器与取样电流或电压有关，在负荷正常的情况下投入电容器，功率因数应该从滞后值逐步变大至1.00，如果再投入电容器则功率因数应该为超前，继续投入超前值变小为正常，但会出现下列情况：

（1）始终只显示1.00。

（2）电网负荷是滞后状态，补偿器却始终显示超前。

（3）电网负荷是滞后状态，补偿器显示滞后但投入电容器后滞后值不是按正常方向变化（增大），反而投入电容越多滞后值越小。

（4）电网负荷是滞后状态，补偿器虽显示滞后值，但投入电容器后滞后值不变化，滞后值只随负荷变化而变化。

3. 原因分析

（1）取样电流没有送入补偿器。

（2）取样电流与取样电压相位不正确。

（3）投切电容器产生的电流没有经过取样互感器。

4. 措施

（1）更换抗谐波型控制器或在配电系统中加装抗谐波型元件。

（2）补偿控制器能够正常运行，取样电流应准确。

15.3.2 熔断器熔断

1. 故障现象及原因

无功补偿装置在补偿投切过程中出现熔断器熔断现象，主要原因如下：

（1）熔断器选型配置不合理。

（2）计算实际投切电流选用的安全系数偏小。

（3）与补偿控制器的投切时间有关。

（4）与电网系统或负载设备产生的谐波有关。

（5）与相电流不平衡有关。

（6）与安装工艺、工作环境等有关。

2. 措施

（1）要充分考虑到无功补偿装置的特性。在投切过程中，当涌流较大时［一般在$(15\sim30)I_N$左右］选择熔芯非常重要，一般选用AM系列（过载能力强）或同类型的熔芯，而不应选用JL系列（过载能力低）或与之同类型的熔芯。

（2）计算实际投切电流非常重要。针对无功补偿装置的特性，应考虑保险系数，通常情况下应取实际投切电流的1.35～2倍。

（3）熔断器的熔断与补偿控制器设置的投切时间有一定关系。在电容从网络中切除后，电容器中电压随时间延长而逐渐衰减，如果间隔不长又投入时，残压和所加电压即形成叠加电压，造成过电压过电流，所以在设置投切时间时切不可太短，一般设置20～30s为宜。

（4）电网中或负载设备产生的谐波将改变电源原来的电压性质。当谐波含量较高时，由谐波所引起的基波电流放大，将使熔断器熔断。

（5）补偿装置运行中三相电流长时间不平衡，也将造成熔断器部分熔断，如发现三相电流不平衡要及时查找原因。不是三相电流不平衡原因更换熔芯时，最好同时更换三相熔芯，如若只更换某一相已熔断熔芯，那么另外两相已受损的熔芯再投入运行，时间不长即会熔断。

（6）熔断器的熔断与安装工艺以及使用环境有一定关系，特别是使用环境，有的使用场合温度非常高，长时间高达70℃以上，这种情况下一定要采取降温措施。

15.3.3 接触器损坏

1. 原因

无功补偿装置在投切过程中，切换电容接触器的损坏尤为突出，主要有以下几个方面原因：

（1）补偿控制器设置的投切时间太短，二次吸合造成的叠加电压导致冲击电流过大而损坏接触器。

（2）接触器的损坏与接触器的正确安装有一定关系，特别是接触器的导线连线部位，一定要压紧，不得松动并套上绝缘套管。

（3）当电路中谐波含量较高时，电压、电流波形发生严重畸变，基波电流被放大将造成接触器烧触头。

（4）相与相或相对地短路，造成接触器损坏。

（5）当电流不平衡增大时，长时间运行也将导致接触器损坏。

（6）与接触器的自身质量也有很大的关系。

2. 措施

目前国内电容电源回路的接触器生产厂家很多，但生产的材质及产品质量不尽相同。在选型时应选用抗涌流、抗谐波或承受谐波抗冲击的接触器。

15.3.4 电容器故障

1. 电容器在运行中损坏

损坏主要有击穿不能愈合、短路、鼓肚子及运行时间不长容量下降等，情况严重时甚至爆炸。目前的电容器一般为自愈式，正常情况下击穿会自动愈合，如果经常击穿再愈合，周而复始将使电容器彻底损坏。

(1) 原因。

1) 由补偿控制器质量引起的误投误切造成电容器损坏。

2) 补偿时瞬间投切的涌流非常大造成电容器损坏。

3) 三相电流、电压长时间不平衡造成电容器损坏。

4) 叠加电压（由于控制器设置的投切时间比较短所形成）造成电容器损坏。

5) 谐波对电容器的干扰。

(2) 措施。

1) 使用质量较好的控制器。

2) 补偿时瞬间浪涌电流非常大的，建议超过 $30I_N$ 以上串接电抗器等电器元件。

3) 发现缺相或三相电流电压不平衡要及时查找原因，及时解决。

4) 控制器的设置投切时间不宜太短，防止形成叠加电压。如果实际补偿容量不足或确实需要频繁投切的情况，应增加补偿容量或进行就地补偿和集中补偿相结合的方式。

5) 电网中如有谐波干扰，要及时采取措施，加装滤波装置或加装抗谐波型元件。

2. 电容器无功倒送

电力系统不允许无功倒送，因为它会增加线路和变压器损耗，加重线路负担。采用固定电容器补偿方式的，在负荷低谷时，也可能造成无功倒送。固定安装的电容器在选择容量时，为了防止轻负荷时向系统倒送无功，应按照负荷低谷时系统的无功选择补偿容量。倒送无功的时间，绝大多数是在电网无功过剩的情况下，这将给电网带来很大的功率负担和额外线损，并对电网造成过电压危害，不得不安装电抗器，以便就近吸收。

为了改进和提高无功补偿装置所达到的补偿要求，必须了解电网或负载源是否出现谐波，无功补偿装置的电器元件配置的合理性，正确使用补偿装置才能使无功补偿装置无故障正常运行。

第16章　继电保护与监控系统故障分析及排除

16.1　继电保护装置

继电保护是指能反应电力系统中电气元件发生故障或不正常运行状态，并动作于断路器跳闸或发出信号用来对电动机、变压器、母线及输配电线路等主要电气元件进行监视和保护的一种自动装置。它的基本任务是：故障时跳闸，不正常运行时发信号。

继电保护装置可以在出现电力事故时，对故障产生的原因进行分析和记录，并发出故障报警，同时还会按照系统的设定要求将要保护的线路自动切断，避免出现更大范围的故障，最大限度地保证电力设备的正常运行。

继电保护装置历经了机电式保护装置、静态继电保护装置和数字式继电保护装置3个发展阶段，20世纪90年代至今，微机保护（数字式）装置逐步替代了其他形式的保护装置。微机保护装置的可靠性高，可以通过菜单设置，实现对电动机、变压器、电容器等设备的保护，其抗干扰性能强；硬件、软件设计标准化、模块化，便于现场维护；装置的人机接口功能强大，符合人机工程设计要求，菜单化设计，操作、调试方便，一般运行人员参考说明书就能熟练操作。

装置元器件故障排查方法如下：

(1) 替代法。替代法是指用规格相同、功能相同、性能良好的插件或元件替代被怀疑而不便测量的插件或元件。

(2) 对比法。对比法是将故障装置的各种参数或以前的检验报告进行比较，差别较大的部位就是故障点。

(3) 模拟检查法。模拟检查法是指在良好的装置（一般为备用装置）上根据原理图（一般由厂家配合）对其部位进行脱焊、开路或改变相应元件参数，观察装置有无相同的故障现象出现，若有相同的故障现象出现，则故障部位或损坏的元件被确认。

16.1.1　故障及排除

16.1.1.1　故障原因分析

1. 保护定值问题

(1) 人为整定错误。人为整定错误情况的主要表现：运算过程中数值错误；TA、TV变比计算错误；保护定值区使用错误；运行人员投错连接片等。

防范措施：定值整定部门在下发定值单前必须核对定值无误，把好第一把关；在设备送电之前，调试人员与运行人员至少应有2人共同进行装置定值的校核，确保执行无误。

(2) 装置元器件老化。

1) 元器件老化及损坏。元器件的老化积累必然引起元器件特性的变化和损坏，不可逆转地影响微机保护的定值。

2）温度与湿度的影响。微机保护的现场运行规程规定了微机保护运行的环境温度与湿度的范围，电子元器件在不同的温度与湿度下表现为不同的特性，在某些情况下会造成定值的漂移。

3）定值漂移问题。现场运行经验表明：如果定值的偏差不大于 5%，则可忽略其影响，当定值的偏差≥5%时应查明原因，才能投入运行。运行管理部门要加强定值的核对工作，且应选择有良好运行工况的装置。

2. 电源问题

（1）逆变稳压电源问题。

1）纹波系数过高，纹波系数是指输出中的交流电压与直流电压的比值，交流成分属于高频范畴，高频幅值过高会影响设备的寿命，甚至造成逻辑错误或导致保护拒动，因此要求直流装置有较高的精度。

2）输出功率不足或稳定性差。电源输出功率的不足会造成输出电压下降，若电压下降过大，会导致比较电路基准值的变化、充电电路时间变短等一系列问题，从而影响到微机保护的逻辑配合，甚至逻辑功能判断失误。尤其是在事故发生时有出口继电器、信号继电器、重动继电器等相继动作，要求电源输出有足够的功率。如果现场发生事故时，微机保护出现无法给出后台信号等现象，应考虑电源的输出功率是否因元件老化而下降。对逆变电源应加强现场管理。在定期检验时一定要按规程进行逆变电源检验。长期实践表明：逆变电源的运行寿命一般在 4～6 年，到期应及时更换。一般要求每 5～6 年需更换一次微机保护电源。现场的熔丝配置是按照从负荷到电源，一级比一级熔断电流大的原则配置的，以保证在直流电路上发生短路或过载时熔丝的选择性。但是不同熔丝的底座没有区别，如运行人员疏忽，会造成上下级不配合，故必须认真核对，或建议设计者对不同容量的熔丝选择不同的形式，以便于区别。

（2）带直流电源插拔插件。如果在不停直流电源的情况下，插拔各种插件易造成装置损坏或事故。因此，必须加强工作人员的思想教育，现场加强监督，严禁带电插拔插件。

（3）TA 饱和问题。如果系统短路电流急剧增加，在中低压系统中电流互感器 TA 易出现饱和现象，影响继电保护装置动作的正确性。如：现场馈线保护因电流互感器饱和而拒动，主变压器后备保护越级跳开主变压器三侧开关等事故。由于数字式继电器采用微机实现，其主要工作电源一般为 5V 左右，数据采集部分的有效电平范围也仅有 10V 左右，因此能有效处理的信号范围更小。

3. TA 的饱和对数字式继电器的影响及预防

（1）对辅助判据的影响。有的微机保护中采用 $I_A+I_B+I_C=3I_O$，作为正常运行时的闭锁措施是非常有效的；但作为 TA 回路断线和数据采集回路故障的辅助判据，在故障且 TA 饱和时，就会使保护误闭锁，引起拒动。

（2）对基于工频分量算法的影响。在 TA 饱和时，工频分量与饱和角有关，故数字式继电器的动作将受到影响。

（3）防止 TA 饱和的方法与对策。对于 TA 饱和问题，从运行和故障分析的经验来看，主要采取分列运行方式或串联电抗器来限制短路电流；采取增大保护级 TA 的变比，以及用保护安装处可能出现的最大短路电流和互感器的负载能力与饱和倍数来确定TA的变比；采取缩短TA二次电缆长度及加大二次电缆截面；保护安装在开关处的方法有效减小二次回路阻抗，防止TA饱和。

4. 抗干扰问题

如果微机保护的抗干扰性能较差，对讲机和其他无线通信设备在保护屏附近使用，会导致一些逻辑元件误动作。现场曾发生过电焊机在进行氩弧焊接时，高频信号感应到保护电缆上使微机保护误跳闸的事故发生。要严格执行有关反事故技术措施，尽可能避免操作干扰、冲击负荷干扰、直流回路接地干扰等问题的发生。

5. 插件绝缘问题

微机保护装置的集成度高，布线紧密，长期运行后，由于静电作用使插件的接线焊点周围聚集大量静电尘埃，可使两焊点之间形成了导电通道，从而引起装置故障或者事故的发生。

6. 软件版本问题

由于装置自身的质量或程序漏洞问题，只有在现场运行过相当一段时间后才能发现。因此在保护调试、检验、故障分析中发现的不正常或不可靠现象应及时向上级或厂商反馈情况，更新程序版本以便改进，每年应进行2次定值和版本核查。

7. 高频收发信机问题

在220kV线路保护运行中，收发信机问题仍然是造成纵联保护不正确动作的主要因素，包括元器件损坏、抗干扰性能差等。应注意校核继电保护通信设备（光纤、微波、载波）传输信号的可靠性和冗余度，防止因通信设备的问题而引起保护不正确动作。另外，高频保护的收发信机的不正常工作，也是高频保护不正确动作的重要原因之一。

8. 接线错误

在保护装置安装、检修中，接线错误也是导致保护装置出现故障的主要原因之一，有的接线错误导致合闸失败，这类故障易于查找，往往在设备正常投运前可以查出并解决；有的接线错误导致无法分闸，这类故障往往在正常运行的设备中仍然存在，设备出现故障需要跳闸时才发现问题，易导致故障的扩大。

16.1.1.2 故障处理

1. 收集故障信息

利用故障录波和时间记录、微机事件记录、故障录波图形、灯光显示信号是事故处理的重要依据。若判断故障确实是发生在继电保护上，应尽量维持原状，做好记录，做出故障处理计划后再开展工作，以避免原始状况的破坏给事故处理带来不必要的麻烦。

2. 故障排查方法

（1）逆序检查法。如果利用微机事件记录和故障录波不能在短时间内找到事故发生的根源时，应注意从事故发生的结果出发，一级一级往前查找，直到找到根源为止。这种方法常应用在保护出现误动时。

（2）顺序检查法。该方法是利用检验调试的手段来寻找故障的根源。按外部检查、绝缘检测、定值检查、电源性能测试、保护性能检查等顺序进行。这种方法主要应用于微机保护出现拒动或者逻辑出现问题的事故处理中。

（3）运用整组试验法。此方法的主要目的是检查保护装置的动作逻辑、动作时间是否正常，往往可以用很短的时间再现故障，并判明问题的根源。如出现异常，再结合其他方法进行检查。

16.1.1.3　故障处理注意事项

1. 对试验电源的要求

在进行微机保护试验时，要求使用单独的供电电源，并核实试验电源是否满足三相为正序和对称的电压，并检查其正弦波及中性线是否良好，电源容量是否足够等要素。

2. 对仪器仪表的要求

万用表、电压表、示波器等取电压信号的仪器必须选用具有高输入阻抗的。继电保护测试仪、移相器、三相调压器应注意其性能稳定性。

16.1.1.4　故障处理要求

（1）必须掌握保护的基本原理和性能，根据保护及自动装置产生的现象分析故障或事故发生的原因，迅速确定故障部位。

（2）运用正确的检查方法。一般继电保护故障往往经过简单的检查就能够被查出，如果经过一些常规的检查仍未发现故障元件，说明该故障较为隐蔽，此时可采用逐级逆向检查法，即从故障现象的暴露点着手去分析原因，由故障原因判别故障范围。如果仍不能确定故障原因，就采用顺序检查法，对装置进行全面的检查。

（3）掌握微机保护故障处理技巧，在微机保护的故障处理中，以往的经验是非常宝贵的，它能帮助工作人员快速消除重复发生的故障。

16.1.2　典型故障分析

1. 电流回路接线错误造成保护拒动

（1）故障简述。某甲乙线发生单相接地故障，甲侧继电保护装置拒动，使甲站出线对侧零序后备保护误动作，造成甲站全站停电。

（2）故障分析。故障后经现场检查发现，造成这次保护拒动的原因为在保护 PXH－109X 的端子 1017 和 1018 之间跨有一条短线，如图 16.1 所示，发生故障时，310 经过这条短跨线流回中性线，使零序电流元件和零序功率方向元件电流线圈被短路，造成方向零序保护拒动。

（3）采取对策。拆除 1017 与 1018 之间的短接线。

（4）经验教训。

1）故障后无法确认 1017 与 1018 之间短接线是什么时间、什么原因短接，暴露了运行单位维护人员在设备安装验收、正常维护、定期检查中没有认真检查，管理上存在漏洞。

2）如果定期检验时，从 N411 和 N413 之间通入电流时，即可被发现，因为电流从短路线上流走了。

2. 电流互感器二次接线错误引起误动

（1）故障情况。某泵站的高压站用变压器的高、低压侧绕组均为星形接线，高压侧为电源侧，其绕组的中性点直接接地；低压侧为负荷侧，无电源且为不接地系统，变压器差

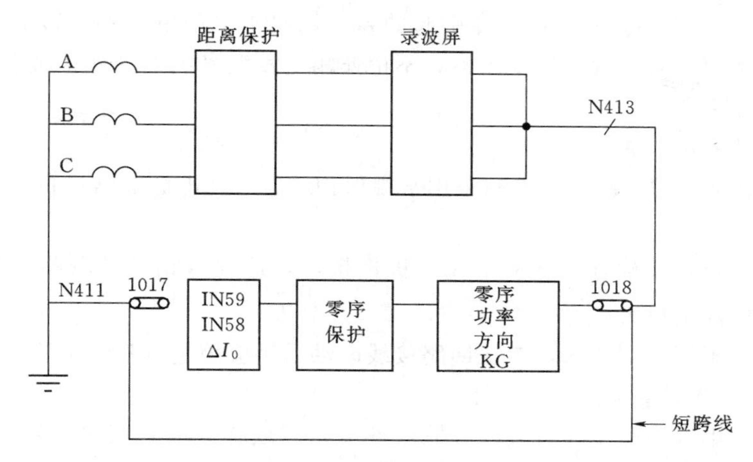

图 16.1 端子 1017、1018 之间跨线示意图

动保护用的高、低压侧 TA 二次绕组均 Y 接线。自投产运行以来，在变压器高压侧（电源侧）发生区外单相故障时，变压器差动保护多次误动作。经继电保护专业人员反复验算定值、检查保护装置均未见异常。

（2）原因分析。经分析，可以得到以下结论：

尽管变压器低压侧无电源，但当变压器的高压侧发生区外接地故障时，由于变压器高压侧的中性点直接接地，因此，变压器依然向故障点提供含有零序分量的故障电流，该故障电流的大小与变压器及整个系统中诸元件的正、负、零序电抗的大小及分布状况有关。

变压器高压侧的故障电流中含有正、负、零序分量，其中正、负序电流由于可以通过负荷形成回路而传变至变压器的低压侧；零序电流则由于变压器低压侧为不接地系统，无零序通路而仅存在于高压侧。当用于变压器差动保护 TA 次侧均采用 Y 接线，且不考虑如何消除高压侧零序电流的影响时，高压侧故障电流中的零序电流将全部成为差动保护继电器的不平衡电流，当这种不平衡电流足够大时，便会导致保护装置的误动作。

（3）措施。为了避免 Y0/Y 变压器差动保护在电源侧（中性点直接接地侧）发生接地故障时的误动作，应设法消除中性点直接接地侧零序电流分量的影响，一般需将此类变压器差动保护用的 TA 二次侧均接为△形接线，使高压侧的零序电流仅在电流互感器次绕组内环流，不流入差动继电器，而微机型的变压器保护亦可在程序设计时采取措施防范。

（4）经验教训。出现此类错误的原因在于专业人员，特别是设计人员犯了经验主义的错误，没有对具体情况进行认真地分析。简单地认为 Y0/Y 变压器差动保护中不存在“角度转换”的问题，因此 TA 二次回路接成 Y 形或△形均无所谓，而没有考虑电源侧发生接地故障时的特殊情况。

电磁型差动保护通常是按躲过变压器空载合闸电流等因素整定的，其整定值一般为额定电流的 1.3～1.5 倍，灵敏度较低，因此当 Y0/Y 变压器差动保护的 TA 二次采用 Y 接线时，高压侧区外接地故障引起的差动回路不平衡电流不易导致保护误动作；静态型变压器差动保护装置通常采用间断角判别、二次谐波制动或波形对称等原理来判别励磁涌流，其整定值一般为额定电流的 3/10～1/2，灵敏度较高，如 Y0/Y 变压器差动保护的 TA 二次采用 Y 接线，高压侧区外接地故障引起的差动回路不平衡电流相对较大，容易造成保护装置误动作。因此对于 Y0/Y 变压器，不论使用何种型号的差动保护装置，在 Y0 侧的 TA 均应接成△接线。

3. CT 极性接反造成保护动作

（1）故障现象。某 35kV 变电站采用常规保护装置，在电源线路过负荷时保护误动作跳闸，全站失压。

（2）原因分析。经检查发现 C 相 CT 极性接反，造成两相三继电器接线方式中的 N 相为差电流，电流值增大$\sqrt{3}$倍。

（3）措施。根据规程要求，二次回路接线改动后，应该进行整组试验和带负荷测试。

4. 电容器故障及其保护措施分析

一般中低压电气回路中通常装设并联电容器组（或称并联补偿电容器），补偿系统无功功率的不足，提高电压质量，降低电能损耗，提高系统运行的稳定性。

（1）电容器应配置能反映故障和不正常运行情况的保护。

1）电容器组和断路器之间连接线的短路。

2）电容器内部极间短路。

3）电容器组中多台电容器故障。

4）电容器组过负荷。

5）电容器组的母线电压升高。

6）电容器组失压。

（2）电容器组的保护配置要求。

1）对电容器组和断路器之间连接线的短路，宜装设带短时限的过电流保护，动作于跳闸。保护应带 0.2s 以上时限，以躲过电容器组投入时的涌流。

2）并联电容器组由许多台单个的电容器串、并联组成。内部极间短路一般采用专用的熔断器进行保护。

3）当电容器组多台电容器故障时，其电压或电流就会不平衡，可采用不平衡电流或不平衡电压来进行保护。具体保护方法视电容器组的接线方式而定。

4）电容器组的过负荷是由系统过压及高次谐波所引起的。按规定电容器只能在 1.1 倍额定电流下长期运行，超过允许值时，应反应于信号或跳闸，故电容器应装设反应稳态电压升高的过电压保护。

5）给电容器组供电的线路因故障断开后，电容器组失去电源，开始放电，其上电压逐渐降低。若残余电压未放电到额定电压的 1/10 时，线路重合使电容器组重新充电，这样可能使电容器组承受高于长期允许的额定电压的 1/10 的合闸过压，从而导致电容器组的损坏，因而应装设低电压保护。

5. 电动机故障及其保护措施分析

电动机分为异步电动机和同步电动机两种，中小型电动机一般都采用异步电动机，而大中型电动机则采用同步电动机。

（1）电动机的故障类型及保护配置要求。

1）电动机的故障主要是定子绕组的相间故障，其次是单相接地短路和一相绕组的匝间短路。定子绕组的相间短路对电动机来说是最严重的故障，它不仅引起绕组的绝缘损坏、铁芯烧毁，甚至会使供电网络电压显著降低，破坏其他设备的正常工作。规程规定，容量在2000kW以下的电动机装设电流速断保护，容量在2000kW以上的电动机应装设纵差动保护。保护装置动作于跳闸，对同步电动机还应进行灭磁。

2）单相接地短路对电动机的危害程度取决于电网中性点接地方式。在380/220V电网中，由于中性点直接接地，所以应装设单相接地短路保护，并动作于跳闸。对于3～10kV电动机，因电网中性点不接地，只有当接地电流大于5A时，才装设单相接地保护，动作于信号，或跳闸。

3）绕组匝间短路破坏电动机的对称运行，并使相电流增大。最严重的情况是电动机的一相绕组全部短接，可能引起电动机严重损坏。

（2）电动机不正常运行状态及保护配置要求。电动机的不正常运行状态有过负荷、相电流不平衡、低电压，此外，对于同步电动机还有异步运行和失磁等。较长时间的过负荷会导致温升超过允许值，加速绕组绝缘老化，降低寿命甚至将电动机烧坏。

1）为反映相电流的不平衡，电动机可装设负序过流保护。

2）电压降低时，电动机的输出转矩随电压平方降低，电动机吸取电流随之增大。为保证重要电动机的正常运行，在次要电动机上应装设低电压保护。

3）因电网电压降低、励磁电流减小或消失，同步电动机还可能失去同步而转入异步运行，严重时将产生机械和电气共振，使电动机损坏。因此，同步电动机还需装设失步保护和失磁保护。

6. 变压器故障及其保护措施分析

（1）变压器的故障类型可分为油箱内部故障和油箱外部故障。内部故障主要有：各项绕组之间的相间短路、单项绕组部分线匝之间的匝间短路、单项绕组或引出线通过外壳发生的单相接地故障。外部故障主要有：引出线的相间短路、绝缘套管闪烁或破坏引出线通过外壳发生的单相接地短路。

（2）变压器不正常工作状态主要有：外部短路或过负荷、过电流、油箱漏油造成油面降低、变压器中性点接地、外加电压过高或频率降低及过励磁等。

（3）保护配置要求。

1）瓦斯保护。防御变压器油箱内各种短路故障和油面降低，重瓦斯用于跳闸，轻瓦斯用于报警信号。

2）纵差动保护和电流速断保护。防御变压器绕组和引出线的多相短路、大接地电流系统侧绕组和引出线的单相接地短路及绕组匝间短路。

3）相间短路的后备保护作为1）、2）的后备，主要有：①过电流保护；②复合电压起动的过电流保护；③负序过电流。

（4）零序电流保护。防御大接地电流系统中变压器外部接地短路。

（5）过负荷保护。防御变压器对称过负荷。

7. 高压断路器各回路功能及保护分析

图16.2中，HQ为合闸线圈，大电流通过时，即可带动操动机构，使断路器合闸，TQ为跳闸线圈，大电流通过时，即可带动操动机构，使断路器跳闸。QT是一个手动操

作开关，手动的位置不同，可以使不同的接点闭合，从而去启动手跳、手合。

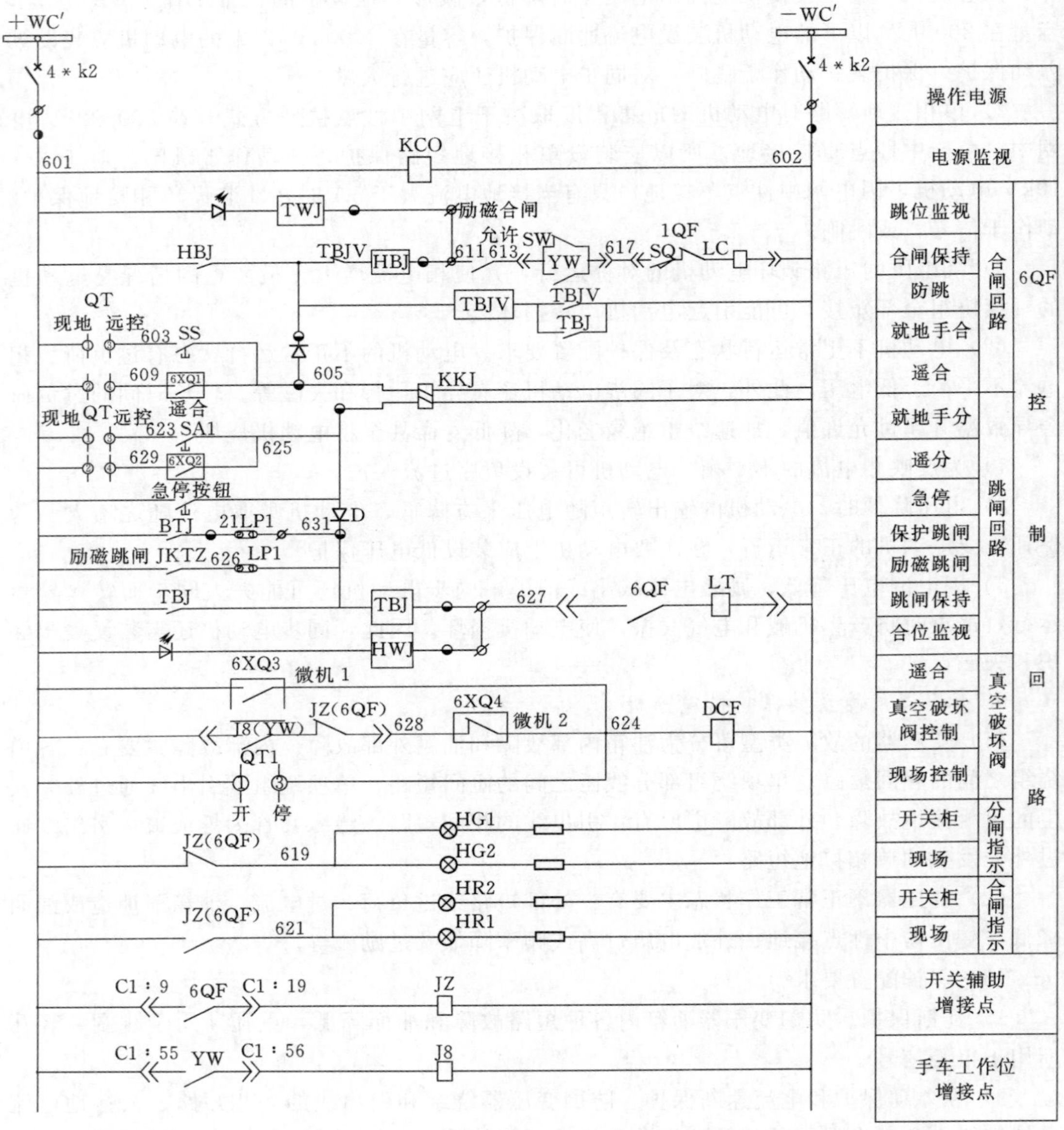

图 16.2　断路器控制保护原理图

（1）位置监视。跳位监视回路中，TWJ 是一个电压继电器，其通电线圈接到断路器的合闸回路中，与开关常闭接点、合闸线圈串联在一起，对合闸回路进行监视。当开关处于跳位时，开关常闭接点闭合，TWJ 导通，输出常开接点，去点亮跳位灯。

TWJ 与 HWJ 的常闭接点，串在一起，构成了控制回路断线监视功能。正常时，断路器不是处于合位就是跳位，所以这两个接点串在一起应该是开位，如果电源失电时，两个继电器失电，则两个接点全部闭合。这就表示控制回路断线故障。

（2）合闸回路。HBJ、TBJ2，与开关常闭接点、合闸线圈串联在一起，构成了合闸回路。其中 HBJ 的常开接点并在前面，起到了保持作用。TBJ2 是用于防跳回路的。

（3）跳闸回路。跳闸回路的动作过程同合闸回路类似。

（4）防跳回路。当断路器的控制开关在合闸位置（或合闸控制回路由于某种原因接通），当线路存在故障时，继电保护装置动作于断路器跳闸，此时断路器发生再合闸、跳闸，多次重复动作的现象，称“跳跃”。

断路器的跳跃对自身损伤极大，多次跳跃有可能导致爆炸。断路器防跳回路就是为避免这种情况发生而设计的，当断路器跳跃时，防跳回路经继电器互相闭锁，可以达到强制断开合闸回路的功能，从而使断路器一直位于跳位。

在操作回路原理图中，当跳闸回路与合闸回路同时接通时，TBJ1 导通，TBJ1 的常开接点闭合，防跳回路导通，TBJ2 导通，TBJ2 的常闭接点断开，从而断开了合闸回路，使断路器固定在跳闸位置，达到了防止断路器跳跃的功能。

（5）压力闭锁回路。在 35kV 及以上电压等级中，有时会使用 SF_6 开关，这种开关是液压机构，开关跳闸及合闸时要确保跳闸机构中的压力正常，合闸机构中的压力正常。如果压力异常时强行跳合闸，将会导致开关爆炸等严重事故。所以，此时装置的操作回路中，应具备压力闭锁功能。

16.2 计算机监控系统

随着工业化的发展，自动化系统的重要性日益凸显，尤其是对于一些控制要求复杂、调节精度高、反应速度快、危险性大的应用场合，更是发挥了不可替代的作用。自动化系统在运行过程中常常由于各种原因出现这样或那样的故障，影响设备安全运用。

16.2.1 故障分类及处理流程

由于自动化系统的复杂性，难以进行单一故障分类，因此可以将自动化系统的故障类别按不同的方式区分如下：

（1）按故障的起因可分为设计故障和运行故障。

（2）按故障的来源可分为硬件故障和软件故障。

（3）按故障的范围可分为全面故障和局部故障。

（4）按故障的程度可分为严重故障和一般故障。

（5）按故障的性质可分为功能性故障和性能性故障。

（6）按故障的发生频率可分为周期性故障和偶发性故障。

（7）按故障的层次可分为系统层故障和应用层故障。

（8）按故障的表现方式可分为隐形故障和显式故障。

（9）按故障的变化可分为突发式故障和缓变式故障。

（10）按故障的区域可分为系统内部故障和外部干扰故障。

故障的发生往往不是单一原因形成的，特别是复杂的故障大多数都因多种因素造成，在故障分析时需要综合考虑。

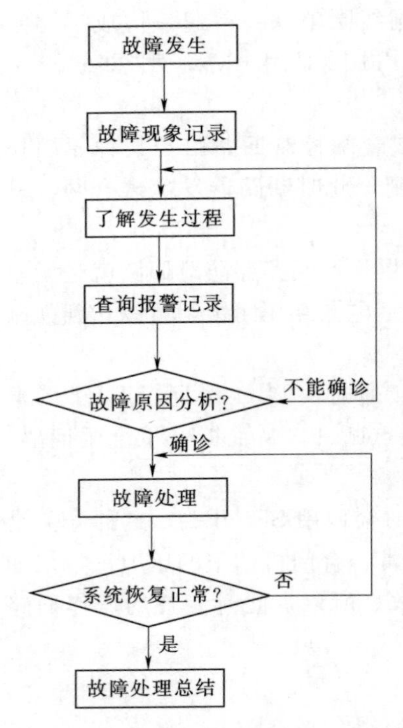

图 16.3　自动化系统故障处理流程

当自动化系统发生故障时，首先要了解系统运行情况，查看运行记录，了解故障的症状、发生的过程及发展情况，通过了解的情况来分析，最终对症下药，采用合适的处理方法恢复。自动化系统故障处理流程如图 16.3 所示。

16.2.2　故障排查方法

自动化装置故障诊断及排除需要对现场设备配置情况及运行情况有充分的了解，同时也需要有相关的事故处理经验。故障发生后，不要急于拆开检修，首先要深入调查了解情况，特别要对现场运行人员的反映进行核实。

1. 故障发生后需了解的事项

(1) 故障发生之前的使用情况如何，是否有什么不正常的先兆。

(2) 是否有使用不当或误操作情况。

(3) 供电电压变化情况。

(4) 有无受到外界强电场、磁场的干扰。

(5) 过热、雷电、潮湿、碰撞等外界因素。

(6) 故障发生时有无打火、冒烟、异常气味等现象。

(7) 以前是否发生过故障，修理情况如何。

通过对这些情况的了解，有助于判断故障的类型及发生部位，便于确定检查方法和排除方案。

2. 直观检查法

直观检查法不用测试仪器，而是通过人的感官去观察发现故障，主要有外观检查和开机检查两种。

(1) 外观检查内容。

1) 仪器仪表外壳及表盘玻璃是否完好，指针是否变形或与刻度盘相碰，装配紧固件是否牢固，各开关旋钮的位置是否正确，活动部分是否转动灵活，调整部位有无明显变动。

2) 连线和各插件是否正常连接，电路板插座上的簧片是否弹力不足、接触不良。

3) 各继电器、接触器的节点是否有错位、卡住、氧化、烧焦、黏死等现象。

4) 电源保险丝是否熔断，电子器件是否损坏，外壳涂漆是否变色、断极，电阻有没有烧焦，线圈是否断丝，电容器外壳是否膨胀、漏液、爆裂。

5) 印刷板敷铜条是否断裂、搭锡、短路，各插件焊点是否良好，有无虚焊、漏焊、脱焊等现象。

(2) 开机检查主要包括如下几点。

1) 机内电源指示灯和发光元件是否通电发亮。

2）有无振动并发出劈啪声、摩擦声、碰击声。

3）机内有无高压打火、放电、冒烟现象。

4）变压器、电动机、功放管等易发热元器件及电阻、集成块温升是否正常，有无发烫现象。

5）机械传动部分是否运转正常，有无齿轮齿、卡死及严重磨损、打滑变形、转动不灵等现象。

6）机内有无特殊气味，如变压器电阻等因绝缘层烧坏而发出的焦糊味，示波管高压漏电打火使空气电离所产生的臭氧气味。

（3）人处在杂乱的电磁场中，会感应出微弱的低频电动势。当人手接触到仪器仪表的某些电路时，电路就会发生反应，利用这一原理也可以简单判断出电路的某些故障部位。

直观检查一定要十分仔细认真，绝不可粗心急躁，在检查元件和连线时只能轻轻摇拨，不能用力过猛，以防碰断元件、连线和印刷板铜箔。开机检查接通电源时，手不要离开电源开关，如发现异常及时关闭，避免两只手同时接触带电设备，防止触电。

3. 测量检查法

测量检查主要是通过仪器仪表等，对系统电路进行测量，通过电阻、电压、电流的变化判断排除故障。测量检查方法主要有：

（1）电阻法。电阻检查法即在不通电的情况下，用万用表电阻挡检查仪器仪表整机电路和部分电路的输入输出电阻是否正常；各电阻是否开路、短路，阻值有无变化；电容器是否击穿或漏电；电感线圈、变压器有无短线、短路；半导体正反向电阻；各集成块引出端对地电阻；并可粗略判断晶体管示值；电子管、示波管有无极间短路，灯丝是否完好等。

（2）电压法。电压法就是用万用表适当量程测量所怀疑部分，分为测交流电压和测直流电压两种。测交流电压主要指交流供电电压；测直流电压指直流供电电压、半导体元器件各极工作电压、集成块各引出端对地电压等。

电压法是维修工作中最基本的方法之一，但它所能解决的故障范围仍是有限的。有些故障，如线圈轻微短路、电容断线或轻微漏电等，往往不能在直流电压上得到反映。有些故障，如出现元器件短路、冒烟、跳火等情况时，必须关掉电源，此时电压法就不起作用了，必须采用其他方法来检查。

（3）电流法。电流法分直接测量和间接测量两种。直接测量是将电路断开后串入电流表，测出电流值与仪器仪表正常工作状态时的数据进行对比，从而判断故障。间接测量不用断开电路，测出电阻上的压降，根据电阻值的大小计算出近似的电流值，多用于晶体管元件电流的测量。电流法比电压法要麻烦一些，但它在某些场合比电压法更容易检查出故障。电流法与电压法相互配合，能检查判断出电路中绝大部分的故障。

（4）利用示波器等工具设备将信号的追踪情况清晰地显示出来，充分利用这些看不到、摸不着的无形数据信号，判断系统设备的运转状态有无异常现象。

4. 系统分析法

（1）短路法。短路法是通过将所怀疑发生故障的某级电路或元器件暂时短接，观察故障状态有无变化来断定故障部位。用于检查多级电路时，短路某一级，故障消失或明显减小，说明故障在短路点之前；故障无变化，则说明故障在短路点之后。如某级输出电位不正常，则将该级的输入端短路，如此时输出端电位正常，表明该级电路正常。短路法也常用来检查元器件是否正常，如用线夹及连线将晶体三极管基极和发射极短路，观察集电极电压变化情况，判断管子有无放大作用。

（2）断路法。断路法是将所怀疑的部分与整机断开，看故障是否消失，以此来判定故障的所在。仪器仪表出现故障后，初步判断故障的集中可能性。把可疑部分电路断开，通电检查，如果发现故障消失，表明故障多在被断开的电路中；如果故障依然存在，再做进一步断路分割检查，逐步排除怀疑，缩小故障范围，直到查出故障的真正所在以及产生的原因为止。

断路法对单元化、组合化、插件化的仪器仪表故障检查尤为适合，对一些电流过大的短路性故障也很有效。

（3）分部法。分部法是在查找故障的过程中，将电路和电气部件分成几个部分，以查明故障原因的方法。

一般检测控制仪表电路可分为三大部分，即外部回路、电源回路、内部回路。在内部电路中又可分为几个小部分。分部检查即根据划分出的各个部分，采取从外到内、从大到小、由表及里的方法检查各个部分，逐步缩小怀疑范围，当检查判断出故障在哪一部分后，再对这一部分做全面检查，找到故障部位。

5. 更换配件法

该方法是通过更换某些元器件或线路板以确定故障在某一部位的方法。

更换前，要充分分析故障原因，不要盲目更换元器件，因为如果故障是由于短路或热损伤造成的，替换后的元件也可能被损坏。

用规格相同、性能良好的元器件替换所怀疑的元器件，然后通电试验，如果故障消失，就可能确定故障发生在所怀疑的元器件。若故障依然存在，可用同样的方法处理其他被怀疑的元器件或线路板，直到查找到故障部位。

此方法在实施过程中，需要注意以下几点：

（1）元器件的更换均应切断电源，不允许在通电的情况下边焊接、边试验。

（2）所替换的元器件安装焊接时，应符合原焊接安装方式和要求，如大功率晶体管和散热片之间一般加有绝缘片，切勿忘记安装。

（3）在替换时还要注意不要损坏周围其他元件，以免造成人为故障。

16.2.3　常见故障分析

1. 硬件故障

这类故障主要指系统设备中硬件模块损坏造成的故障，如服务器、通讯数据板等，这类故障一般比较明显且影响也是局部的，它们主要是由于使用不当或使用时间较长，模块内元件老化所致。如服务器出现的故障可采用故障排除法进行检测与查找，如先更换服务器的电源、风扇以及相关的板件等，若更换这些部件后设备能够正常运转，则可排除其他方面出现故障。硬件故障一般有以下几个方面：

（1）系统模块和元件故障。可能产生的原因是元器件质量不良、使用条件不当、调整不当、错误的接线引入不正常电压而形成的短路等。有时由于现场环境的因素，如温度、湿度、灰尘、振动、冲击、鼠害等原因也会造成系统硬件故障。也有当背板总线出现故障时，将导致机架上某个或某些槽位功能失效，如：一个16槽底板的远程站，I/O模块插入某个槽位后，始终不能激活运行指示，更换槽位后正常，最终确认是由于该槽位背板总线异常造成。

（2）线路故障。产生的原因是电缆导线端子、插头损坏或松动造成接触不良，或因接线错误、调试中临时接线、折线或跨接线不当，或因外界腐蚀损坏等。

（3）电源故障。产生的原因是供电线路事故，线路负载不匹配可引起系统或局部的电源消失，或电压波动幅度超限，或某元件损坏，或误操作等产生电源故障。

2. 软件故障

软件故障主要是软件本身所包含的错误所引起的，软件故障又分为系统软件故障和应用软件故障。系统软件是系统所带来的，若设计考虑不周，在执行中，一旦条件满足就会引发故障，造成停机或死机等现象；应用软件是编定的，在实际工程应用中，由于应用软件工作复杂，工作量大，因此应用软件错误几乎难以避免，这就要求在系统调试及试运行中十分认真、仔细，及时发现并解决。有些还是病毒感染造成的故障，发现病毒时应立即断网，再进行处理。

（1）程序错误。设计、编程和操作都可能出现程序错误，特别是联锁、顺控软件，不少问题是由于工艺过程对控制的要求未被满足而引起的。

（2）组态错误。设计和输入组态数据时发生错误，这可以调出组态数据显示进行检查和修改。

3. 通信传输故障

目前自动化系统的通讯功能越来越强大，现场总线、工业以太网等普遍应用，通过分层、分布架构提升了自动化系统的应用深度，在自动化系统中进行的信息传递主要通过信号交换来完成的，因此，通信信号在信息传输所起的作用无疑是极其重要的。而对无形的信号的检测必须在专业检测工具的协助下才能完成，但对于瞬发性的通信故障检测处理仍没有很好的方法。通信系统是由传输部分和接入部分等构成，若通信系统发现故障，可经指示信号做出判断；若模块发现故障，可通过模块化方式进行替换。

4. 干扰故障

有些自动化系统应用场合环境比较恶劣，温差大、粉尘多、振动频繁、电磁干扰强，按照普通的设计方案，可能导致自动化系统运行过程中出现多种不稳定现象。

5. 设计故障

自动化系统中电源模块容量、CPU内存、通信通道数、I/O数量、I/O站数量、I/O站可配置模块数、I/O站输入输出字数、通信距离等在系统运行中都存在限制条件，如果设计不完善，往往会出现系统异常故障。

16.2.4 典型案例分析

目前，大中型泵站自动化建设刚刚起步，典型事故案例有限，因发电厂自动化系统与泵站自动系统的原理、结构以及系统故障类型等大致相同，而且发电厂应用自动化系统的时间长，系统故障处理经验丰富，所以本节典型案例分析主要以介绍发电厂自动化系统故障分析处理为主，供泵站自动化系统故障分析处理参考。

1. 自动化设备故障排查

一台自动化设备一般由执行元件、传感器、控制器这3个部分组成的，当自动化设备突然出现故障不能工作，或者工作的顺序失常时，应立即进行故障排除。

（1）检查自动化设备的所有电源、动力源。电源和动力源的问题会经常导致自动化设备出现故障，例如供电出现问题、电源功率低、保险烧毁、电源插头接触不良等。检测自动化设备时应包括每台设备的供电电源和车间的动力电。动力源包括气源、液压源等，检查动力源工作情况对自动化系统的影响，如空压机、油泵等。

（2）检查自动化设备的传感器位置是否出现偏移。由于设备维护人员的疏忽，可能某些传感器的位置出现差错，如没有到位，传感器故障等。技术人员要经常检查传感器的传感位置和灵敏度，如果检查出是传感器损坏要及时更换。由于自动化设备的振动关系，大部分的传感器在长时间的使用后，常会出现位置松动的情况，所以在日常的维护时要经常检查传感器的位置是否正确，是否固定牢固。

（3）检查自动化设备的续电器、流量控制阀、压力控制阀、继电器和磁感应式的传感器，长期使用也会出现失灵现象，从而无法保证电器回路的正常，需要更换。在气动或液压系统中，节流阀开口度和压力阀的压力调节弹簧，也会随着设备的振动而出现松动和滑动的情况，需要进行日常维护。

（4）检查电气、气动和液压回路。如果以上3步都没有发现问题，那么就要检查与设备连接的相关回路，查看是否在电路导线、气动、液压等回路出现异常情况。检查线槽内的导线是否由于拉扯被线槽割断、气管内是否有损坏性的折痕、液压油管内是否有堵塞等，发现问题，及时维修或更换。

（5）如果以上的步骤均没有问题，故障才有可能出现在自动化设备的控制器中，当设备出现故障时，技术人员不要马上肯定是控制器毁坏，只要没有出现过严重的短路，控制器内部都具有短路保护，一般性的短路时不会烧毁控制器。

（6）如果确定故障出现在控制器上，还需进一步确认，如用一台好的控制器代替该控制器，整个控制系统是否正常工作，另外还应根据控制器上的故障提示，确定现场是否可以修复，如果现场不能修复，需要请专业厂家维修。

2. 测量模件故障典型案例分析

测量模件“异常”引起的机组跳闸故障占故障比例较高，但相对来讲故障原因的分析查找和处理比较容易，根据故障现象、故障首出信号和SOE记录，通过分析判断和试验，通常能较快的查出“异常”模件。这种“异常”模件有硬性故障和软性故障2种，硬性故障只能通过更换有问题模件，才能恢复该系统正常运行；而软性故障通过对模件复位或初始化，系统一般能恢复正常。常见案例如下：

（1）未冗余配置的输入/输出信号模件异常引起机组故障。如某电厂有台130MW机组正常运行中突然跳闸，故障首出信号为“轴向位移大Ⅱ”，经现场检查，跳闸前后有关参数均无异常，轴向位移实际运行中未达到报警值保护动作值，装置也未发讯，但LPC模件却有报警且发出了跳闸指令。因此分析判断跳闸原因为DEH主保护中的LPC模件故障引起，更换 LPC 模件后没有再发生类似故障。另一台 600MW 机组，运行中汽机备用盘上“汽机轴承振动高”“汽机跳闸”报警，同时汽机高、中压主汽门和调门关闭，发电机逆功率保护动作跳闸；随即高低压旁路快开，磨煤机 B 跳闸，锅炉因“汽包水位低”MFT。经查原因系 1# 高压调门因阀位变送器和控制模件异常，使调门出现大幅度晃动直至故障全关，过程中引起 1# 轴承振动高高保护动作跳闸。更换 1# 高压调门阀位控制卡和阀位变送器后，机组启动并网，恢复正常运行。

（2）冗余输入信号未分模件配置，当模件故障时引起机组跳闸。如有一台 600MW 机组运行中汽机跳闸，随即高低压旁路快开，磨煤机 B 和 D 相继跳闸，锅炉因“炉膛压力低低”MFT。当时因系统负荷紧张，根据 SOE 及 DEH 内部故障记录，初步判断跳闸原因后，恢复机组运行。两日后机组再次跳闸，全面查找分析后，确认 2 次机组跳闸原因均系 DEH 系统三路“安全油压力低”信号共用一模件，当该模件异常时导致汽轮机跳闸，更换故障模件后机组并网恢复运行。

（3）一块 I/O 模件损坏，引起其他 I/O 模件及对应的主模件故障。如有台机组“CCS 控制模件故障”及“一次风压高低”报警的同时，CRT 上所有磨煤机出口温度、电流、给煤机煤量反馈显示和总煤量百分比、氧量反馈、燃料主控 BTU 输出消失，F 磨跳闸（首出信号为“一次风量低”）。4min 后 CRT 上磨煤机其他相关参数也失去且状态变白色，运行人员手动 MFT（当时负荷 410MW）。经检查电子室制粉系统过程控制站（PCUO1 柜 MOD4）的电源电压及处理模件底板正常，两块 MFP 模件死机且相关的一块 CSI 模件（模位 1-5-3，有关 F 磨 CCS 参数）故障报警，拔出检查发现其 5VDC 逻辑电源输入回路、第 4 输出通道、连接 MFP 的 I/O 扩展总线电路有元件烧坏[由于输出通道至 BCS（24VDC），因此不存在外电串入损坏元件的可能]。经复位两块死机的 MFP 模件，更换故障的 CSI 模件后系统恢复正常。根据软报警记录和检查分析，故障原因是 CSI 模件先故障，在该模件故障过程中引起电压波动或 I/O 扩展总线故障，导致 I/O 模件无法与主模件 MFPO3 通信而故障，信号保持原值，最终导致主模件 MFPO3 故障（所带 A-F 磨煤机 CCS 参数），CRT 上相关的监视参数全部失去且呈白色。

3. 主控制器故障案例分析

由于重要系统的主控制器冗余配置，大大减少了主控制器“异常”引发机组跳闸的次数。主控制器“异常”多数为软故障，通过复位或初始化能恢复其正常工作，但也有少数引起机组跳闸，多发生在双机切换不成功时，如下：

（1）某机组运行人员发现电接点水位计显示下降，调整给泵转速无效，而 CRT 上汽包水位保持不变。当电接点水位计分别下降至甲－300mm、乙－250mm，并继续下降且汽包水位低信号未发，MFT 未动作情况下，值班长令手动停炉停机，此时 CRT 上调节给水调整门无效，就地关闭调整门；停运给泵无效，汽包水位急剧上升，开启事故放水门，甲、丙给水泵开关室就地分闸，油泵不能投运。故障原因是给水操作站运行 DPU 死机，备用 DPU 不能自启动引起。事后对给水泵、引风、送风进行了分站控制，并增设故障软手操。

（2）某机组运行中空预器甲、乙挡板突然关闭，炉膛压力高 MFT 动作停炉。经查原因是风烟系统 I/O 站 DPU 发生异常，工作机向备份机自动切换不成功引起。事后维修人员将空预器烟气挡板甲 1、乙 1 和甲 2、乙 2 两组控制指令分离，分别接至不同的控制站进行控制，防止类似故障再次发生。

4. 软件故障案例分析

分散控制系统软件原因引起的故障，多数发生在投运不久的新软件上，运行的老系统发生的概率相对较少，但一旦发生，此类故障原因的查找比较困难，需要对控制系统软件有较全面的了解和掌握，才能通过分析、试验，判断可能的故障原因，因此通常都需要自动化系统供应厂家人员到现场一起进行处理。

(1) 软件不成熟引起系统故障。此类故障多发生在新系统软件上，如有台机组 80% 额定负荷时，除 DEH 画面外所有 DCS 的 CRT 画面均死机（包括两台服务器），参数显示为 0，无法操作，但投入的自动系统运行正常。当时采取的措施是：运行人员就地监视水位，保持负荷稳定运行，热工人员赶到现场进行系统重启等紧急处理，经过 30min 的处理系统恢复正常运行。故障原因：经与厂家人员一起分析后，确认为 DCS 上层网络崩溃导致死机，其过程是服务器向操作员站发送数据时网络阻塞，引起服务器与各操作员站的连接中断，造成操作员站读不到数据而不停地超时等待，导致操作员站图形切换的速度十分缓慢（网络任务未死）。针对管理网络数据阻塞情况，厂家修改程序并现场测试后进行了更换。

(2) 通信阻塞引发故障。使用 TELEPERM - ME 系统的有台机组，负荷 300MW 时，运行人员发现煤量突减，汽机调门速关且 CRT 上所有火检、油枪、燃油系统均无信号显示。热工人员检查发现机组 EHF 系统一柜内的 I/O BUS 接口模件 ZT 报警灯红闪，操作员站与 EHF 系统失去偶合，当试着从工作站耦合机进入 OS250PC 软件包调用 EHF 系统时，提示不能访问该系统。通过查阅 DCS 手册以及与 SIEMENS 专家间的电话分析讨论，判断故障最大的可能是在 3 层 CPU 切换时，系统处理信息过多造成中央 CPU 与近程总线之间的通信阻塞引起。根据商量的处理方案在线处理，分别按 3 层中央柜的同步模件的 SYNC 键，对 3 层 CPU 进行软件复位：先按 CPU1 的 SYNC 键，相应的红灯亮后再按 CPU2 的 SYNC 键。第二层的同步红灯亮后再按 CPU3 的同步模件的 SYNC 键，按 3s 后所有的 SYNC 的同步红灯都熄灭，系统恢复正常。

(3) 软件安装或操作不当引起的故障。有 2 台 300MW 机组均使用 Conductor NT5. 0 作为其操作员站，每套机组配置 3 个 SERVER 和 3 个 CLIENT，3 个 CLIENT 分别配置为大屏、值班长站和操作员站，机组投运后大屏和操作员站多次死机。经对全部操作员站的 SERVER 和 CLIENT 进行全面诊断和多次分析后，发现死机的原因如下：

1) 一台 SERVER 因趋势数据文件错误引起它和挂在它上的 CLIENT 在当调用趋势画面时画面响应特别缓慢（俗称死机），删除该趋势数据文件后恢复正常。

2) 一台 SERVER 因文件类型打印设备出错引起该 SERVER 的内存全部耗尽，引起它和挂在它上的 CLIENT 的任何操作均特别缓慢，这可通过任务管理器看到 DEV. EXE 进程消耗掉大量内存，该问题通过删除文件类型打印设备和重新组态后恢复正常。

3) 两台大屏和工程师室的 CLIENT 因声音程序没有正确安装，当有报警时会引起进程 CHANGE. EXE 调用后不能自动退出，大量的 CHANGE. EXE 堆积消耗直至耗尽内存，当内存耗尽后，其操作极其缓慢（俗称死机），重新安装声音程序后恢复正常。

此外操作员站在运行中出现的死机现象还有2种：

1）鼠标能正常工作，但控制指令发不出，全部或部分控制画面不会刷新或无法切换到另外的控制画面。这种现象往往是由于CRT上控制画面打开过多，操作过于频繁引起，处理方法为用鼠标打开VMS系统下拉式菜单，RESET应用程序，10min后系统一般就能恢复正常。

2）全部控制画面都不会刷新，键盘和鼠标均不能正常工作。这种现象往往是由操作员站的VMS操作系统故障引起。此时关掉OIS电源，检查各部分连接情况后再重新上电。如果不能正常启动，则需要重装VMS操作系统；如果故障诊断为硬件故障，则需更换相应的硬件。

（4）总线通信故障。有台机组的DEH系统在准备做安全通道试验时，发现通道选择按钮无法进入，且系统自动从“高级”切到“基本级”运行，热控人员检查发现GSE柜内的所有输入/输出卡（CSEA/CSEL）的故障灯亮，经复归GSE柜的REG卡后，CSEA/CSEL的故障灯灭，但系统在重启“高级”时，维护屏不能进入到正常的操作画面呈死机状态。根据报警信息分析，故障原因是系统存在总线通信故障及节点故障引起。由于DEH系统无冗余配置，当时无法处理，后在机组调停时，通过对基本级上的REG卡复位，系统恢复了正常。

（5）软件组态错误引起。有台机组进行1#中压调门试验时，强制关闭中间变量IV1RCO信号，引起1#～4#中压调门关闭，负荷从198MW降到34MW，再热器压力从2.04MP升到4.0MPa，再热器安全门动作。故障原因是厂家的DEH组态，未按运行方式进行，流量变量本应分别赋给TV1RCO－IV4RCO，实际组态是先赋给IV1RCO，再通过IV1RCO分别赋给IV2RCO－IV4RCO。因此当强制IV1RCO＝0时，所有调门都关闭，修改组态文件后故障消除。

5. 电源系统故障案例分析

DCS的电源系统，通常采用1：1冗余方式（一路由机组的大UPS供电，另一路由泵站的保安电源供电），任何一路电源的故障不会影响相应过程控制单元内模件及现场I/O模件的正常工作。但在实际运行中，子系统及过程控制单元柜内电源系统出现的故障仍为数不少，主要有：

（1）电源模件故障。电源模件有电源监视模件、系统电源模件和现场电源模件3种。现场电源模件通常在端子板上配有熔丝作为保护，因此故障率较低，而前两种模件的故障情况相对较多。

1）系统电源模件主要提供各不同等级的直流系统电压和I/O模件电压，该模件因现场信号瞬间接地导致电源过流而引起损坏的因素较大，因此故障主要检查和处理相应现场I/O信号的接地问题，更换损坏模件。如某台机组负荷520MW正常运行时MFT，首出原因“汽机跳闸”。CRT画面显示两台循泵跳闸，备用盘上循泵出口阀＜86°信号报警。5min后运行巡检人员就地告知循泵A、B实际在运行，开关室循泵电流指示大幅晃动且A大于B。进一步检查机组PLC诊断画面，发现控制循泵A、B的二路冗余通讯均显示“出错”。43min后巡检人员发现出口阀开度小就地紧急停运循泵A、B。事后查明A、B两路冗余通讯中断失去的原因，是为通讯卡提供电源支持的电源模件故障而使该系统失电，中断了与PLC主机的通信，导致运行循泵A、B状态失去，凝汽器保护动作，机组MFT。更换电源模件后通信恢复正常。

事故后热工制定的主要反事故措施，是将两台循泵的电流信号由PLC改至DCS的CRT显示，消除通信失去时循泵运行状态无法判断的缺陷；增加运行泵跳闸关其出口阀硬逻辑（一台泵运行，一台泵跳闸且其出口阀开度大于30°，延时15s跳运行泵硬逻辑；一台泵运行，一台泵跳闸且其出口阀开度大于0°，逆转速动作延时30s跳运行泵硬逻辑）；修改凝汽器保护实现方式。

2）电源监视模件故障引起。电源监视模件插在冗余电源的中间，用于监视整个控制站电源系统的各种状态，当系统供电电压低于规定值时，它具有切断电源的功能，以免损坏模件。另外它还提供报警输出触点，用于接入硬报警系统。在实际使用中，电源监视模件因监视机箱温度的2个热敏电阻可靠性差和模件与机架之间接触不良等原因而故障率较高。此外其低电压切断电源的功能也会导致机组误跳闸，如某台机组满负荷运行，BTG盘出现"CCS控制模件故障"报警，运行人员发现部分CCS操作框显示白色，部分参数失去，且对应过程控制站的所有模件显示白色，6s后机组MFT，首出原因为"引风机跳闸"，约2min后CRT画面显示恢复正常。当时检查系统未发现任何异常（模件无任何故障痕迹，过程控制站的通讯卡切换试验正常），机组重新启动并网运行也未发现任何问题。事后与厂家技术人员一起专题分析讨论，并利用其他机组小修机会对控制系统模拟试验验证后，认为事件原因是由于该过程控制站的系统供电电压瞬间低于规定值时，其电源监视模件设置的低电压保护功能作用切断了电源，引起控制站的系统电源和24VDC、5VDC或15VDC的瞬间失去，导致该控制站的所有模件停止工作（现象与曾发生过的24VDC接地造成机组停机事件相似），使送、引风机调节机构的控制信号为0，送风机动叶关闭（气动执行机构），引风机的电动执行机构开度保持不变（保位功能），导致炉膛压力低，机组MFT。

（2）电源系统连接处接触不良。

1）电源系统底板上5VDC电压通常测量值在5.10～5.20VDC之间，但运行中测量各柜内进模件的电压很多在5V以下，少数跌至4.76VDC左右，引起部分I/O卡不能正常工作。经查原因是电源底板至电源母线间连接电缆的多芯铜线与线鼻子之间，表面上接触比较紧，实际上因铜线表面氧化接触电阻增加，引起电缆温度升高，压降增加。在机组检修中通过对所有5VDC电缆铜线与线鼻子之间的焊锡处理，问题得到解决。

2）MACS-IDCS运行中曾在2个月的运行中发生2M801工作状态显示故障而更换了13台主控单元，但其中的多数离线上电测试时却能正常启动到工作状态，经查原因是原主控5V电源，因线损和插头耗损而导致电压偏低；通过更换主控间的冗余电缆为预制电缆；现场主控单元更换为2M801E-DO1，提升主控工作电源单元电压至5.25V后基本恢复正常。

3）某台机组负荷135MW时，给水调门和给水旁路门关小，汽包水位急速下降引发MFT。事后查明原因是给水调门、给水旁路门的端子板件电源插件因接触不良，指令回路的24V电源时断时续，导致给水调门及给水旁路门在短时内关下，汽包水位急速下降导致MFT。

4）某台机组停炉前，运行将汽机控制从滑压切至定压后，发现 DCS 上汽机调门仍全开，主汽压力 4260kPa，SIP 上显示汽机压力下降为 1800kPa，汽机主保护未动作，手动停机。故障原因系汽机系统与 DCS、汽机显示屏通讯卡件 BOX1 电源接触点虚焊、接触不好，引起通信故障，使 DCS 与汽机显示屏重要数据显示不正常，运行因汽机重要参数失准而手动停机。经对 BOX1 电源接触点重新焊接后通讯恢复。

5）循泵正常运行中曾发出 2# UPS 失电报警，20min 后对应的 3 号、4 号循泵跳闸。由于运行人员处理及时，未造成严重后果。对现地进行检查发现 2# UPS 输入电源插头松动，导致 2# UPS 失电报警。进行专门试验结果表明，循泵跳闸原因是 UPS 输入电源失去后又恢复的过程中，引起 PLC 输入信号抖动误发跳闸信号。

（3）UPS 功能失效。某台机组呼叫系统的喇叭有杂音，通信班人员关掉该系统的主机电源查原因并处理。重新开启该主机电源时，呼叫系统杂音消失，但集控室右侧 CRT 画面显示全部失去，同时 MFT 信号发出。经查原因是呼叫系统主机电源接至该机组主 UPS，通信人员在带载合开关后，给该机组主 UPS 电源造成一定扰动，使其电压瞬间低于 195V，导致 DCS 各子系统后备 UPS 启动，但由于 BCS 系统、历史数据库等子系统的后备 UPS 失去带负荷能力（事故后试验确定），造成这些系统失电，所有制粉系统跳闸，机组由于“失燃料”而 MFT。

（4）电源开关质量引起。电源开关故障也曾引起机组多次 MFT，如某台机组的发电机定冷水和给水系统离线，汽泵自行从“自动”跳到“手动”状态；在 MEH 上重新投入锅炉自动后，汽泵无法增加流量，1min 后锅炉因汽包水位低 MFT 动作。故障原因经查是 DCS 给水过程控制站两只电源开关均烧毁，造成该站失电，导致给水系统离线，无法正常向汽泵发控制信号，最终锅炉因汽包水位低 MFT 动作。

6. 控制系统接线故障案例分析

控制系统接线松动、错误而引起机组故障的案例较多，有时此类故障原因很难查明，此类故障虽与控制系统本身质量无关，但直接影响机组的安全运行，如下：

（1）接线松动引起。某台机组负荷 125MW，汽包水位自动调节正常，突然给水泵转速下降，执行机构开度从 64%关至 5%左右，同时由于给水泵模拟量手站输出与给水泵液偶执行机构偏差大（大于 10%自动跳出）给水自动调节跳至手动，最低转速至 1780r/min，汽包水位低，MFT 动作。经查原因是因为给水泵液偶执行机构与 DCS 的输出通道信号不匹配，在其之间加装的信号隔离器，因 24VDC 供电电源接线松动失电引起，紧固接线后系统恢复正常，事故后对信号隔离器进行了冗余供电。

（2）接线错误引起：某 2# 机组出力 300MW 时，2# B 汽泵跳闸（无跳闸原因首出、无大屏音响报警），机组 RB 动作，2# E 磨联锁跳闸，电泵自启，机组被迫降负荷。由于仅有 ETS 出口继电器动作记录，无 2# B 小机跳闸首出和事故报警，且故障后的检查试验系统都正常，当时原因未查明。后机组检修复役前再次发生误动时，全面检查小机现场紧急跳闸按钮前接的是电源地线，跳闸按钮后至 PLC，而 PLC 后的电缆接的是 220V 电源火线，拆除跳闸按钮后至 PLC 的电缆，误动现象消除，由此查明故障原因是跳闸按钮后至 PLC 的电缆发生接地，引起紧急跳闸系统误动跳小机。

（3）接头松动引起。一台机组备用盘硬报警窗处多次出现“主机 EHC 油泵 2B 跳闸”

和“开式泵2A跳闸”等信号误报警，通过CRT画面检查发现PLC的A路部分I/O柜通信时好时坏，进一步检查发现机侧PLC的3A、4、5A和6的4个就地I/O柜两路通信同时时好时坏，与此同时机组MFT动作。原因是通信母线B路在PLC4柜内接头和PLC5、PLC4柜本身的通信分支接头有轻微松动，通过一系列的紧固后通信恢复正常。

16.3 视频监控系统

视频监控是安全防范系统的重要组成部分，是由摄像、传输、控制、显示、记录登记等部分组成。摄像机通过视频电缆将视频图像传输到控制主机，控制主机再将视频信号分配到各监视器及录像设备，同时可将需要保存的图像、语音信号同步录入到录像机内。通过控制主机，操作人员可发出指令，对云台的上、下、左、右的动作进行控制及对镜头进行调焦变倍的操作，并可通过控制主机实现在多路摄像机及云台之间的切换。利用特殊的录像处理模式，可对图像进行录入、回放、处理等操作，使录像效果达到最佳。

监控系统各组成部分：视频安防监控系统一般由前端、传输、控制及显示记录4个主要部分组成。前端部分包括一台或多台摄像机以及与之配套的镜头、云台、防护罩、解码驱动器等；传输部分包括电缆、光缆，以及可能的有线、无线信号调制解调设备等；控制部分主要包括视频切换器、云台镜头控制器、操作键盘、各类控制通信接口、电源和与之配套的控制台、监视器柜等；显示记录设备主要包括监视器、录像机、多画面分割器等。

随着经济社会的发展和技术进步，越来越多的泵站使用视频监控系统，因其产品质量参差不齐，随之而来的是系统故障也频频出现，需要通过科学的方法和手段对故障进行排查，保证监控系统可靠运用。

16.3.1 故障分类及排查方法

1. 故障分类

视频监控系统在运行中常常会出现不能正常运行、系统达不到设计要求的技术指标、整体性能和质量不理想等，有时也会出现一些“软毛病”，不仅影响了使用效果，而且还对泵站运行的安全监视造成了很大影响。其故障主要包括硬件故障、软件故障和通信故障，其中，硬件故障占大多数，其次是通信故障，软件故障一般较少。

2. 故障排查方法

视频监控系统故障排查类似于自动化系统，主要有以下几个方面：

（1）了解情况。主要了解最近是否有人在施工，比如供电、光纤、网络等的改动；向监控运行人员询问故障情况，如是什么时候、出现的频率，故障现象等情况，目的是为快速定位问题和缩小故障范围。

（2）外观检查。主要对安装位置的一些影响设备正常运行的环境因素，比如漏水、潮湿、外部供电、光纤是否受损、设备是否进水、有无明显的烧毁痕迹等进行检查，初步确定故障原因。

(3) 设备初查。打开设备或设备箱，如果打开就能明显感觉到PCB版散发出的异味，应立即切断电源，再作进一步排查。

(4) 设备细查。如触摸设备的温度，查看电源供电是否正常，线缆和光缆是否脱落，光功率是否在正常范围内等。另外，通过同类设备的替换查找定位，同时通过供电、线缆、光缆的倒换判断问题，初步缩小故障范围，然后从面、线、点逐步定位，查出故障所在，及时排除。

16.3.2 常见故障及排除

1. 硬件故障

(1) 电源不正确引发的设备故障。电源不正确的几种可能：供电线路或供电电压不正确、功率不够（或某一路供电线路的线径不够，降压过大等）、供电系统的传输线路出现短路、断路、瞬间过压等。特别是因供电错误或瞬间过压导致设备损坏的情况时有发生。因此，在系统调试中，供电之前，一定要认真严格地进行核对与检查，绝不可掉以轻心。

(2) 设备或部件本身的质量问题。各种设备和部件都有可能发生质量问题，纯属产品本身的质量问题，多发生在解码器、电动云台、传输部件等设备上。有时某些设备从整体上讲质量上可能没有出现不能使用的问题，但从某些技术指标上却达不到产品说明书上给出的指标。因此必须对所选的产品进行必要的抽样检测，经过认真选择的已商品化的设备或部件是不应该出现质量问题的。如确属产品质量问题，最好的办法是更换该产品，而不应自行拆卸修理。

一般来说，零部件出现问题，也往往发生在系统已交付使用并运行了相当长时间之后，除了上面所说的产品自身质量问题外，最常见的是由于对设备调整不当产生的问题。如摄像机后截距的调整是个要求非常细致的精确的工作，如不认真调整，就会出现聚焦不好或在三可变镜头的各种操作时发生散焦等问题；另外摄像机上一些开关和调整旋钮的位置是否正确、是否符合系统的技术要求、解码器编码开关或其他可调部位设置的正确与否都会直接影响设备本身的正常使用或影响整个系统的正常性能等。

(3) 设备（或部件）与设备（或部件）之间的连接不正确产生的问题。

1) 阻抗不匹配。如视频接在一个阻抗为高阻的监视器上，就会出现图像很亮、字符抖动或出现字符时有时无现象。

2) 通信接口或通信方式不对应。这种情况多半发生在控制主机与解码器或控制键盘等有通信控制关系的设备之间，是选用的控制主机与解码器或控制键盘等不是一个厂家的产品所造成的。因此，对于主机、解码器、控制键盘等应选用同一厂家的产品。

3) 驱动能力不够或超出规定的设备连接数量。控制主机所对应的主控键盘和副控键的数量是有规定的，超过规定数量后将导致系统工作不正常。如解码器云台工作电源功率比实际云台低，就驱动不了云台。如某些画面分割器带有报警输入接口在其产品说明书上给出了与报警探头、长延时录像机等连接的系统主机连成系统，如果再将报警探头并联接至画面分割器的报警输入端，就会出现探头的报警信号既要驱动报警主机，又要驱动画面分割器的情况。

解决类似上述问题的方法：①通过专用的报警接口箱将报警探头的信号与画面分割器

或视频切换主机相对应连接；②在没有报警接口箱的情况时，可自行设计加工信号扩展设备或驱动设备。

(4) 云台的故障。云台在使用后不久就运转不灵或根本不能转动，是云台常见故障。这种情况的出现除因产品质量的因素外，一般是以下原因造成的：

1) 只允许将摄像机正装的云台，在使用时采用了吊装的方式。在这种情况下，吊装方式导致了云台运转负荷加大，故使用不久就会导致云台的转动机构损坏，甚至烧毁电动机。

2) 摄像机及其防护罩等总重量超过云台的承重。特别是室外使用的云台，往往防护罩的重量较大，常会出现云台转不动（特别是垂直方向转不动）的问题。

3) 室外云台因环境温度过高、过低或防水、防冻等措施不良而出现故障甚至损坏。

(5) 操作键盘失灵。这种现象在检查连线无问题时，基本上可确定为操作键盘“死机”造成的。键盘的操作使用说明上，一般都有解决“死机”的方法，例如“整机复位”等方式，用此方法如果无法解决，就可以确定是键盘本身的损坏了。

(6) 设备的连接处理不好造成故障。视频监视系统一般连线较多，特别是与设备相接的线路处理不好，就会出现断路、短路、线间绝缘不良、误接线等导致设备的损坏、性能下降的问题。在这种情况下，应根据故障现象冷静地进行分析，判断在若干条线路上是由于哪些线路的连接有问题才产生那种故障现象。因此，要特别注意这种情况的设备与各种线路的连接应符合长时间运行的要求。

2. 监视器画面异常故障

(1) 监视器的画面上出现一条黑杠或白杠，并且或向上或向下慢慢滚动。产生这种现象的原因，多半是系统产生了地环路而引入了50Hz的交流电的干扰所造成的。但是，有时由于摄像机或矩阵切换器等控制主机的电源性能不良、局部损坏、系统接地、设备接地等问题，也会出现这种故障现象。因此，在分析这类故障现象时，首先要分清产生故障的两种不同原因，即电源的问题还是地环路的问题。首先在控制主机上，就近只接入一台电源没有问题的摄像机输出信号，如果在监视器上没有出现上述的干扰现象，则说明控制主机无问题；其次用一台便携式监视器就近接在前端摄像机的视频输出端，并逐个检查每台摄像机，如有，则进行处理，如无，则干扰是由地环路等其他原因造成的。

(2) 监视器上出现木纹状的干扰。这种干扰的出现，轻微时不会淹没正常图像，而严重时图像就无法观看了（甚至破坏同步）。这种故障现象产生的原因较多也较复杂，主要如下：

1) 视频传输线的质量不好，特别是屏蔽性能差（屏蔽网不是质量很好的铜线网，或屏蔽网过稀而起不到屏蔽作用）。

故障原因主要有：视频线的线电阻过大，造成信号产生较大衰减；视频线的特性阻抗不是75Ω以及参数超出规定等。由于产生上述的干扰现象不一定是视频线不良，因此故障原因在判断时要准确、慎重，在排除其他故障原因后，才能从视频线不良的角度去考虑。若是电缆质量问题，应把所有的这种电缆换成符合要求的电缆，才能彻底解决问题。

2) 由于供电系统的电源不“洁净”而引起的。这里所指的电源不“洁净”，是指在正常的电源（50Hz的正弦波）上叠加有干扰信号。而这种电源上的干扰信号，多来自本电网中可控硅设备，特别是大电流、高电压的可控硅设备，对电网的污染非常严重，易导致了同一电网中的电源不“洁净”。如本电网中有大功率可控硅调频调速装置、可控硅整流装置、可控硅交直流变换装置等，均会对电源产生污染，如果存在上述现象，应在整个系统采用净化电源或在线 UPS 供电来解决。

3）系统附近有很强的干扰源。可以通过调查和了解而加以判断，如果存在，则加强摄像机的屏蔽，并对视频电缆线的管道进行接地处理等。

（3）监视器上产生较深较乱的大面积网纹干扰，以至图像全部破坏，形不成图像和同步信号。故障原因主要是：视频电缆线的芯线与屏蔽网短路、断路造成的故障，多出现在 BNC 接头或其他类型的视频接头上。故障现象出现时，往往不是整个系统的各路信号均出问题，而仅仅出现在接头不好的路数上。应认真逐个检查这些接头，就可以解决。

（4）监视器的画面上产生若干条间距相等的竖条干扰，干扰信号的频率基本上是行频的整数倍。因传输线的特性阻抗不匹配，视频传输线的特性阻抗不是 75Ω 而导致阻抗失配造成的，产生这种干扰现象是由视频电缆的特性阻抗和分布参数都不符合要求综合引起的。

可以通过“始端串接电阻”或“终端并接电阻”的方法解决，在选购视频电缆时，一定要保证质量，必要时应对电缆进行抽样检测。另外，如果视频传输距离很短（一般为 150m 以内)，使用上述阻抗失配和分布参数过大的视频电缆不一定出现上述的干扰现象。

（5）监视器画面上产生若干条细条纹的干扰。故障原因主要是传输系统、系统前端或中心控制室附近有较强的、频率较高的空间辐射源。

解决办法：①在系统建立时，应对周边环意有所了解，尽量设法避开或远离辐射源；②当无法避开辐射源时，对前端及中心设备加强屏蔽，对传输线和管路采用钢管并良好接地。

（6）监视器的图像对比度太小，图像淡。这种现象如不是控制主机及监视器本身的问题，就是传输距离过远或视频传输线衰减太大。应通过加入线路放大和补偿装置解决。

（7）图像清晰度不高、细节部分丢失、严重时出现彩色信号丢失或饱和度过小。这是由于图像信号的高频端损失过大，以 3MHz 以上频率的信号基本丢失造成的。该情况主要由于：传输距离过远，而中间又无放大补偿装置；视频传输电缆分布电容过大；传输环节中在传输线的芯线与屏蔽线间出现了集中分布的等效电容等情况造成。

（8）图像色调失真。这是在远距离的视频基带传输方式下容易出现的故障现象，主要原因是由传输线引起的信号高频段相移过大而造成的，通过增加相位补偿器解决。

（9）主机对图像的切换不干净。该故障现象主要表现在选切后的画面上，叠加有其他画面的干扰，或有其他图像的行同步信号的干扰。主要是因为主机或矩阵切换开关质量不良，达不到图像之间隔离度的要求所造成的。如果采用的是射频传输系统，也可能是系统的交扰调制和相互调制过大而造成的。

（10）画面无法通过操作键盘控制。距离过远时，操作键盘无法通过解码器对摄像机（包括镜头）和云台进行遥控，因为距离过远时，控制信号衰减太大，解码器接收到的控制信号太弱引起的，应该在一定的距离上加装中继盒以放大整形控制信号。

参 考 文 献

[1] 张光明，段志勇. 电气设备运行维护及故障处理［M］. 2版. 北京：中国水利水电出版社，2013.

[2] 林军. 电气设备故障处理与维修技术基础［M］. 北京：电子工业出版社，2011.

[3] 操敦奎，许维宗，阮国方. 变压器运行维护与故障分析处理［M］. 北京：中国电力出版社，2008.

[4] 安顺合. 工厂常用电气设备故障诊断与排除［M］. 北京：中国电力出版社，2002.

[5] 陈家斌. 常用电气设备故障排除实例［M］. 郑州：河南科学技术出版社，2002.

[6] 安顺合. 常用电气设备故障诊断与排除问答［M］. 北京：机械工业出版，2002.

[7] 陈蕾，陈家斌. SF_6 断路器实用技术［M］. 2版. 北京：中国水利水电出版社，2004.

[8] 单文培，王兵. 常用电气设备故障诊断与处理600例［M］. 北京：中国电力出版社，2017.

[9] 王顺江，王爱华，葛维春. 变电站自动化系统故障缺陷分析处理［M］. 北京：中国电力出版社，2017.

[10] 郑州供电公司. 电力系统直流装置实用技术问答［M］. 北京：中国电力出版社，2011.

[11] 国家电力调度通信中心. 电力系统继电保护典型故障分析［M］. 北京：中国电力出版社，2001.

[12] 雷玉堂. 现代安防视频监控系统设备剖析与解读［M］. 北京：电子工业出版社，2017.